Thomas Laue · Karin Schmitz

Berufs- und Karriere-Planer Chemie

Thomas Laue · Karin Schmitz

Berufs- und Karriere- Planer Chemie

2. Auflage,
überarbeitet und erweitert
von Karin Schmitz

Zahlen, Fakten, Adressen
Berichte von Berufseinsteigern
2004/2005

Bibliografische Information Der Deutschen Bibliothek
Die Deutsche Bibliothek verzeichnet diese Publikation in der Deutschen Nationalbibliografie;
detaillierte bibliografische Daten sind im Internet über <http://dnb.ddb.de> abrufbar.

Dr. rer. nat. Thomas Laue

Geboren 1960 in Gandersheim. Studium der Chemie in Braunschweig. Promotion 1991 bei Prof. Dr.
H. Hopf mit einer Arbeit über Stereochemie von Paracyclophanen. Von 1991 bis 1994 und 1996 bis
2000 wiss. Angestellter am Institut für Organische Chemie der TU Braunschweig. Seit 2001 Angestellter bei der Volkswagen AG, Wolfsburg.

Dr.-Ing. Karin Schmitz

Geboren 1964, Studium der Chemie an der Technischen Hochschule (heute Technische Universität)
Darmstadt. Promotion 1993 bei Prof. Dr. R. Kniep auf dem Gebiet der anorganischen Festkörper-
chemie. Anschließend freiberufliche Wissenschaftsjournalistin für verschiedene Zeitschriften- und
Hörfunkredaktionen. Seit 1995 im Bereich Karriereservice der Gesellschaft Deutscher Chemiker
(GDCh) in Frankfurt am Main und nebenberuflich als Wissenschaftsjournalistin tätig.

Gedruckt mit Unterstützung der Gesellschaft Deutscher Chemiker e. V., Frankfurt/M.

1. Auflage 2001
2., überarbeitete und erweiterte Auflage Juli 2004

Der B. G. Teubner Verlag ist ein Unternehmen von Springer Science+Business Media.
www.teubner.de

Umschlaggestaltung: Ulrike Weigel, www.CorporateDesignGroup.de

Gedruckt auf säurefreiem und chlorfrei gebleichtem Papier.

ISBN-13: 978-3-519-13249-3   e-ISBN-13: 978-3-322-80145-6
DOI: 10.1007/978-3-322-80145-6

Geleitwort zur 2. Auflage

Dass dieser Ratgeber schon nach wenigen Jahren in zweiter Auflage erscheint, ist ein gutes Zeichen und demonstriert, dass die Herausgeberin, Frau Karin Schmitz, die in der Abteilung *Karriereservice und Stellenmarkt* der Gesellschaft Deutscher Chemiker arbeitet, mit ihrem Konzept richtig liegt. In diesem wechseln sich Faktenkapitel zu Bewerbung und Vorstellungsgespräch mit individuellen, autobiographischen Beiträgen ab, in denen Chemikerinnen und Chemiker über ihre Erfahrungen beim Eintritt in die Berufs- und Arbeitswelt berichten. Während man die ersten Tipps auch in anderen Ratgebern finden kann, sind es vor allem die persönlichen Erfahrungen, die das Buch für seine Leser und Nutzer attraktiv machen.

Sowohl die Ausbildung des chemischen Nachwuchses wird - durch die an vielen Orten inzwischen etablierten Bachelor- und Masterstudiengänge - vielfältiger als auch dessen berufliche Möglichkeiten und Laufbahnen. Damit sich diese Vielfalt auch in diesem Buch widerspiegelt, wurde mehrere neue Beiträge aufgenommen, die von der Tätigkeit im Chemiehandel oder Patentwesen bis zum Leben und Arbeiten als Chemiker in den USA bzw. Japan oder der Promotion nach dem Bachelor-Abschluss in Großbritannien reichen. Man wird nicht fehl in der Annahme gehen, dass gerade der internationale Einsatz von in diesem Lande ausgebildeten Chemikern zunehmen wird.

Eine weitere interessante Entwicklung dürfte das Aufkommen von Kombinationsstudiengängen unterschiedlichsten Typs sein, die durch die neuen Studiengänge erleichtert werden. Die Kombination Chemie/Wissenschaftsjournalismus oder Chemie/Informatik gibt es schon länger, aber warum sollte sich nicht auch in Zukunft ein Jurastudium an ein Grundstudium anschließen lassen, das mit einem Bachelor in Chemie abgeschlossen wurde? In einer zunehmend vernetzten und transdisziplinären Arbeitswelt könnten derartige Kombinationen durchaus gute Berufschancen bieten. Vielleicht erhalten wir in zukünftigen Auflagen dieses Buchs Berichte aus erster Hand über derartige Verknüpfungen!

Viele Laien glauben, dass in der chemischen Forschung, die an den Hochschulen betrieben wird, irgendwelche Produkte („Chemikalien") hergestellt werden, die dann in der Praxis als Medikamente, neue Farb- oder Kunststoffe zum Einsatz kommen. Das mag im Einzelfall durchaus so sein – nichts spricht gegen die praktische Anwendung universitärer Forschungsergebnisse. Die Regel aber ist dies nicht. Die eigentlichen „Produkte", die an der Hochschule durch Teilnahme am Forschungsprozess und durch die Lehre „hergestellt" werden, sind indes Frauen und Männer, die den von ihnen gewählten Beruf beherrschen. Und die während ihrer Forschungstätigkeit allgemeine Eigenschaften wie praktische Vernunft, gesunden Menschenverstand, Verlässlichkeit und Standhaftigkeit erworben haben. Diese Eigenschaften sind es, die zukünftige Arbeitgeber an unseren Absolventen schätzen und die mindestens ebenso wichtig sind wie das fachliche Wissen.

Möge dieses Buch den jungen Kolleginnen und Kollegen dabei helfen, einen Arbeitsplatz zu finden, an dem sie diese Qualitäten demonstrieren können.

Prof. Dr. Henning Hopf
Präsident der Gesellschaft Deutscher Chemiker

Braunschweig, im Januar 2004

Vorwort zur 2. Auflage

Es freut mich sehr, dass die positive Resonanz des *Berufs- und Karriereplaners Chemie* eine Neuauflage ermöglicht hat. Die erste Auflage hat gezeigt, dass die Mischung von „harten" Fakten zu Stellensuche und Bewerbung mit den individuellen Erfahrungsberichten junger Berufseinsteiger gut angekommen ist, und so wurden neben der Aktualisierung nur kleinere Änderungen vorgenommen:

Die Kapitel 2 und 3 wurden zusammengefasst und die einzelnen Kapitel werden zur besseren Übersichtlichkeit nicht mehr von Erfahrungsberichten unterbrochen. Diese sind nun in Blocks zwischen den Kapiteln gebündelt. Besonders freue ich mich, dass zu den Berichten der ersten Auflage sieben neue Beiträge hinzugekommen sind. Außerdem fügte die Mehrzahl der Autoren der ersten Auflage ihren Reports eine kurze Ergänzung der aktuellen beruflichen Situation bei.

Auch bei der zweiten Auflage bin ich auf vielfältige Weise unterstützt worden. Ich danke der Gesellschaft Deutscher Chemiker, besonders Herrn Prof. Dr. Henning Hopf, außerdem Herrn Ulrich Sandten vom Teubner-Verlag. Auch Herr Dr. Ralf Göckel und Frau Doris Hartmann haben mich in bewährter Weise unterstützt. Vor allem aber danke ich den Autoren, die ihre Werdegänge anschaulich und lesenswert dargestellt haben und ohne die dieses Buch nicht möglich gewesen wäre.

Den Leserinnen und Lesern wünsche ich, dass der Berufs- und Karriereplaner ihnen nicht nur Hilfestellung rund um die Bewerbung, sondern auch unterhaltsame Lektüre bietet.

Karin Schmitz

Frankfurt a.M., im Januar 2004

Vorwort zur 1. Auflage

Wie finde ich einen Job?

Mit dieser Frage müssen sich alle beschäftigen, die Diplom bzw. Promotion beendet haben und nun mehr oder weniger freiwillig die Hochschule verlassen. Ob es leicht oder schwer fällt, eine Stelle zu finden, hängt nicht nur von den persönlichen Voraussetzungen ab. Sind die Absolventenzahlen niedrig oder der Bedarf an Nachwuchschemikern groß, so ist die Stellensuche kein großes Problem. Wenn Chemikerinnen und Chemiker gerade nicht gefragt sind, ist es trotz guter Noten und kurzer Studiendauer schwer, eine Stelle zu finden.

Im Bereich der Chemie zeichnet sich ab, dass die Anzahl der Absolventen in den kommenden Jahren stark fallen wird. Schon jetzt wenden viele Chemieunternehmen erhebliche Anstrengungen auf, sich bei künftigen Berufseinsteigern als attraktiver Arbeitgeber zu positionieren. Braucht es dann überhaupt noch einen Karriereplaner Chemie?

Als wir das Konzept für dieses Buch erarbeitet haben, waren wir der Meinung, es wäre wichtig, es möglichst schnell zu veröffentlichen, bevor die Absolventenzahlen so stark sinken, dass fast alle Chemiker ohne große Probleme eine Anstellung finden. Während der Arbeit an dem Manuskript sind wir aber zu der Überzeugung gekommen, dass dieses Buch auch und gerade in Zeiten guter Berufsaussichten seine Daseinsberechtigung hat.

In für Berufseinsteiger schwierigen Zeiten müssen Absolventen nach Bereichen und Tätigkeitsfeldern außerhalb der Chemischen Industrie suchen, in denen sie eine Anstellung finden können. In dieser Situation leistet unser Buch Hilfestellung, indem es aufzeigt, in welchen Bereichen Chemiker überall benötigt werden, und damit hilft, die Fixierung auf die Chemische Industrie zu überwinden. In der sich für die kommenden Jahre abzeichnenden Arbeitsmarktsituation mit einem Mangel an Chemie-Absolventen werden Berufseinsteiger in einer ganz anderen Situation sein: Sie werden sich aussuchen können, was sie tun möchten. Die Chemische Industrie bietet eine, aber bei weitem nicht die einzige Möglichkeit des Berufseinstiegs. Unser Buch soll helfen, einen Überblick zu erhalten, wo überall das Know-how von Chemikern gebraucht und eingesetzt wird.

Bei der Auswahl der 15 Berufseinsteiger, die in diesem Buch zu Wort kommen, waren wir bemüht, ein möglichst buntes Tableau von Tätigkeitsgebieten aufzuzeigen. Es ist das zentrale Anliegen unseres Buches, nicht nur theoretische Hinweise zu Bewerbung und Berufseinstieg zu geben, sondern auch konkrete Beispiele vorzustellen, wo und wie Chemiker einen Arbeitsplatz gefunden und was sie daraus gemacht haben. Aus Beispielen, welchen Weg andere genommen haben, lassen sich die besten Anregungen für das eigene Vorgehen ableiten.

Die Beiträge der Autoren sind in der Mehrzahl geprägt von dem schwierigen Arbeitsmarkt Anfang bis Mitte der 90er Jahre. Die Verfasser zeigen, wie sie auch unter diesen Bedingungen mit Phantasie und Ausdauer den Berufseinstieg gefunden haben. Mit Absicht haben wir auch Berichte ausgewählt, die nicht den gradlinigen Weg zu einem Job beschreiben. Sicherlich gibt es zahlreiche Chemiker, die bereits nach wenigen Bewerbungen einen Vertrag angeboten bekommen, doch solche Berichte wären kurz, wenig unterhaltsam und wenig lehrreich.

Wir danken der Gesellschaft Deutscher Chemiker, durch deren Unterstützung das Projekt überhaupt erst möglich wurde. Unser weiterer Dank gilt Herrn Prof. Dr. Henning Hopf, der die gesamte Entstehungsgeschichte mit vielfältigen Anregungen begleitet und das Manuskript einer kritischen Durchsicht unterzogen hat. Für hilfreiche Unterstützung sind wir weiterhin Frau Heike Laue, Herrn Dr. Ralf Göckel, Frau Doris Hartmann sowie den Mitarbeitern des Teubner-Verlags zu Dank verpflichtet.

Unser ganz besonderer Dank gilt natürlich allen Autoren der Einzelbeiträge, ohne die dieses Buch in der vorliegenden Lebendigkeit nicht möglich gewesen wäre.

Wir hoffen, dass viele Leser diesem Buch für ihre Zukunft wertvolle Informationen und Anregungen entnehmen können. Wir wünschen uns eine lebhafte Resonanz gerade von jenen Chemikern, die den schwierigen Schritt von der Hochschule zum ersten richtigen Arbeitsplatz gerade gemeistert haben oder sich noch bemühen, ihn zu meistern.

Karin Schmitz

Thomas Laue

Frankfurt a.M. . Braunschweig, im Juli 2001

Inhalt

Einleitung

Diplom oder Promotion gehen dem Ende entgegen und es wird Zeit, sich nach einem Arbeitsplatz umzusehen. Damit begeben sich Absolventen auf ein Gebiet, das im Studium nicht vermittelt wurde. Ein zunächst unbekannter Marktplatz, auf dem es um viel Geld und um die eigene Zukunft geht. Die entscheidende Frage in dieser Situation lautet: Wie findet man nicht nur einen, sondern möglichst den richtigen Arbeitsplatz?

Während der Promotion oder der Diplomarbeit hat man wissenschaftlich gearbeitet und seine Forschungsergebnisse präsentiert. Dabei wurde sehr auf sachliche Darstellung und die wissenschaftliche Belegbarkeit der Ergebnisse geachtet. Übertreibungen und Verdrehungen der Wirklichkeit waren verpönt und hätten unangenehme Folgen haben können. Auf dem Arbeitsmarkt jedoch reicht es nicht mehr aus, Zensuren und Forschungsergebnisse für sich sprechen zu lassen. Der Bewerber selbst ist die „Ware", die vorgestellt und letztlich „verkauft" werden muss und für viele Absolventen ist es eine ganz neue Herausforderung, die eigene Person optimal zu präsentieren.

Bei Prüfungen an der Universität erhält man eine zweite, häufig sogar eine dritte Chance, bei Bewerbungen jedoch nicht. Sind die Bewerbungsunterlagen mangelhaft oder läuft das Vorstellungsgespräch schlecht, so muss man einen neuen Anlauf bei einem anderen Unternehmen starten.

Wichtig ist es nicht nur, sich über die Anforderungen auf dem Arbeitsmarkt zu informieren, sondern auch, sich vor Eintritt in die Bewerbungsphase kritisch mit sich selbst auseinander zu setzen. Was habe *ich* zu bieten, welches sind *meine* Stärken, *meine* Interessen und wo möchte *ich* arbeiten? Erst wenn man beides, das Angebot des Arbeitsmarktes und die eigenen Fähigkeiten und Ziele sorgfältig analysiert hat, dann kann man seine individuelle Bewerbungsstrategie ausarbeiten.

Und über eines sollte man sich von vornherein im Klaren sein: Unabhängig von der jeweiligen Arbeitsmarktsituation ist die Bewerbungsphase anstrengend und mühsam. Wer sich nicht informiert, welche Möglichkeiten sich ihm überhaupt bieten, verschenkt die Chance, nicht nur irgend einen Job, sondern einen erfüllenden und befriedigenden Beruf zu finden. Wer das erstbeste Angebot annimmt, erspart sich zwar die Recherche nach anderen potenziellen Arbeitgebern und viel Arbeit beim Verfassen weiterer Bewerbungen. Er vergibt aber auch die Gelegenheit, über andere Tätigkeitsgebiete nachzudenken, die den eigenen Wünschen und Fähigkeiten vielleicht viel näher kommen. Und wer glaubt, bei einem „guten"

Arbeitsmarkt brauche man sich mit der Bewerbung nicht so viel Mühe zu geben wie in schlechten Zeiten und lustlos verfasste Standardbewerbungen verschickt, wird sich bei der Stellensuche schwer tun, auch wenn die eigene Berufsgruppe im Moment noch so begehrt ist.

Mit dem Berufseinstieg werden Weichen gestellt, die Einfluss auf ein mehrere Jahrzehnte langes Berufsleben haben. Man kann also gar nicht früh genug damit anfangen, sich über alle Aspekte und Möglichkeiten des eigenen Berufs zu informieren.

Von den im Jahr 2002 in Deutschland promovierten Chemikern[1] fanden rund 470 eine Anstellung in der Chemischen oder Pharmazeutischen Industrie. Dies sind rund 40% der Absolventen dieses Jahrganges und diese arbeiten längst nicht alle in Forschung und Entwicklung. Wo sind die Anderen tätig und welche Aufgaben nehmen sie wahr?

Eine kleine Auswahl unter den vielfältigen Möglichkeiten zeigen die Berichte von jungen Chemikerinnen und Chemikern in diesem Buch. Sie demonstrieren, wie man auch unter schwierigen Bedingungen des Arbeitsmarktes den Berufseinstieg realisieren kann. Die Beiträge machen deutlich, dass Chemiker nicht nur in Forschung und Entwicklung glücklich werden können, dass man auch ohne Promotion eine anspruchsvolle Tätigkeit ausüben kann und ein Beruf in Marketing und Vertrieb nichts mit „Klinkenputzen" zu tun hat.

Chemiker können viel mehr als Substanzen synthetisieren und analysieren. Ihre Ausbildung befähigt sie, logisch zu denken, zielgerichtet und effektiv zu arbeiten und Ergebnisse kritisch zu beurteilen. Vor allen Dingen aber haben sie gelernt, sich selbst in neue Aufgabengebiete einzuarbeiten und jederzeit dazu zu lernen - eine Fähigkeit, die das ganze Berufsleben lang nützlich sein wird. Und konsequenterweise sind Chemiker auch in Bereichen tätig, in denen man sie zunächst gar nicht vermuten würde.

Die Möglichkeiten für Chemiker sind vielfältig. Es gilt, sie zu erkennen und zu nutzen. Dabei sollen die folgenden Kapitel helfen.

---

[1] Um eine bessere Lesbarkeit zu gewährleisten, ist in diesem Buch meist von Chemikern zu lesen. In allen Fällen sind selbstverständlich Chemikerinnen ebenso angesprochen. Auch die Nennung anderer Personengruppen bezieht sich immer gleichermaßen auf Männer und Frauen.

Bericht

Dr. César Collazo

Berufseinstieg als Trainee in der Chemischen Industrie

Zur Person

Jahrgang 1967

Feb. 1989 - Juni 1995 Chemiestudium an der Universität Hamburg

Feb. 1992 – Juni 1992 Auslandssemester in Sevilla/Spanien

Okt. 1995 – Okt. 1997 Promotion an der Universität Hamburg

Aug. 1996 – Okt. 1996 Forschungsaufenthalt in Brighton/England

Okt. 1997 – Feb. 1999 Berufseintritt als Trainee bei der Wacker-Chemie GmbH in München

Feb. 1999 – Feb. 2000 technisches Marketing bei der Wacker-Chemie GmbH in Burghausen

Seit Feb. 2000 tätig in der Marktentwicklung bei der Wacker-Chemie GmbH in München

Internationale Perspektiven abseits von Forschung und Laborleitung

Die Ausführungen zu meinem Lebenslauf sollen hier nicht im Mittelpunkt stehen, sie bilden aber gewissermaßen die Grundlage für spätere Entscheidungen, die den Eintritt in ein internationales Trainee-Programm bildeten.

Geboren 1967 in Montevideo, Uruguay, verbrachte ich dort die ersten sieben Jahre meines Lebens. Nach einem einjährigen Aufenthalt in Deutschland 1974 kehrten meine Eltern und ich dorthin zurück. Als ich 12 Jahre alt war, machten wir uns erneut auf den Weg nach Deutschland. Dieses hin und her hat wohl mein Interesse nach anderen Kulturen wachsen lassen, womit der ständige Wunsch nach Einsicht in andere Lebensweisen erklärt werden kann.

Mein Studium der Chemie begann ich 1989 in Hamburg. Ein guter Freund von mir hat maßgeblich dazu beigetragen, dass ich mich für das Chemiestudium entschieden hatte. Schon während des zeitintensiven Grundstudiums suchte ich die Möglichkeit, ins Ausland zu gehen und dieses nicht, weil mir ein bestimmtes Berufsziel vorschwebte, sondern einfach aus Interesse am Unbekannten. Kurz nach dem Vordiplom hatte ich dann die Gelegenheit, das erste Auslandssemester in Sevilla zu verbringen. Die nächste Auslandsstation musste dann noch etwas warten, da es aus Hamburg als Studienort organisatorisch schwierig war, während des Hauptstudiums ins Ausland zu gehen. So durfte ich mich erst im Laufe der Doktorarbeit wieder ins Unbekannte begeben. Diesmal ging es für fünf Monate nach Brighton, wo ich einen Teil meiner Dissertation absolvierte. Beide Auslandsaufenthalte sind durch Erasmus- bzw. DAAD-Stipendien finanziert worden.

Ich habe im Verlaufe des Studiums einfach das angestrebt und getan, woran ich interessiert war, unerheblich davon, ob es mir nach dem Studium den Einstieg ins Berufsleben erleichtern würde oder nicht, und so halte ich es auch heute noch. Angesichts der damaligen schwierigen Arbeitsmarktsituation mag der Eine oder Andere denken, dies sei etwas leichtfertig gewesen. Jedoch bin ich grundsätzlich der Überzeugung, dass es leicht ist, für etwas zu arbeiten, wovon man überzeugt ist. Dies ist gerade bei der Argumentation in der beruflichen Bewerbungsphase, in der die Frage nach dem „Warum" oft eine wesentliche Rolle spielt, sehr wichtig.

So wurde mein chemisches Studium wohl maßgeblich zusätzlich durch eine Internationalität geprägt, in dem vor allem während der Dissertation die Entscheidung heranreifte, dass ich eine Stelle suchen würde, die nicht die klassische Laborleitung oder die Forschung beinhalten sollte. Es sollte eher eine Stelle werden, die das Naturwissenschaftliche mit einer internationalen Managementtätigkeit verknüpft.

Die Entscheidung über den beruflichen Einstieg

Eine solche Entscheidung ist natürlich nicht von heute auf morgen gefällt. Zunächst stellten sich Fragen, wie zum Beispiel: Was wünsche ich mir von meiner zukünftigen Stelle? Was erwarte ich vom zukünftigen Arbeitgeber? Wie flexibel bin ich bezüglich Tätigkeit und Geographie? Welche Zugeständnisse bin ich bereit zu machen? Es folgten endlose Gespräche mit Bekannten und Freunden. Viele Informationen von Organisationen und Vereinigungen, so zum Beispiel von Berufsvereinigungen, Arbeitsamt, ausländischen Handelskammern müssen hierzu eingeholt und in den Entscheidungsprozeß einbezogen werden.

Über einige Punkte war ich mir relativ schnell im Klaren, so zum Beispiel über die geographische Einschränkung. Ich hatte aus persönlichen Gründen beschlossen, mich zunächst in Deutschland zu bewerben, da ich schon verheiratet war. Die wohl am schwierigsten zu beantwortende Frage war für mich die nach meinen Vorstellungen bezüglich der Tätigkeit. Wie würde die Arbeit tatsächlich aussehen, und welches Unternehmen würde eine passende Stelle anbieten?

Ich fühlte mich damals noch nicht bereit für den direkten Einstieg in das Berufsleben. Ich konnte mir nicht vorstellen, wie meine Tätigkeit im Unternehmen konkret aussehen würde. Zwar hatte ich eine Vorstellung dessen, was ich machen wollte, und das Studium hatte mir für die Handhabung der Chemie ein breites und auch tiefgehendes Detailwissen vermittelt, jedoch nicht genügend Einblick in die Vorgänge, Zusammenhänge und Entscheidungsprozesse in Unternehmen verschafft. Im Rahmen eines Praktikums von drei Monaten konnte ich zwar zwischen Diplom und Dissertation schon ein wenig Einblick genießen, jedoch reichte es natürlich nicht aus, um eine endgültige Aussage zu treffen. Was nach dieser Phase folgte, war eher eine an Fleißarbeit grenzende Tätigkeit, denn nun ging es darum, die Unternehmen zu finden, die eine solche Stelle anbieten würden und das waren in der damaligen Bewerbungssituation nicht viele, zumal es nicht einmal Anzeigen in den gängigen Zeitungen gab.

Grundsätzlich standen Unternehmensberatungen und eine geringe Anzahl von größeren Unternehmen zur Auswahl, die Trainee-Programme anboten. Nach nur knapp zwei Jahren der Dissertation fing ich an mich zu bewerben. Meine Bewerbungsstrategie lautete: Die interessantesten Angebote der Unternehmen zunächst finden, vor allem aus Anzeigen, evaluieren und dann schließlich anschreiben. Damit hatte ich für mich eine sehr erfolgreiche Methode gefunden, die nach nur acht Bewerbungen zu drei Vorstellungsgesprächen führte. Zu mehr kam ich leider oder glücklicherweise nicht, da mir dann eine passende Stelle bei der Wacker-Chemie GmbH angeboten wurde, worüber ich natürlich sehr glücklich war und von der ich überzeugt war, das Richtige gefunden zu haben.

Dennoch, als reibungslos würde ich meine Bewerbungsphase nicht bezeichnen. Jede Bewerbung ist eine neue Chance und eine neue Herausforderung, vor allem an die eigene Kreativität, insbesondere was das Anschreiben angeht. Jedoch ist ein Erforschen und Ergründen von dem „Was das Unternehmen lesen möchte" nicht sinnvoll. So gibt es durchaus Unternehmen, die auf sehr konservative Bewerbungen sehr positiv reagieren und andere, die diese Mappe sofort zurückschicken. Doch das bedeutet nicht unbedingt, dass man sich als Bewerber umstellen muss. Es kann auch heißen, dass man nicht zu dem Unternehmen oder der entsprechenden Unternehmenskultur passt. Die gesamte Bewerbungsliteratur empfiehlt, sich, seiner Linie und der eigenen Absicht treu zu bleiben, und das kann ich nur unterstreichen. Spätestens beim Vorstellungsgespräch würde eine eventuelle Verstellung deutlich werden und damit alle Mühen hinfällig werden lassen. Diese Erfahrung zu machen, ist zwar nicht sehr schön, aber erlebenswert, denn man merkt schnell, dass zwar fachlich alles stimmt, aber die „Chemie" nicht. So erging es mir bei einem Unternehmen der chemischen Industrie, wo ich nach der Gruppendiskussion gemerkt habe, dass es nicht das Richtige für mich war.

Der Weg zum Trainee

Die Auswahlmethoden der Bewerber bei den Unternehmen sind zwar sehr gut bekannt, jedoch immer wieder eine neue Herausforderung. Anschreiben sind schnell geschrieben und Bewerbungsmappen noch viel schneller zusammengestellt, jedoch was dann kommt, kann sehr nervenaufreibend und zeitintensiv sein.

Man erhält zunächst eine Einladung zu einem Vorstellungsgespräch und freut sich natürlich ungemein. Doch dann fängt die Suche nach unternehmensspezifischen Informationen und Nachrichten an. Man beschäftigt sich mit der Struktur und den bestellten Geschäftsberichten des Konzerns und hofft so, alle möglichen aktuellen Fragen abgedeckt zu haben. Und doch reicht dies noch nicht, ein erfolgreiches Bewerbungsgespräch zu absolvieren. Der persönliche Eindruck, den man vermittelt, ist wichtiger, als die Kenntnis aller neuesten Nachrichten über das Unternehmen zum Vorstellungsgespräch bereit zu haben.

Dann ist es soweit, es kommt zur persönlichen Begegnung: Das Vorstellungsgespräch bietet eine sehr gute Möglichkeit, die Stimmung und die Kultur des Unternehmens zu erfahren. Dieser erste persönliche Kontakt hat bei mir immer für eine gewisse Nervosität gesorgt und das wird wohl bei allen so sein. Diese leichte Aufregung wurde aber deutlich größer, als die Einladung zu einem Assessment Center (AC) bei der Wacker-Chemie GmbH eintraf. Mein erstes AC bei einem anderen Unternehmen war nicht gut gelaufen, da ich einfach mit den Teilnehmern nicht zusammenarbeiten konnte. Wir passten nicht zusammen, die Teilnehmer waren eher die Einzelkämpfer, die sich durchsetzen müssen. Damit will ich nicht sagen, dass es falsch ist, sondern nur verdeutlichen, welche Unterschiede bereits bei der Auswahl bestehen und was dieses für ein AC bedeutet. Bei dem ersten Unternehmen wurde zum Beispiel großer Wert auf die Gruppendiskussion gelegt. Bei Wacker fand diese auch statt, jedoch waren hier ein Rollenspiel und die Darstellung des eigenen Lebenslaufs auf Englisch wichtiger. Damit legte die Wacker-Chemie eindeutige Zeichen in eine interkulturelle Richtung fest. Die im AC anstehenden Tests sind anfänglich nicht bekannt und die Teilnehmer maßgeblich für die Qualität und den notwendigen Spaßfaktor verantwortlich. Und man darf davon ausgehen, dass ein gut organisiertes und von den Teilnehmern gut zusammengesetztes AC auch wirklich Spaß macht.

Die Gruppe der Teilnehmer, die das AC bestreiten, befinden sich in einer ganz besonderen Lage: Man ist zwar Konkurrenz, jedoch ist Zusammenarbeit unbedingt notwendig. Die Stimmung unter den sechs Teilnehmern meines AC war dementsprechend eine Mischung aus Sympathie und Misstrauen. In der ersten halben Stunde, in der keine „Übungen" stattfanden, waren wir damit beschäftigt uns kennen zu lernen. Das Interesse für andere Kulturen war innerhalb unserer Gruppe so ausgeprägt, dass alle Teilnehmer, die bereits ausgedehnte Auslandsaufenthalte vorweisen konnten, sofort einen gemeinsamen Nenner fanden. Natürlich bilden sich auch auf Sympathie beruhende Sub-Gruppen und Strukturen, die dann sogar Entscheidungen innerhalb der Bewerber herbeiführen können, aber es gehört zum Auswahlverfahren dazu, diese Prozesse zu erkennen und mitzugestalten.

Das bedeutet, dass man z.B. in einer Diskussion nicht immer das Wort haben muss, aber man geht den sicheren Weg, wenn man Argumentationsverbündete reden lässt. Ein AC wird dem Einen zusagen, dem Anderen gar nicht, es gibt auch hier keine allgemeinen Richtlinien oder Schemata, die dem Bewerber helfen würden. Die Aufgaben können sehr unterschiedlich sein; von der Gruppendiskussion bis hin zum Intelligenztest und dem Rollenspiel kann man sich auf alles gefasst machen. Die Tests und die zu besetzende Stelle stehen natürlich in einem Zusammenhang und so kann man eventuell Rückschlüsse auf die kommenden Aufgaben ziehen. Ich kann hier nur raten, ganz natürlich zu bleiben und gerade auch in den Persönlichkeitstests sich nicht versuchen zu verstellen. Es sind Aufgaben, die auch im erweiterten Alltag vorkommen und die jeder mal gelöst hat.

Eines Morgens läutete dann das Telefon und es meldete sich ein Mitarbeiter der Wacker-Chemie und überbrachte die gute Nachricht: „Der Vertrag wird Ihnen im Laufe dieser Woche zugesandt". Das Gefühl, das mich überkam, war dann für drei oder vier Wochen einfach bestimmend. Die Euphorie hielt mich die ersten Tage fast ständig auf 180 und Alltagsprobleme gab es natürlich dann auch nicht mehr. Das Gefühl des Erfolges setzt sich und weicht dann langsam der Aufregung auf das Unbekannte und auf die neue Herausforderung. Die Stelle, die ich nun angeboten bekam, war genau das, was ich gesucht hatte: Ein internationales Trainee Programm über 18 Monate. Viel mehr Zeit als die genannten vier Wochen, mich an den Gedanken zu gewöhnen, dass ein neuer Lebensabschnitt beginnen würde, hatte ich nicht, denn schon war der Zeitpunkt gekommen, die Stelle anzutreten.

Der Einstieg in einem internationalen Team

Mit fünf weiteren Trainees trat ich, wie die anderen im neuen Anzug, zu unserem ersten Arbeitstag an. Die internationale Gruppe, bestehend aus zwei Schweden, einem US-Amerikaner, einem Ungarn, einem Deutschen und mir als Uruguayer stellte eine Auswahl aus insgesamt 1500 Bewerbungen dar. Die Ausbildungen und Persönlichkeiten der Teilnehmer waren so unterschiedlich wie unsere Herkunft: Ein extrovertierter, selbstdarstellender Geisteswissenschaftler, ein eher berechnender Wirtschaftswissenschaftler und ein logischer Naturwissenschaftler. In dieser Situation wurde der Einstieg ins Berufsleben dadurch erleichtert, dass der Gruppenverband einen nicht allein als Individuum erscheinen ließ. Auch für das Unternehmen war es eine besondere Situation, da ein solches Programm zum ersten Mal durchgeführt wurde. Sowohl die Teilnehmer, aber auch das Management standen unter einem gewissen Erfolgsdruck.

In der ersten Woche fanden zahlreiche Vorstellungsrunden statt, in denen sich genügend Gelegenheiten boten, das Unternehmen und dessen Struktur kennen zu lernen. Dann jedoch stand auch gleich die erste größere Aufgabe an: Ein erster Vortrag vor dem Management Board des Unternehmens zu einem Thema, das drei Tage vorher bekannt gegeben wurde. Und von da an ging es dann Schlag auf Schlag. Unterschiedliche Aufgabenstellungen in verschiedenen Unternehmensbereichen ermöglichten mir ein Kennenlernen der Abteilungen und deren Zusammenspiel. Die Gelegenheit, in verschiedenen Abteilungen, wie z.B. Controlling, Personalwesen und Marketing mitzuwirken und verschiedene thematische Projekte zu bearbeiten, waren ein eher ungewöhnlicher Einstieg ins Berufsleben, der mir sehr geholfen hat, die verschiedenen Möglichkeiten, die sich für meinen späteren Weg innerhalb des Unternehmens auftaten, zu erkennen.

Das auf insgesamt 18 Monate angelegte Trainee Programm bestand aus zwei kurzen Arbeitsstationen von je ca. sechs Wochen und zwei Projektstationen von je sechs Monaten. Die Aufgaben waren sicherlich für mich als Chemiker schon etwas Besonderes, da auch das Personalwesen- und Marketingaufgaben anstanden, doch mit der Hilfe der Kollegen konnte ich mich auch dort schnell einarbeiten und wurde in die Entscheidungen einbezogen, das Teamergebnis war das Ziel. Dazu wurde das Programm durch ein umfangreiches Seminarangebot abgerundet. Eine der Projektstationen absolvierte jeder Teilnehmer im Ausland. Ich ergriff diese Möglichkeit, um zum ersten Mal die USA näher kennen zu lernen.

Bei der Erledigung der Aufgaben in den einzelnen Abteilungen, war ich, da die zur Verfügung stehende Zeit sehr beschränkt war, sehr auf die schnelle und effiziente Einarbeitung durch die Kollegen angewiesen. Die Zusammenarbeit mit meinen Kollegen war immer hervorragend und mein Beitrag zu der zu bearbeitenden Thematik wurde angemessen berücksichtigt, was die Annerkennung der Leistung bezeugt. Nach jeder Station wurde über meine Leistung auch ein Zeugnis erstellt, das als konstruktives feed-back zu sehen war.

Die ersten Monate im Job

Das Programm wurde dann nach den 18 Monaten durch eine Übernahme in ein unbegrenztes Arbeitsverhältnis abgeschlossen. Dieser Übergang ist ein kritischer Zeitpunkt eines solchen Programms. Die Anzahl der zur Verfügung stehenden, passenden Stellen in einem Unternehmen, die zum richtigen Zeitpunkt frei werden, sind beschränkt und so kann es hier zu „Engpässen" kommen. Von den Betroffenen, das heißt von den Trainees und vom Unternehmen ist hier Flexibilität im hohen Maße gefragt. Das könnte also bedeuten, dass die folgende Stelle vielleicht nicht sofort die Traumstellung wird und das Unternehmen muss auch darüber entscheiden, ob eventuell neue Stellen einzurichten sind.

In mehreren Gesprächen wurden unsere Interessen und potentielle Einsatzbereiche mit dem Management zwei Monate vor Ablauf des Programms besprochen. Aus dieser Situation heraus übernahm ich nach dem Trainee Programm eine Stelle als Laborleiter der Anwendungstechnik im Bereich Klebstoffe. Die Aufgabenstellung war zwar herausfordernd und mit Personalverantwortung verbunden, trotzdem fühlte ich mich dabei nicht wohl. Ich hatte nicht das Trainee Programm absolviert und zusätzliche Kenntnisse erworben, um dann doch wieder in der „Chemiker-Schiene" weiterzumachen. Wie bereits erwähnt, bin ich jemand, der gern für etwas arbeitet, von dem er wirklich überzeugt ist und vor allem auch Spaß daran hat, womit sicherlich die meisten mit mir übereinstimmen werden.

Diese Phase war für mich und meine Vorgesetzten eine sehr schwierige Zeit, in der das Unternehmen und vor allem meine Vorgesetzten sehr gute Personalpolitik betrieben haben. Von meiner Seite war die Identifikation mit dem Unternehmen so groß, dass ich eine Lösung im Konzern gesucht habe. Wir haben uns dann gemeinsam für eine neue Richtung entschieden und ich übernahm die Verantwortung für den Verkauf einer Produktgruppe in der europäischen Automobilindustrie.

Seit nun circa einem Jahr arbeite ich in einem Team von zehn Kollegen und bin höchst zufrieden mit dieser Aufgabe. Dabei geht es vor allem um eine Marktentwicklung im europäischen Markt. In erster Linie stehen Aufgaben der Koordination und des projektorientierten Arbeitens und das auch mit anderen Unternehmen der Automobil- und der Zulieferindustrie an der Tagesordnung. Der Reiz dieser Aufgabe liegt in der Koordination der unterschiedlich betroffenen Unternehmen, um dann zu den gewünschten Ergebnissen zu kommen. Da sich der zu bearbeitende Markt auf Europa bezieht und chemisches Wissen verlangt wird, kombiniert diese Aufgabe schon sehr treffend, was ich anfangs als meine Wunschstellung bezeichnet habe.

Würde man mich heute fragen, ob ich den gleichen Weg einschlagen würde, so kann ich dieses mit aller Überzeugung bejahen. Ich kann mir keinen aufregenderen Einstieg vorstellen, als die Möglichkeit, verschiedene Abteilungen und ihre Aufgaben kennen zu lernen und dann entscheiden zu können, in welche Position und Zielrichtung die berufliche Entwicklung gehen soll.

Dr. César Collazo heute:

Nach der sehr interessanten und lehrreichen Zeit als Verkäufer, erhielt ich die Möglichkeit für die Wacker Chemie ins Ausland zu gehen. Mir wurde das Vertrauen ausgesprochen, die Leitung des Büros in Barcelona, Spanien zu übernehmen. Als Geschäftsführer und Leiter von 15 Mitarbeitern ist es eine herausfordernde und motivierende Tätigkeit. Die Aufgabe besteht hauptsächlich darin, bestehende Geschäftsfelder zu sichern und neue zu entwickeln. Mit einem sehr jungen und engagiertem Team arbeiten wir daran und schaffen nun seit eineinhalb Jahren, die ich hier bin, einen sehr positiven Beitrag für das Unternehmen. Erneut hat sich gezeigt, dass man daran glauben muss, was man tun will und dafür kämpft, dann schafft man es auch.

Bericht

Andrea Krahnert

Redakteurin bei einer wissenschaftlichen Fachzeitschrift

Zur Person

geb. 1973 in Dresden

1991–1992 Studium der Rechtswissenschaften Martin-Luther-Universität Halle/Saale

1992–1997 Studium der Biochemie Martin-Luther-Universität Halle/Saale und Georg-August-Universität Göttingen; Abschluss: Biochemie-Diplom

Oktober 1997 – September 1998 Stipendiatin für Wissenschaftsjournalismus des Fonds der Chemischen Industrie

(Praktika in der Redaktion der *Nachrichten aus Chemie, Technik und Laboratorium*, Weinheim, der Pressestelle der BASF AG, Ludwigshafen, im Freien Journalistenbüro Anke Müller, Dresden, beim *Göttinger Tageblatt*, Redaktionen *Hochschule und Wissenschaft* sowie *Regionale Wirtschaft*, Göttingen, und beim ZDF-Landesstudio Sachsen-Anhalt, Magdeburg.

seit Oktober 1998 angestellt bei der Gesellschaft Deutscher Chemiker als Redakteurin der *Nachrichten aus der Chemie*, Frankfurt a.M.

Wissenschaftsjournalismus: ...denn Schreiben lernt man nur durch Schreiben

Wenn ich gefragt werde: „Wie kamst du eigentlich zum Journalismus?", dann kann ich bei der Suche nach Gründen weit zurück gehen: mit neun Jahren die erste Kurzgeschichte geschrieben, als Lieblingsfächer in der Schule Mathematik und Deutsch gehabt, als Studentin in verschiedenen Literaturclubs und Redakteurin bei der Hallenser Studentenzeitschrift gewesen. Doch vergleiche ich das mit den Lebensläufen meiner heutigen Kollegen, so ist wohl nichts davon wirklich eine Voraussetzung für Wissenschaftsjournalismus. Hilfreich jedoch waren die Erfahrungen allemal, denn jeder einzelne Schritt führte mehr oder weniger zufällig zum nächsten bis zu meinem heutigen Job. Und würde ich einem meiner früheren Lehrer erzählen, dass ich heute als Redakteurin und Wissenschaftsjournalistin arbeite, sähe er es wohl als logische Konsequenz an. Aber der Reihe nach:

Die Schulzeit

Ohne jetzt zu weit zurückgehen zu wollen, sollten wir doch einen Blick auf die Schulzeit werfen. Denn wer überlegt, ob er als Journalist arbeiten möchte, sollte mal kurz überprüfen, wie leicht es ihm fiel, Schulaufsätze zu schreiben und wie gerne er sich mit diesen beschäftigt hat. Dass einem die Fächer Chemie, Biologie, Mathematik und Physik lagen, setze ich voraus, sonst wäre wohl kaum die Entscheidung für ein naturwissenschaftliches Studium gefallen. Schulaufsätze meistens mit einer guten Note, obwohl mal eben auf den letzten Drücker geschrieben, sind schon eine gute Voraussetzung, denn im Journalismus muss man oft unter Zeitdruck und schnell schreiben, auch hier gilt wie anderswo „Zeit ist Geld", und freie Journalisten werden oft pro gedruckter Zeile bezahlt.

Ein naturwissenschaftliches Studium...

...ist eine weitere gute Grundlage für eine journalistische Laufbahn, zumindest für eine wissenschaftsjournalistische. Wie ein Mitarbeiter der BASF-Öffentlichkeitsarbeit einmal zu mir sagte: „Heute ist es besser, ein Fach studiert zu haben, in dem man Bescheid weiß. Das Schreiben kommt dann später, denn Schreiben lernt man nur durch Schreiben!"

Aber in meinem Fall hat es sich als hilfreich erwiesen, dass ich anderthalb Jahre in Halle als Redakteurin bei unserer Studentenzeitschrift „Die Nessel" gearbeitet habe. Bei unserer zugegeben sehr einfach gestrickten Studentenzeitschrift haben vier Redakteure – wir haben uns trotz des einfachen Equipments so genannt – vom Zeitschrift gründen, Recherchieren, Schreiben, Layouten, Kopieren, Zusammenlegen und Verteilen alles selbst gemacht; da gingen mitunter schon fünf Abende pro Woche drauf. Geschrieben haben wir hauptsächlich über Themen des Studentenalltags: vom Ärger mit den Kopierkarten bis hin zur Hochschulpolitik anlässlich der Landtagswahlen. Es war eine abwechslungsreiche und zeitintensive Nebenbeschäftigung. Sie wurde zwar nicht mit Geld entlohnt, hat sich aber dennoch bezahlt gemacht, denn ich habe so mehr und früher Informationen bekommen, als viele andere Studenten.

Ein Tipp zu einem Punkt, den ich selbst nicht berücksichtigt habe: Auch wenn man eine Sache nur aus persönlichem Interesse anfängt, und nicht, um Pluspunkte für seine spätere Bewerbung zu sammeln, sollte man sich immer eine Bescheinigung darüber geben lassen und (ganz wichtig!) seine Arbeitsproben sammeln. Denn wenn man erst wie ich beim Bewerbungsschreiben feststellt: „Oh, das hab ich ja auch noch gemacht!" dann sind die Arbeiten für „Die Nessel", die Videographiekurse oder der Hiwi-Job schon einige Semester her, man selbst an einen anderen Ort umgezogen, und die Organisation der entsprechenden Nachweise gestaltet sich wesentlich aufwendiger.

Und um das Thema Studium abzuschließen: Meine Vertiefungsrichtungen, übrigens Molekulargenetik und Proteinchemie, spielten und spielen für meine heutige Arbeit keine Hauptrolle. Es fällt mir nur wesentlich leichter, Texte zu redigieren, die in mein Gebiet fallen, als Texte zur Theoretischen oder Physikalischen Chemie. Und dass ich mir vor meinem Biochemiestudium noch einen kleinen einjährigen Abstecher zum Studium der Rechtswissenschaften erlaubt habe, hat mir bisher noch keine Nachteile eingebracht.

Die Entscheidung

„Wichtig ist nicht wie, sondern dass man sich entscheidet und dass man aus der Entscheidung das Beste macht. So gesehen gibt es keine falschen Entscheidungen." Von wem der Spruch stammt, weiß ich nicht, aber er ist zu einer Art Maxime für mich geworden. Und in den letzten vier Jahren musste ich mich ständig neu entscheiden, ob nun für Diplom-Abschluss oder Promotion, Job oder Praktika, was und wo. Und ganz nebenbei habe ich innerhalb von zwei Jahren siebenmal den Wohnort gewechselt. Flexibel sollte man schon sein.

Als ich für meine Diplomprüfungen gelernt habe, überlegte ich mir, was ich eigentlich nach der Diplomarbeit machen will – was tut man nicht alles, um sich vom Lernen abzulenken. Promotion oder Job suchen, aber welchen? Auf jeden Fall sah ich meine Zukunft nicht in der Forschung, das können andere besser als ich. Ich wollte mehr mit Menschen arbeiten, Sachverhalte und Zusammenhänge erklären, schreiben. Als mir das bewusst wurde, war die Frage nach der Promotion schon hinfällig: Wenn meine ehemaligen Kommilitonen ihre Promotion beenden, kann ich bereits drei Jahre journalistische Berufserfahrung vorweisen. Doch kann es durchaus passieren, dass mir einige Türen verschlossen bleiben, nur weil das „Dr." vor meinem Namen fehlt.

Während der Diplomarbeit begann ich, mich auf Volontariatsstellen zu bewerben. Das führte zu schnellen und frustrierenden Absagen, lediglich der Klett-Verlag bemühte sich um etwas Trost mit seiner Antwort, dass sie aus den über 1000 Bewerbungen eine Vorauswahl treffen mussten. Heute ist mir auch klar, warum ich nicht in die engere Wahl gekommen bin, trotz Studentenzeitschrift: wenn Naturwissenschaftler mit Geisteswissenschaftlern um „normale" Volontariatsstellen konkurrieren, sind die „Geistis" eindeutig im Vorteil, weil sie oft mehr medienbezogene Praktika während ihres Studiums absolviert und zum Teil schon Erfahrung als freie Mitarbeiter bei verschiedenen Medien gesammelt haben.

Also bin ich gedanklich einen Schritt zurück gegangen und habe mich auf meinen Vorteil besonnen – mein Biochemiestudium. Und – so dachte ich – wenn ich erst mal einige Praktika, wenn es sein muss auch unentgeltlich, in naturwissenschaftlichen Redaktionen absolviert hätte, sollte auch für mich ein Volontariatsplatz dabei sein. Vom Arbeitsamt und auf der Leipziger Buchmesse habe ich mir Adressen von wissenschaftlichen Verlagen besorgt, einige chemie-relevante Redaktionen herausgesucht und der Reihe nach angerufen.

Und da zeigt es sich mal wieder, welchen Einfluss Zufälle auf das spätere Leben haben können: Telefonieren war im Frühjahr 1997 im Vergleich zu heute sehr viel teurer. Also rief ich immer morgens vor 9 Uhr an. Der Erste, der bei einem dieser Anrufe den Hörer abnahm, war Herrmann G. Hauthal, damals Chefredakteur der *Nachrichten aus Chemie, Technik und Laboratorium*. In diesem Augenblick konnte ich nicht ahnen, dass dieser Anruf für mich so entscheidend sein würde: Hauthal erzählt mir von dem Stipendium für Wissenschaftsjournalismus, ein halbes Jahr später trete ich mein erstes Praktikum in dieser Redaktion an und beginne noch ein Jahr später meinen ersten festen Job als Redakteurin bei den *Nachrichten*.

Das Stipendium...

...von dem mir Hauthal berichtete, vergibt der Fonds der Chemischen Industrie (FCI) für maximal ein Jahr, um die fachlich kompetente Vermittlung zwischen der Wissenschaft Chemie und der Öffentlichkeit zu stärken und zu verbessern [1]. Die Stipendiaten sollen ca. zweimonatige Praktika in verschiedenen Medienrichtungen absolvieren. Einen Extra-Abschluss oder eine Abschlussprüfung gibt es nicht. Die Bewerbung ist recht aufwendig: neben den üblichen Unterlagen sind auch Arbeitsproben gefragt, dazu eine Begründung, warum man gerade dieses Stipendium möchte, eine allgemein verständliche Zusammenfassung der Diplom- oder Doktorarbeit, alles in sechsfacher Ausfertigung, sowie ein vertrauliches Gutachten eines Betreuers. Aber es ist ein Aufwand, der sich lohnt, denn haben erst einmal alle Juroren zugestimmt, erhält der zukünftige Stipendiat nicht nur eine Liste aller bisherigen Stipendiaten (die man um Rat fragen kann!), sondern auch inzwischen 1100 Euro steuerfreies Stipendium pro Monat, Verheiratete 150 Euro mehr. Außerdem öffnen sich einem als Stipendiaten einige Türen leichter, da inzwischen ehemalige Stipendiaten in Positionen sind, wo sie wiederum selbst Praktika anbieten.

Die einzelnen Stationen

Nachdem ich nun im Juli 1997 meine Diplomarbeit beendet hatte und noch zwei Monate in England war (um mich vom Laborstress zu erholen und mein Englisch aufzufrischen), begann ich im Herbst mit meinem ersten Praktikum bei den *Nachrichten* in Weinheim. Damals war ich gerade 24 Jahre jung und unterschied mich in keiner Weise von der Studentin, die kurz zuvor ihr Diplom erhalten hatte. Das ist nicht ganz unerheblich, denn wenn man plötzlich auf einer Veranstaltung als Journalistin (und manchmal als einzige Frau) mit lauter gestandenen Professoren oder Geschäftsführern das Durchschnittsalter drastisch senkt, gehört schon eine gute Portion Selbstbewusstsein dazu, aufzustehen und unter all *den Wieso-hat-sie-sich-hierher-verirrt-Blicken* trotzdem seine Fragen an das Podium zu stellen.

Was ich in den Praktika alles gelernt und erlebt habe, hat vieles eingeschlossen von fast gleichwertig akzeptiert bis ignoriert werden. Aber das ist auch ein Vorteil dieser Praktika. Man lernt, sich selbst besser einzuschätzen, kann sich in verschiedenen Richtungen ausprobieren und am Ende entscheiden, welche Richtung einem am besten gelegen hat.

Nach den *Nachrichten* habe ich noch in Ludwigshafen bei der BASF-Öffentlichkeitsarbeit, in Dresden im Büro der freien Journalistin Anke Müller und beim *Göttinger Tageblatt* gearbeitet. Dies sind alles Stationen, die ich nur empfehlen kann. Denn so bekommt man nicht nur eine flüssige Schreibe antrainiert, sondern sieht den Journalismus von verschiedenen Seiten und lernt, was die eine von der anderen Seite erwartet. Arbeitet man später beispielsweise in der Öffentlichkeitsarbeit, weiß man, wie die Journalisten und Redakteure „da draußen" agieren und was sie von der Öffentlichkeitsarbeit erwarten, wann und in welcher Publikation eine Pressemitteilung am ehesten die Chance hat, veröffentlicht zu werden. Und umgedreht weiß man als Redakteur, wie Texte in der Öffentlichkeitsarbeit entstehen, dass sie ihre Zeit brauchen und man nicht immer alle Informationen bekommt, die man gerne hätte. Zur Öffentlichkeitsarbeit in einem Chemieunternehmen ist vielleicht noch zu bemerken, dass dies ein Job mit viel Verantwortung ist, denn gelangen die falschen Informationen oder Informationen falsch aufbereitet an die Öffentlichkeit, kann das bis zur Beeinflussung der Aktienkurse gehen.

Für die Schulung meiner Schreibfähigkeiten sind die Praktika im freien Journalistenbüro, dort habe ich u.a. für das Dresdner *Universitätsjournal* und den *Deutschen Forschungsdienst* geschrieben, und bei der Tageszeitung am hilfreichsten gewesen.

Meine letzte Praktikumsstation führte mich zu einem Fernsehstudio nach Magdeburg. Doch wer zum Fernsehen möchte, sollte sich vorher gut umhören und bei den ehemaligen Stipendiaten nachfragen, wer wo welche Erfahrungen gemacht hat. Nicht nur meine Fernseh-Erfahrungen waren schlechter Art. Kabeltragen und Kaffeekochen musste ich zwar nicht, dafür aber vier Wochen lang das Desinteresse meines Chefs und die (fast) ständige Ablehnung meiner Vorschläge ertragen. Aber da ich das Medium Fernsehen an sich faszinierend finde, habe ich das Verhalten zähneknirschend hingenommen und zugesehen, dass ich so viel wie möglich vom Tagesgeschäft lernen konnte. Was mir auch geholfen hat, war mein Arbeitsvertrag, den ich damals schon unterschrieben in der Tasche hatte. So begann ich direkt nach meinem Magdeburger Kurztrip in Frankfurt bei den *Nachrichten* „richtig" zu arbeiten. Übrigens schreibt der FCI niemandem vor, welche Praktika er absolvieren soll, nur möglichst in Deutschland sollten sie sein.

Die Bewerbung...

...für meine jetzige Stelle verlief ganz anders und Monate früher als ich es ursprünglich erwartet hatte. Ich steckte noch mitten in den Arbeiten für die Hochschulredaktion beim *Göttinger Tageblatt*, als ein Anruf vom FCI kam, bei den *Nachrichten* werde ein Redakteur für das Ressort Biowissenschaften gesucht, ich könne mich dort bewerben. Meine spontane Antwort: „Nein". Nicht, weil ich nicht nach Weinheim ziehen wollte, sondern weil mir die veraltete technische Produktion anstelle eines modernen Redaktionssystems nicht zusagte und mir eine Reihe von Dingen einfiel, was man bei den *Nachrichten* noch verbessern könnte. Doch als es hieß, die Redaktion ziehe nach Frankfurt um und werde insgesamt moderner und anders, war es plötzlich eine ganz andere Herausforderung.

Zum Vorstellungsgespräch mit dem jetzigen Chefredakteur Ernst Guggolz trafen wir uns in Kassel auf dem Bahnhof und gingen in ein Café. Ich muss ja zugeben, dass ich mich darauf nicht weiter vorbereitet, auch nicht extra ein Kostüm oder einen Anzug dafür gekauft hatte. Aber ich hatte konkrete Ideen, wie ich die Zeitschrift umgestalten würde. Das Gespräch dauerte anderthalb Stunden, und Guggolz und ich dachten bei der Umgestaltung des Heftes ähnlich. Zwei Tage später kam der Anruf von ihm, ich solle mich in Frankfurt bei der Gesellschaft Deutscher Chemiker, meinem Arbeitgeber, vorstellen. Dort wurden fast nur noch Einstellungsformalitäten „ausgehandelt", wobei „handeln" hier wirklich übertrieben ist, ich hab einfach immer nur „einverstanden" gesagt. Einige Tage später unterschrieb ich den Arbeitsvertrag und begann am 15. Oktober 1998 mit 25 Jahren bei den *Nachrichten* als Redakteurin für Biowissenschaften.

Die ersten Monate im Job...

...waren stressig, keine Frage. Aber es war auch ein ziemlich gutes Gefühl, plötzlich mit jeder Menge eigener Verantwortung in einer zeitlich unbefristeten Stelle zu sitzen. Auch wenn es erst noch sechs Monate Probezeit zu überstehen galt, so war doch die größte Unsicherheit („Was wird mal aus mir? Werde ich einen Job bekommen? Und wo?") genommen. Und was nicht zu unterschätzen ist: Die erste Gehaltsanweisung!

Die ersten anderthalb Monate musste ich noch fast jeden Tag nach Weinheim fahren, weil die Redaktion noch nicht nach Frankfurt umgezogen war. Was ich damals als nachteilig empfunden habe, stellt sich mir heute aber eher positiv dar: Ich konnte das Entstehen einer neuen Redaktion in neuen Büros, die Auswahl eines modernen Redaktionssystems, etc. live mitgestalten. Dass ich schon ein Praktikum in der Redaktion absolviert hatte und mit den Arbeitsabläufen bereits vertraut war, erleichterte mir die Einarbeitung erheblich. So war ich für viele Aufgaben fast sofort voll einsetzbar. Natürlich hatte ich zahlreiche Fragen und wusste vieles nicht. Ich habe mich aber auch nicht gescheut, immer wieder nachzufragen.

Zu meinen Aufgaben gehört es seitdem hauptsächlich, Artikel zu redigieren, korrekturzulesen, kleinere Beiträge zu schreiben, mit Autoren Kontakt zu halten, neue Autoren zu gewinnen, zu Pressekonferenzen, auf Messen und Tagungen zu gehen, sofern die Zeit dafür bleibt. Dazu kommen noch die vielen kleinen Aufgaben des Redaktionsalltags, wie Post durchsehen, Pressemitteilungen auf ihren Informationswert für die Zeitschrift hin prüfen, die verschiedensten Anfragen von Lesern beantworten. Es lässt sich wohl kein Zeitpunkt festlegen, an dem die Einarbeitungszeit vorüber war, das war eher ein fließender Übergang: die Fragen wurden weniger, in meinen Entscheidungen wurde ich sicherer und hatte auch bald das Amt der „Chefin vom Dienst" inne.

Mein jetziger Arbeitsalltag

Als „Chefin vom Dienst", kurz CvD genannt, hat man den Vorteil, dass man seinen Chefs sprichwörtlich auf die Füße treten darf, denn ich muss für das pünktliche Erscheinen des Heftes sorgen. Da sollte man sich Termine schon gut merken können oder zumindest einen gut geführten Terminkalender haben und nicht zimperlich sein, wenn man seine Kollegen und Vorgesetzten auf die Einhaltung ihrer Termine drängt. Unsere Redaktion ist ein kleines Team von fünf Mitarbeitern, da sollte jeder auch bereit sein, in Engpässen für einen Kollegen einzuspringen. Außerdem koordiniere ich nun die Zusammenarbeit von Redakteuren und Graphikern und betreue meinerseits Praktikanten. Bei der Planung und inhaltlichen Gestaltung und Entwicklung der Zeitschrift kann und muss ich meine Ideen einbringen und stoße hier bestimmt nicht auf Desinteresse. Und immer wenn die Zeit dafür bleibt, leider viel zu selten, schreibe ich gern auch selbst Artikel.

Andere Ausbildungswege

Unter den Wissenschaftsjournalisten machen wohl die FCI-Stipendiaten nur einen Bruchteil aus. Einige finden ihren Weg zum Journalismus als autodidaktische Quereinsteiger oder über eine Weiterbildung zum Fachredakteur, die das Arbeitsamt finanziert, andere absolvieren ein Aufbaustudium Journalismus. Einen auf Wissenschaftsjournalismus spezialisierten Zusatzstudiengang bietet die Freie Universität Berlin an (www.fu-berlin.de/studium/studiengaenge/weitere/wiss-journalismus.html). Die Ausbildung dauert zwei Semester und endet mit einer mündlichen Prüfung; wer sie besteht, erhält ein Universitäts-Zertifikat. Einige weitere Universitäten bieten Aufbaustudiengänge zum Diplom-Journalisten an. Das Studium dauert vier Semester und setzt einen Hochschulabschluss voraus.

Weitere Informationen zum Wissenschaftsjournalismus bieten auch Bücher wie die *Einführung in den praktischen Journalismus* [2] oder *Wissenschaftsjournalismus. Ein Handbuch für Ausbildung und Praxis* [3] sowie das Internet (www.wissenschaftsjournalismus.de).

Den Weg zu ihrem späteren Beruf haben Journalisten meistens sehr zeitig betreten. Doch auf welchem Weg nun jeder Einzelne zum Wissenschaftsjournalismus gelangt, ist wohl je nach Neigung und Lebensweg verschieden. Wahrscheinlich lohnt sich jeder davon, denn er führt zu einem abwechslungsreichen, anspruchsvollen und interessanten Beruf.

Literatur:

[1] *Nachr. Chem. Tech. Lab.* 1999, *47*, 1115:
Stipendien für Praktika im Wissenschaftsjournalismus

[2] Walther von LaRoche:
Einführung in den praktischen Journalismus

15. Auflage, List-Verlag, München (1999)
ISBN 3-471-78043-2

[3] Winfried Göpfert, Stephan Ruß-Mohl:
Wissenschaftsjournalismus. Ein Handbuch für Ausbildung und Praxis
4. Auflage, List-Verlag, München (2000)
ISBN 3-471-78556-6

Andrea Krahnert heute:

Was seit der 1. Auflage passiert ist...

Nachdem ich drei Jahre lang das Team der „Nachrichten aus der Chemie" in Frankfurt a.M. unterstützt habe, packte ich die Gelegenheit am Schopf und begleitete meinen Ehemann im Oktober 2001 nach Cambridge/UK. Ein Jahr lang arbeiteten wir für die University of Cambridge; er als Chemie-Postdoc und ich gleich um die Ecke am Department of Engineering, an dem ich nach einigen Wochen intensiver Jobsuche und mit dem nötigen Quäntchen Glück den idealen Job für ein Jahr Auslandsaufenthalt gefunden hatte. Mein Englisch hatte ich noch während der Redakteurszeit immer wieder durch Kurse und die Lektüre englischer Bücher aufgefrischt, und für den fraglichen Job suchte die Universität jemanden, der auch deutsch kann – und das kann ich ganz gut.

Neben administrativen Aufgaben war ich für die Öffentlichkeitsarbeit der „Language Unit" zuständig, ein Bereich des Departments mit ca. 200 Ingenieursstudenten, die Deutsch, Französisch oder Japanisch lernen wollten. Unter anderem organisierten wir Studentenaustausche, ein Fremdsprachen-Kabarett (am witzigsten klangen die Sketche in Japanisch) und einen Tag der offenen Tür - eine Arbeit, die mir sehr viel Spaß machte. Als es nach einem Jahr Abschied nehmen hieß von Pubs und Punting (Stocherkahnfahren), stand für mich fest, dass ich auf die „andere" Seite des Journalismus wechseln wollte – in die PR.

So führte mich die Kombination von Wissenschaft und Öffentlichkeitsarbeit im Januar 2003 zu Haas & Health Partner, eine Public Relations-Agentur, die auf Gesundheitskommunikation spezialisiert ist. Hier sind mir meine naturwissenschaftliche Ausbildung und die Journalismus-/Redakteurserfahrungen eine große Hilfe, denn um für Journalisten zu arbeiten, also Pressekonferenzen organisieren, Pressemeldungen schreiben, etc., finde ich es wichtig, zu wissen, was ein Journalist erwartet und wie eine Redaktion arbeitet. Außerdem arbeite ich hier in einem jungen Team mit Menschen aus unterschiedlichsten Fachrichtungen zusammen und wir profitieren gegenseitig von unseren verschieden Hintergründen bei der Herangehensweise an bestimmte Probleme.

Bericht

Dr. Frank Korber

Patentreferent in der Chemischen Industrie

Zur Person

Jahrgang 1973

10/1993-02/1999 Chemiestudium Universität Düsseldorf

04/1999-09/2002 Promotion auf dem Gebiet der Makromolekularen Chemie am Max-Planck-Institut für Kohlenforschung Mülheim/Ruhr, dabei begleitend

04/2002-09/2002 Referent für die Verfahrenstechnischen Berichte bei der DECHEMA e.V.

seit 10/2002 Patentreferent bei der Henkel KGaA

momentan Ausbildung zum European Patent Attorney

Vielfältige Aufgaben zwischen Chemie und Jura

Der erste Schritt

Meine „Karriereplanung" begann mit der Auswahl der Promotionsstelle. Damals hatte ich noch keinen konkreten Berufswunsch, aber zwei klare Ziele vor Augen. Zum einen wollte ich etwas tun, was für mich interessant war und einen konkreten praktischen und anwendungsbezogenen Nutzen hat. Zum anderen wollte ich in einem möglichst professionellen Umfeld mit gutem Ruf promovieren, um von diesem Umfeld zu lernen und mich dort effizient weiterzuentwickeln.

Diese Möglichkeiten boten sich mir am Max-Planck-Institut für Kohlenforschung in Mülheim/Ruhr, das ich bei einer Exkursion während des Studiums kennen gelernt hatte. Dort wird im wesentlichen Forschung auf dem Feld der Katalyse betrieben. Der Terminus Kohlenforschung ist ein historisches Relikt. Im Grunde geht es bei der Auswahl der Promotionsstelle auch um die Frage, welche Anreize einem von der jeweiligen Einrichtung geboten werden, um gerade dort zu promovieren. Diese Frage sollte man ehrlich vor sich selbst beantworten können.

Das MPI Mülheim bot folgende Vorteile:

Infrastruktur: Das Institut bot eine exzellent ausgestattete Forschungsinfrastruktur mit umfangreichen Serviceeinrichtungen und einem breiten Spektrum an leistungsstarken instrumentellen Untersuchungsmethoden.

Ausbildung: Das Institut ermöglicht die konsequente Aus- und Fortbildung seiner Doktoranden neben der Forschungsarbeit. So gibt es beispielsweise einen modular aufgebauten Vorlesungszyklus, der sich über vier Semester erstreckt und eine solide Ausbildung in allen Bereichen der Katalyse ermöglicht. Bemerkenswert waren auch die Karl-Ziegler-Gastprofessuren, in deren Rahmen hervorragende Wissenschaftler aus dem In- und Ausland am Institut für eine Woche Vorlesungen halten und für Diskussionen mit den Doktoranden zur Verfügung stehen.

Internationalität: Ein weiterer nicht zu unterschätzender Vorteil lag in der Internationalität der Mitarbeiter und dem Erleben einer internationalen Arbeitsatmosphäre.

Industriekontakte: Dieser Aspekt hängt natürlich nicht nur vom Institut, sondern vor allem auch vom Arbeitskreis ab. Für mich kam diesem Aspekt eine hohe Bedeutung zu, da man über diese Kontakte eine Menge über die sehr pragmatische Denkungsart der Industrie lernen kann. Ich war während meiner Dissertation in Kooperationen mit drei verschiedenen Industrieunternehmen eingebunden, was mir interessante Einblicke ermöglichte.

Insgesamt kann man also sagen, dass es richtiggehend Spaß machte, in einem solchen kraftvollen Umfeld zu arbeiten und sich dabei stetig weiterzuentwickeln. Selbstverständlich bieten die aufgezeigten Vorzüge per se keinen „greifbaren" Vorteil bei der Jobsuche, jedoch tragen diese Vorzüge in jedem Fall dazu bei, die eigene Kompetenz zu stärken und das Bewusstsein um diese Kompetenz zu fördern.

Der zweite Schritt

Mit der sorgfältigen Auswahl der Promotionsstelle war ein Anfang gemacht und während des zweiten Jahres der Promotion begann ich zu überlegen, welchen beruflichen Weg ich einschlagen wollte. Die wichtigsten Aspekte bei dieser Überlegung waren die, dass ich Freude an meiner Arbeit haben wollte und dass ich bei dieser Arbeit meine Stärken ausspielen kann. Neben dem naturwissenschaftlichen Interesse liegen meine Stärken vor allem im verbalen Bereich. Schließlich kristallisierten sich in meiner Vorstellung mehr und mehr die beiden Gebiete Wissenschaftsjournalismus und gewerblicher Rechtsschutz als geeignete Betätigungsfelder heraus. Zu diesen beiden Feldern hatte ich mir während des Studiums allerdings noch keinen Zugang erarbeitet, zum Beispiel in Form eines Praktikums oder eines Volontariats. Seinerzeit habe ich es vorgezogen, beispielsweise bei United Parcel Service ein wenig Geld zu verdienen.

Also musste ich nun etwas tun, um hier voranzukommen, so dass ich von da ab die Augen in dieser Richtung offen hielt. Kurzerhand bewarb ich mich Anfang 2002 als Fachreferent für die „Verfahrenstechnischen Berichte" bei der DECHEMA e.V., die in einer Internet-Jobbörse annonciert hatte. Es handelte sich hierbei um eine Tätigkeit als freier Mitarbeiter auf Honorarbasis bei der man entsprechend seiner Qualifikation in regelmäßigen Abständen ein vereinbartes Maß an Fachpublikationen erhält. Zu dieser ausgewählten Literatur schreibt man dann Zusammenfassungen, die in den monatlich erscheinenden Heften „Verfahrenstechnische Berichte VtB" veröffentlicht werden. Meine Bewerbung war erfolgreich und ich machte diese Honorararbeit dann ein halbes Jahr von April bis September 2002 in meiner Freizeit begleitend zur Promotion, beendet durch meinen Berufseintritt bei der Henkel KGaA im Oktober.

Die Arbeit als Fachreferent war eine sehr nutzbringende Erfahrung für mich. Zum einen verbesserte ich meine Englischkenntnisse, zum anderen lernte ich, komplexe Sachverhalte verständlich und in kurzer Form darzustellen und Abgabefristen einzuhalten.

Aber auch in Sachen gewerblicher Rechtsschutz hielt ich die Augen offen. Zudem war ich hier durch die Geschichte des MPI sensibilisiert, schließlich wurde dort mit der Entdeckung und Entwicklung der Ziegler-Katalysatoren, für die Ziegler 1963 den Nobelpreis erhielt, eine der im wörtlichen Sinne wertvollsten Chemieerfindungen aller Zeiten gemacht. Dabei gelang es dem MPI auch, die Rechte an der Verwertung dieser Katalysatoren zu sichern. Alleine aufgrund dieses Faktums wusste ich um die immense Bedeutung des gewerblichen Rechtsschutzes. Weiterhin referierte auch einmal ein Patentanwalt aus einer renommierten Kölner Kanzlei, welche das MPI in Fragen des gewerblichen Rechtsschutzes betreut, in unserem Institut und gewährte interessante Einblicke in diesen Berufsbereich. Die Ausführungen des Patentanwaltes und die Art und Weise wie er sich präsentierte, beeindruckten mich. Zudem hatte ich eine Bekannte, welche als Chemikerin in der Patentabteilung eines großen deutschen Chemieunternehmens arbeitete und die ich befragen konnte. Schließlich nutzte ich auch das Internet, um weiterreichende Informationen über dieses Berufsbild zu erhalten.

Der dritte Schritt

Gegen Ende der Promotionszeit habe ich dann die Bewerbungsphase eingeläutet und eigentlich mit einem Bewerbungsmarathon gerechnet, wie ich ihn von vielen Erzählungen her kannte. Indes ich hatte Glück und erhielt praktisch mit meiner ersten Bewerbung eine Stelle als Patentreferent in der Patentabteilung der Henkel KGaA, so dass sich Anschreiben an weitere Firmen für mich erübrigten. Gesucht wurde ein Patentreferent, möglichst mit Berufserfahrung, aber auch Berufsanfänger ohne Vorerfahrungen im gewerblichen Rechtsschutz erhielten bei erkennbarem Potential und Interesse an einer Ausbildung zum „European Patent Attorney" eine Einstiegschance, so hieß es. Die fragliche Stelle fand ich im Internet unter www.jobpilot.de.

Kurz nach meiner Bewerbung erhielt ich eine Einladung zu einem Vorstellungsgespräch. Da es mein erstes Vorstellungsgespräch war und ich auch keine Bewerbungsseminare absolviert habe, ging ich vollkommen „untrainiert" an die Sache heran. Zur Vorbereitung habe ich mich sehr gründlich über das Unternehmen informiert, nicht nur, um in den kommenden Gesprächen entsprechende Fragen beantworten zu können, sondern auch, um herauszufinden, inwieweit das Unternehmen für mich attraktiv ist und inwieweit ich mich mit dem Unternehmen und dem, was es macht, identifizieren kann. Eigentlich musste ich das nicht erst herausfinden, da Henkel zu jenen ersten Adressen in Deutschland zählt, bei denen zu arbeiten sich fast jeder angehende oder frisch promovierte Chemiker erträumt. Demzufolge war ich sehr angetan von der Aussicht, mit etwas Glück weiterhin in einem hochprofessionellen Umfeld arbeiten und mich gezielt weiterentwickeln zu können. Auch die Tatsache, dass Henkel eines der am stärksten international ausgerichteten Unternehmen Deutschlands ist, bei dem über 75 Prozent der Mitarbeiter des Konzerns im Ausland tätig sind, was ich zuvor gar nicht wusste, fand ich überzeugend und zukunftsträchtig. Kurzum, das Firmen- und Produktimage imponierte mir und strahlte hohe Kompetenz aus.

Das Vorstellungsgespräch bestand aus einer Serie von Gesprächen mit Mitarbeitern der Patentabteilung. Den Anfang bildete allerdings ein Gespräch mit einem Personalleiter. Alle Gespräche liefen harmonisch, respektvoll und in einer freundlichen Atmosphäre ab, jedoch wurde der Berufswunsch „Patentreferent" kritisch, aber fair hinterfragt. Dies auch aus gutem Grund, denn die Arbeit in der Patentabteilung ist eine sehr spezielle und für den frisch promovierten Chemiker völlig ungewohnte Aufgabe, zu der mit Sicherheit nicht jeder geeignet ist. Daher ist es wichtig, sorgfältig zu klären, ob die Berufswahl gut durchdacht ist und ob man sich den besonderen Anforderungen gewappnet fühlt oder sich diesen Anforderungen, auf die ich noch eingehen werde, überhaupt bewusst ist.

Das Unternehmen hat an diesem Tag einen sehr guten und glaubwürdigen Eindruck auf mich gemacht, so dass in mir der Wunsch bekräftigt wurde, hier zu arbeiten, zumal die aufgezeigte Perspektive mit Blick auf die Ausbildung zum „European Patent Attorney" stimmte und ich mich von dem Selbstverständnis und der Zielsetzung des Unternehmens angezogen fühlte.

Die zweite Vorstellungsrunde lief ähnlich ab, wobei ich unter anderem wiederum mit einem Personalleiter, mit dem Leiter der Patentabteilung und mit dem Leiter Forschung und Technologie der Henkel KGaA sprach. Etwa zwei bis drei Tage später erhielt ich per Post den unterschriebenen Vertrag und konnte zum 1. Oktober 2002 in der Wunschposition anfangen.

Die ersten Wochen und Monate im Job

Die Einarbeitung bei Henkel sah für mich so aus, dass ich durch eine Mischung aus intensivem täglichen Coaching und „Training on the Job" sukzessive an meine Arbeit herangeführt wurde. Die Bearbeitung patentrechtlicher Fragestellungen war völliges Neuland für mich und es bedurfte einiger Zeit, um in die Denk- und Begriffswelt des gewerblichen Rechtsschutzes einzudringen. Eine ständige Lernbereitschaft ist dabei unerlässlich.

Zur Verwirklichung des beruflichen Ziels „European Patent Attorney", das nach dreijähriger Tätigkeit im gewerblichen Rechtsschutz durch Ablegen der Europäischen Eignungsprüfung erreicht werden kann, bietet die Firma regelmäßige interne Seminare an und ermöglicht die Teilnahme an externen Seminaren.

In einem global agierenden Unternehmen ist es immer häufiger nötig, nicht nur das eigene Unternehmen, sondern auch Tochterfirmen vor dem europäischen Patentamt zu vertreten. Dies geht nur als European Patent Attorney. Daher absolvieren die meisten Patentreferenten diese Zusatzausbildung.

Als mittelfristige Perspektive kann man anschließend, bei erkennbarem Potential, die Ausbildung zum deutschen Patentanwalt ins Auge fassen. Dies ist verbunden mit einem zweijährigen Fernstudium an der Fernuniversität Hagen, sowie mit einer achtmonatigen Ausbildung beim Deutschen Patent- und Markenamt. Diese Ausbildung stellt eine sehr interessante Option für eine zielgerichtete Weiterentwicklung dar. Als Patentreferent ist man Partner für den Innovationsschutz an der Nahtstelle zwischen Naturwissenschaft und Recht. Konkret geht es darum, die Rechte an eigenen Entwicklungsergebnissen zu sichern und einen größtmöglichen

Schutz für eigene Erfindungen zu gewährleisten sowie, wenn möglich, fremde Schutzrechte zu Fall zu bringen. Diese Arbeit stellt einen entscheidenden und dementsprechend verantwortungsvollen Beitrag zur Sicherung des Unternehmenserfolges dar, gerade bei einem Unternehmen, dessen Fokus auf Innovation liegt. Für kreative und zukunftsgestaltende Unternehmen wie Henkel, die fortlaufend Investitionen in neue und stetig verbesserte Produkte und Verfahren tätigen oder den strategischen Aufbau von Marken vorantreiben, ist eine hohe Professionalität in Sachen des gewerblichen Rechtsschutzes unumgänglich. Ansonsten könnten die Mitbewerber ungehindert und kostenlos gelungene Produkte oder technische Neuentwicklungen plagiieren, ohne eigene Forschung zu betreiben. Somit sichert nur ein umsichtig betriebener gewerblicher Rechtsschutz die Wettbewerbsfähigkeit der innovativen Unternehmen auf dem Markt. Da es ohne Innovation nur Stagnation geben kann, hat der gewerbliche Rechtsschutz für den technischen Fortschritt eine elementare Bedeutung.

Das Aufgabengebiet des Patentreferenten in einer Industriepatentabteilung erstreckt sich dabei auf die Bearbeitung von Patentanmeldungen, Patenterteilungs-, Einspruchs- und Beschwerdeverfahren sowie die zugehörige Verhandlungsführung vor den Patentämtern, wobei teilweise auch mit externen Anwälten zusammengearbeitet wird. Dazu kommen die Beurteilung eigener Schutzrechte, die Beobachtung fremder Schutzrechte, Konkurrenz- und Trendanalysen sowie die laufende Überwachung von Entwicklungstendenzen.

Häufige Gesprächspartner des Patentreferenten sind die jeweiligen Forscher und Erfinder, für die man Ansprechpartner und Ratgeber in allen Fragen des gewerblichen Rechtsschutzes ist. Dabei tritt man als eine Art „Dolmetscher" zwischen Technik und Recht auf und ist nicht selten Kritiker. Oftmals ist es nämlich so, dass der Forscher oder Erfinder sehr visionäre und ambitionierte Erfindungen vor Augen hat. Dann muss der Patentreferent sorgfältig klären, was von der Erfindung juristisch durchsetzbar ist und was es bereits in ähnlicher Form gibt. Die eigentliche schutzfähige Erfindung muss herauskristallisiert und realistisch formuliert werden. Dabei ist der jeweilige Stand der Technik zu berücksichtigen. Gleichzeitig muss ein möglichst umfassender Schutz angestrebt werden, der nicht leicht umgangen werden kann. Bei diesem Prozess wird der Erfinder oft vom Visionär zum Realisten. Der Umgang mit den Forschern ist aber im wesentlichen sehr angenehm, da Patentreferent und Forscher ein Team bilden, das an einem Strang zieht, um das für das Unternehmen bestmögliche Ergebnis zu erzielen.

Ebenfalls sehr angenehm war für mich bis dato der Umgang mit Vorgesetzten und Kollegen, die mir wohlwollend und hilfsbereit gegenübertraten. Die Hilfsbereitschaft der Kollegen ist wirklich von großer Bedeutung, da man ohne rechtliches Vorwissen gewissermaßen als Lehrling ein neues Handwerk erlernt. Aus diesem

Grunde tritt meine Vorgesetzte, die gleichzeitig meine Ausbilderin ist, nicht als bloße Autorität, sondern auch als Partner, Coach und Begleiter auf, von der ich durchgehend ein zeitnahes und offenes Feedback erhalte. Als Patentreferent in der Industrieabteilung ist man zwar auch über weite Strecken ein Einzelkämpfer, aber genauso gut ist man auch ein Teamplayer und braucht einen ausgeprägten Gemeinschaftssinn. Das Team muss sich, um effizient arbeiten zu können, gegenseitig unterstützen. Die Kommunikationswege müssen kurz und unkompliziert sein. Bevor ich beispielsweise einige Stunden über einem fachlichen Problem brüte, gehe ich zu einem Kollegen eine Tür weiter, von dem ich weiß, dass er mehr Erfahrung hat oder eben das erforderliche spezifische Wissen, so dass ich mit dessen Hilfe das Problem in einem Bruchteil der Zeit lösen kann.

Wenn ich mich nun frage, was anders oder ähnlich wie während meiner Promotionszeit war, so kann ich sagen, dass jetzt alles noch professioneller ist. Während der Promotion konnte man durchaus mal für ein paar Tage schöpferische Pausen einlegen. Das geht jetzt nicht mehr. Ohne schnelles, zielstrebiges und sehr intensives Arbeiten kommt man nicht aus. Das dürfte aber auch keinen ernsthaft überraschen. Alle Mitarbeiter einer ambitionierten Firma sind sich ohnehin dessen bewusst, dass sie und ihr Tun dafür verantwortlich sind, die Vision der Firma zu realisieren und dementsprechend motiviert sind sie in ihrer täglichen Arbeit.

Was zu bedenken ist...

Die Hauptaspekte der Tätigkeit habe ich bereits erwähnt. Denjenigen, die Interesse daran haben, eine Tätigkeit auf dem Gebiet des Patentwesens auszuüben, kann ich nur empfehlen, vorher gründlich in sich zu gehen und zu hinterfragen, ob man eine solche Tätigkeit wirklich und mit Freude über viele Jahre hinweg ausüben möchte. Keinesfalls sollte man beruflich nur deshalb in diese Richtung gehen, weil es beispielsweise hier gerade eine freie Stelle gibt oder ähnliches. Ein solches Verhalten wäre naiv und würde sehr schnell zu erheblichen Frustrationen führen, sowohl beim Mitarbeiter als auch bei der Firma. Ebenso wird man mit Halbherzigkeit schnell scheitern. Das Patentwesen ist ein weites Feld, und um hier gute und kompetente Arbeit leisten zu können, ist es notwendig, ein entsprechendes Maß an Energie aufzubringen. Man sollte sich fragen, inwieweit man gewillt ist, mit nationalen und internationalen Gesetzestexten und Kommentaren hierzu zu arbeiten. Man sollte sich vor allem auch fragen, ob man nach so vielen Jahren naturwissenschaftlicher Ausbildung nochmals bereit ist, zumindest drei bis vier Jahre weiterer intensiver Ausbildung auf sich zu nehmen und einen unumgänglich hohen Lerneinsatz zu zeigen. Man sollte sich ferner im Klaren sein, dass die Arbeit im Patentbereich sehr hohe Sorgfalt, Achtsamkeit, Disziplin und auch ein effektives Selbstmanagement erfordert. Sorgfalt und Achtsamkeit sind insofern unabdingbar, da beispielsweise mitunter ein einziges Wort oder das Fehlen eines solchen Wortes für den Schutzumfang eines Patentes von entscheidender Bedeutung sein kann. Disziplin ist wichtig, weil es bei der täglichen Arbeit darum geht, Fristen einzuhalten. Man muss also „auf Termin" arbeiten können. Ohne ein entsprechendes Selbstmanagement kann hier schnell einiges aus dem Ruder laufen.

Weiterhin muss man die Fähigkeit haben, zu abstrahieren und zu analysieren. Zudem muss man sich permanent Wissen über den jeweiligen aktuellen Stand der Technik aneignen. Demzufolge ist es erforderlich, auch sehr viel zu lesen, was mit Sicherheit nicht jedermanns Sache ist. Man muss auch die Bereitschaft zu sehr trockener Aktenarbeit mitbringen. Selbstverständlich braucht man auch die ausgeprägte Fähigkeit, in der deutschen Sprache zu kommunizieren. Es sollte einem ebenfalls keine Mühe bereiten, Texte zu formulieren und kreativ mitzudenken. Man muss in der Lage sein schriftlich wie mündlich zu argumentieren und vor allem zu überzeugen. Gute Englischkenntnisse sind unabdingbar und zumindest Grundkenntnisse in Französisch sind vorteilhaft. Von Bedeutung ist auch der Umgang mit den Forschern. Hier muss man die Fähigkeit haben, einen „guten Draht" zu den Forschern herzustellen, um gemeinsam mit ihnen das Optimum aus einer Erfindung herauszuholen. Ebenso muss man mitunter auch in der Lage sein, den Forschern klarzumachen, dass manchmal eben keine Erfindung vorliegt, auch wenn der jeweilige Forscher zuvor sehr viel Arbeit in eine Sache gesteckt hat und eine hohe Erwartungshaltung zeigt. Hier sind somit auch Diplomatie und Fingerspitzengefühl gefragt, damit der Patentreferent nicht als Nörgler oder gar als Gegner wahrgenommen wird, sondern weiterhin als Partner und Berater.

Ausblick

Wenn ein Hochschulabsolvent sich aber zu einer solchen Arbeit hingezogen fühlt, dann wartet ein vielfältiges und abwechslungsreiches Tätigkeitsfeld mit interessanten Entwicklungsmöglichkeiten und anspruchsvollen Herausforderungen auf ihn. Die Perspektiven dieses Berufsbildes sind vor allem deshalb erstklassig, weil die Zukunftsperspektive von Unternehmen von deren Innovationsfähigkeit abhängig ist. Ohne die Kompetenz, diese Innovationen wirkungsvoll vor dem Zugriff der Wettbewerber zu schützen, bleiben aber selbst die großartigsten Innovationen nur Stückwerk. Von daher hängt die Zukunftsfähigkeit der Unternehmen von einer hohen Kompetenz in Sachen des gewerblichen Rechtsschutzes ab, die nur von entsprechend ausgebildeten Spezialisten erbracht werden kann.

Bericht

Norbert Karg

Chemiker im Chemiehandel

Zur Person

Jahrgang 1971

1991 – 1998 Chemie-Studium an der Friedrich-Alexander-Universität in Erlangen

1998 – 1999 Projektarbeiten in der Arbeitsgruppe Prof. Dr. Gasteiger an der FAU Erlangen

seit 1999 Chemieeinkäufer in einem mittelständischen Unternehmen der Pigment- und Farbenindustrie

„Im Einkauf wird das Geld verdient"

Studium

Nach dem Abitur und der Ableistung der Wehrpflicht begann ich mein Studium der Chemie an der Friedrich-Alexander-Universität in Erlangen. Die Wahl dieses naturwissenschaftlichen Studiengangs waren vor allem durch mein reges Interesse an den Naturwissenschaften im Allgemeinen und an der Chemie im Besonderen begründet. Im Vergleich zur Physik erschien mir die Chemie dann vom experimentellen Gesichtspunkt interessanter und vom theoretischen Gesichtspunkt weniger mathematiklastig. Im Hauptstudium konnte ich dann mein Interesse auf viele verschiedene Teilbereiche der Chemie ausweiten, wählte z.B. Biochemie als Wahlpflichtfach, belegte verschiedene Kurse und Seminare in Computerchemie und besuchte auch Vorlesungen in Mikrobiologie und sogar Astronomie. Dieses breite Interesse war einer zügigen Durchführung des Studiums nicht gerade förderlich, daraus resultierte dann auch eine verhältnismäßig lange Gesamtstudiendauer. Aber ich denke nicht, dass ich in meinem Leben noch einmal die Gelegenheit bekommen werde, mich derart intensiv mit den Naturwissenschaften zu beschäftigen. Deswegen bedauere ich meinen Studienverlauf keineswegs.

Pro und Contra Promotion

Schon vor der Diplomarbeit bei Prof. Dr. Gasteiger im Bereich Computerchemie arbeitete ich gerne am Computer, sehr viel lieber als im Labor. Als ich mich dann nach der Diplomarbeit mit der Frage beschäftigte, eine Promotion anzustreben oder nicht, habe ich lange überlegt und mir die Entscheidung nicht leicht gemacht. Fehlende Programmierkenntnisse und die Weigerung an den Labortisch zurückzukehren, ließen mich immer stärker an ein Ende meiner Zeit an der Universität denken. Sehr viel mehr schreckten mich dann auch die zu erwartenden langen Promotionszeiten bei (im Vergleich zur „Arbeit in der freien Wirtschaft") recht geringer Bezahlung ab, vor allem weil ich gerade im Begriff war, eine Familie zu gründen.

Den Entschluss, nicht zu promovieren, bereue ich immer weniger; vor allem, wenn ich mit Studienkollegen spreche, die teilweise mit einer Promotionsdauer von mehr als vier Jahren ihre Entscheidung bereuen. Und dann, zwar mit Promotion und Auslandsaufenthalt als Postdoc, aber mit einem Alter von schon deutlich über 30 Jahren mit derzeit äußerst schlechten und unsicheren Perspektiven dastehen.

Stellensuche

Prof. Dr. Gasteiger gab mir freundlicherweise die Möglichkeit, bis zum erfolgreichen Abschluss meiner Stellensuche weiter in seinem Arbeitskreis an verschiedenen Projekten zu arbeiten.

Zu diesem Zeitpunkt wusste ich zuerst nicht, wie ich bei der Stellensuche vorgehen sollte. Da ich in meiner Heimatregion stark verwurzelt bin, entschied ich mich, vorerst im Bereich Nordbayern zu bleiben. Diese Region stellt aber nicht sehr viele Arbeitsmöglichkeiten für den „klassischen" Chemiker dar, wie z.B. der Westen der Republik mit seinen großen Chemiefirmen. Deswegen und auch wegen dem allgemeinen Interesse an Computern, bewarb im mich unter anderem auch bei verschiedenen IT-Firmen für verschiedene Arbeitsgebiete. Vom Systemadministrator zum Designer von Internetseiten war fast alles dabei. Dort sammelte ich dann die ersten Erfahrungen mit Bewerbungsgesprächen. Ich stellte fest, dass diese Gespräche je nach Art der Firma und je nach Art der zu besetzenden Stelle völlig unterschiedlich verliefen. Diese Tätigkeiten hätten mich dann aber weit von der Chemie und den Naturwissenschaften entfernt. Ich stellte fest, dass ich damit nicht glücklich geworden und es doch nicht das Richtige gewesen wäre, und ich lehnte die teilweise doch recht lukrativen Angebote ab.

Werdegang als Chemieeinkäufer

Die Bewerbung auf eine Stelle als Chemieeinkäufer in einem Betrieb der Pigment- und Druckfarbenbranche versprach dann aber doch die erhoffte Beschäftigung mit der Chemie. Die Stellenausschreibung war relativ unspezifisch auf die Vorkenntnisse der Bewerber ausgerichtet, neben Universitätsabsolventen wären vor allem Chemie- oder Lacktechniker oder aus verwandten Bereichen stammende Stellensuchende in Frage gekommen. Da es sich hierbei um einen Job handelte, der hauptsächlich kaufmännische Tätigkeiten verlangt, wurden im Vorstellungsgespräch kaum Fachkenntnisse gefragt. Ich habe aber auch deutlich gemacht, dass ich über keinerlei betriebswirtschaftliche Kenntnisse verfügte. Man sagte mir damals, dass ich das schon „fast so nebenbei" lernen würde. Und so war es dann auch.

Als ich dann meine neue Arbeit antrat, wusste ich nicht, was auf mich zukam. Im ersten Monat lernte ich fast alle Abteilungen des Produktions- und Forschungsbetriebs kennen, verstand aber nur ansatzweise, was in den einzelnen Bereichen getan wurde. Das Wichtigste in dieser Zeit war, die Personen kennen zu lernen, mit denen ich dann als Einkäufer zu tun haben würde. Anschließend wurde ich von meinem Kollegen und Vorgesetzten langsam und behutsam an das Tagesgeschäft als Einkäufer herangeführt. Die Beschäftigung mit Bestellungserstellung und Nachverfolgung von eingehenden Lieferungen und die Einarbeitung in das verwendete ERP-System waren die ersten Schritte. (Ein ERP-System (Enterprise Resource Planning) bezeichnet ein Softwaresystem, in dem alle Prozesse, etwa Verkauf, Produktion, Finanzwesen, Kontoführung, Materialwirtschaft, Lohn/Gehalt, Personal eines Unternehmens abgebildet und benutzt werden können. Die bekanntesten ERP-Systeme sind SAP und Oracle.) Durch den Besuch von Seminaren und Kursen bei verschiedenen Weiterbildungseinrichtungen wurde der so erarbeitete rechtliche und kaufmännische Hintergrund gefestigt.

Tätigkeiten des Chemieeinkäufers

Für Bedarfsfeststellung, Anfrage, Angebotsvergleich, Bestellgenerierung, Abschluss des Kaufvertrags und Lieferterminverfolgung, für Reklamationsbearbeitung oder ähnliches sind dabei wenige chemische Kenntnisse erforderlich. Doch als Chemieeinkäufer ist man Teil einer Serviceabteilung innerhalb des Betriebs und erhält diverse andere Aufgaben von den „internen Kunden" der Firma, für die der naturwissenschaftliche Hintergrund meist nützlich, oft erforderlich und manchmal unabdingbar ist.

Heutzutage ist es notwendig, dass sich Forscher, Entwickler und Anwendungstechniker ganz auf ihre Arbeitsgebiete konzentrieren. Die kostengünstige Beschaffung von Feinchemikalien oder Mustern technischer Chemikalien kann vom kompetenten Chemieeinkäufer durchgeführt und gesteuert werden, wobei entsprechende Kenntnisse sinnvoll sind, wenn die Anforderungen über das Durchblättern der Feinchemikalienkataloge und Bestellung per Bestellnummer hinausgehen.

So ist es möglich, bereits im Stadium der Neuentwicklung eines Produkts Empfehlungen zu den günstigeren auf dem Markt angebotenen Rohstoffen an die Entwickler weiterzugeben. Denn der spätere Ersatz eines teuren durch einen günstigen Rohstoff (sofern überhaupt möglich) kann oft durch langwierige Prüfungen und Untersuchungen sehr kostenintensiv, oder sogar durch die dann zu hohen Umstellungskosten *zu* kostenintensiv werden.

Nichtsdestotrotz ist eine wichtige Aufgabe des Chemieeinkäufers, für die in der Produktion eingesetzten Rohstoffe kostengünstigere Alternativen zu finden und im Betrieb vorzustellen. Denn durch die Verringerung der Rohstoffkosten sollte eine Steigerung der Margen und somit des Umsatzes auf relativ einfache Art und Weise möglich sein („Im Einkauf wird das Geld verdient").

Vor allem hier kann der Chemiker seine Kenntnisse nutzen, denn gerade bei sehr stark dem Knowhow unterworfenen Rohstoffen kann man nicht mit Markennamen um sich werfen, sondern muss sich hier auf chemische und anwendungstechnische Eigenschaften der zu suchenden Rohstoffe konzentrieren. Dabei ist eine enge Zusammenarbeit mit den Abteilungen der Produktion, der Qualitätskontrolle und der Anwendungstechnik notwendig.

Die Suche nach alternativen Rohstoffen beziehungsweise alternativen Lieferanten ist aber auch im Hinblick auf die Versorgungssicherheit sinnvoll und notwendig (Abbau von Monopolsituationen; Beseitigung von sog. „single sources"). Denn nichts ist ein größeres Problem, als wenn der einzige zur Verfügung stehende Rohstoff oder der einzige zur Verfügung stehende Lieferant ausfällt und die eigene Produktion lahm legt. Nicht zu reden davon, dass mehrere freigegebene Lieferanten für einen Rohstoff einen entsprechend niedrigen Preis des Rohstoffs bedingen, im Gegensatz zur Versorgung durch einen einzigen Lieferanten, der den Preis für sein Produkt unter Umständen entsprechend hoch halten kann.

Auch in die Freigabe von Rohstoffen ist der Chemieeinkäufer aktiv involviert. Die Erstellung von Spezifikationen zusammen mit den Abteilungen der F&E und Qualitätskontrolle und den Abgleich dieser Daten mit den Möglichkeiten der

Lieferanten kann der Einkäufer als Bindeglied zwischen eigener Firma und Lieferant gut koordinieren. Auch hier machen entsprechende chemische Kenntnisse bei der Kommunikation zwischen den Technikern des eigenen Betriebs und den Technikern des Lieferanten Sinn.

Englisch war für die Stellenbeschreibung kein unbedingtes Muss, jedoch ist das Beherrschen von Fremdsprachen im Zuge der zunehmenden Globalisierung natürlich von großem Vorteil, auch wenn man als Chemieeinkäufer (zuerst wenigstens) keine Führungsposition inne hat. Die Kommunikationsvernetzung und Marktkonzentrationen weltweit lassen natürlich Englisch als das Mittel der Wahl erscheinen, um die Korrespondenz mit Lieferanten, Tochterfirmen und Vertretungen im Ausland bewältigen zu können. Daneben sind natürlich aber auch Kenntnisse in anderen Sprachen nützlich, aber nicht so notwendig, als wenn man mit Kunden zu tun hat (aber auch das kommt bisweilen im Einkauf vor).

Neben dem Tagesgeschäft drängt sich immer mehr die Projektarbeit in den Vordergrund. Denn wenn man beginnt, nach Einsparungspotentialen zu suchen, wird man relativ schnell fündig. Der Chemieeinkäufer ist vor allem (aber nicht nur ausschließlich) dann in den Projekten beteiligt, wenn entsprechend die direkte Kommunikation mit den Lieferanten gefordert ist. Das Stichwort „Qualität" spielt hier die entscheidende Rolle. In enger Zusammenarbeit mit den Abteilungen des Qualitätsmanagements und der Qualitätskontrolle sind Projekte zu realisieren, die sich mit dem Abschluss von Qualitätssicherungsvereinbarungen, kundenspezifischen Sonderspezifikationen, Aufbau und kontinuierliche Nutzung eines Systems zur Lieferantenbewertung, entsprechende Lieferantenauswahl und die regelmäßige Auditierung von Lieferanten beschäftigen.

Eine weitere Aufgabe des Chemieeinkäufers ist das Sammeln und Auswerten von (Markt-) Informationen. Die Kenntnis, welche Chemikalie wo, wie, in welcher Qualität, und zu welchem (ungefähren) Preis zur Verfügung stehen kann, ist für die Flexibilität im Zusammenspiel F&E - Produktion - Vertrieb sehr sinnvoll, manchmal sogar unerlässlich. Dazu ist es notwendig, entsprechende Datenbanken oder Datenbanksysteme aufzubauen oder in bestehende Datenbanksysteme zu integrieren („data warehouse management"). Die Schwierigkeit bei diesen Wissensdatenbanken besteht darin, die enthaltenen Informationen ständig auf dem neuesten Stand zu halten; eine Problematik, die bei den derzeitigen, schnellen Fluktuationen nicht zu unterschätzen ist.

Fazit

Insgesamt lässt sich sagen, dass die Tätigkeit als Chemieeinkäufer sehr abwechslungsreich ist. Man ist mit fast allen Unternehmensbereichen des eigenen Betriebs im ständigen Kontakt, vor allem die Kommunikation nach „Draußen", mit den

Lieferanten nimmt den Großteil der Arbeit ein. Wenn es die Zeit und die Personaldecke erlaubt, hat man die Möglichkeit, sich tiefer in die Interessensgebiete der anderen Abteilungen einzudenken und einzuarbeiten, um diese Kenntnisse bei Lieferantenbesuchen und Preisverhandlungen besser nutzen zu können. Das tägliche Arbeiten mit Zahlen und Statistiken wird oft von materialwirtschaftlichen, bisweilen auch von juristischen Fragestellungen unterbrochen. Die Tätigkeiten sind sehr stark an der Praxis orientiert, was sich mit den oft theoretischen Aufgaben an der Hochschule (vor allem während des Studiums) schlecht vergleichen lässt. Entsprechend stressresistent sollte man auch sein, aber das sollte für jemanden, der sich die Chemie als Studienfach ausgesucht hat, nicht problematisch sein.

Bericht

Dr. Hans-Joachim Grumbach

Aufsichtsperson bei einem Unfallversicherungsträger (Berufsgenossenschaft)

Zur Person

Jahrgang 1967

1987 – 1995 Chemiestudium an der Universität Paderborn, Schwerpunkt Organische Chemie

1995 – 1999 Promotion auf dem Gebiet der Organischen Chemie über moderne Varianten der Mannich-Reaktion an der Universität Paderborn

1999 – 2001 Ausbildung zur Fachkraft für Arbeitssicherheit und zur Aufsichtsperson bei der Landesunfallkasse Nordrhein-Westfalen

Seither dort als Aufsichtsperson und Teamleiter im Bereich „Hochschulen, Kliniken und Laborbetriebe" tätig

Diplomchemiker oder doch Chemieingenieur?

Dass es etwas mit Chemie werden sollte, war für mich spätestens nach der Mittelstufe klar. „Schuld" daran war mein damaliger Chemielehrer, der es verstand, bei seinen Schülern Begeisterung für die Naturwissenschaften im Allgemeinen und für das Fach Chemie im Speziellen zu wecken. Ein halbjähriges Gastspiel in der Produktion eines mittelständischen Lackherstellers nach dem Abitur hat diese Begeisterung noch verstärkt und das Interesse an eher praxisnahen Bereichen der Chemie gefördert.

Ich habe mich damals im integrierten Studiengang Chemie eingeschrieben, da ich mich zu diesem Zeitpunkt beim besten Willen nicht zwischen einem Chemieingenieurstudium und dem Diplomchemiestudiengang entscheiden konnte. Die integrierten Studiengänge der Gesamthochschulen boten ein identisches Grundstudium für beide Richtungen, so dass ich mich erst nach dem dritten Semester entscheiden musste. Eine Möglichkeit, die die ehemaligen Gesamthochschulen in NRW zum Teil heute noch bieten.

Das Studium verlief entsprechend der Rahmenbedingungen mit überfüllten Hörsälen und Praktika sowie zwar engagierten aber immer zu wenigen Assistenten zunächst eher chaotisch. Da mir Denkweisen wie „Augen zu und durch" oder „nach mir die Sintflut" bis heute fremd sind, führte mich mein Weg in die Fachschaftsarbeit und von dort aus in diverse Gremien mit Schwerpunkt Studienreform innerhalb und außerhalb der Hochschule. Später, auch während der Promotion kamen dann noch die Mitarbeit in der Studienreformkommission der GDCh, der Fachkommission Chemie von Kultusminister- und Hochschulrektorenkonferenz und der Expertenkommission Chemie des Wissenschaftsministeriums in NRW sowie Seminarleiter- und Referententätigkeiten im Bereich Arbeits- und Umweltschutz hinzu. Das wirkte sich neben dem regelmäßigen Ferienjob in der Lackfabrik zwangsläufig studienzeitverlängernd aber auch horizonterweiternd aus. Die Erfahrungen, die ich hier in Arbeitstreffen, Verhandlungen und Podiumsdiskussionen mit Professoren, Ministerialbürokraten, Industrievertretern, Politikern und Lobbyisten sammeln durfte, können keine noch so guten Lehrveranstaltungen oder die Teilnahme an Fachkongressen vermitteln. Der berühmte Blick über den Tellerrand lohnt sich.

Zufriedenheit und Selbstreflexion

Nicht alle Entwicklungen verlaufen so, wie man sie vorher plant und selbst wenn, stellt sich immer noch die Frage nach der Zufriedenheit mit dem Ergebnis. Ich kenne genügend ehemalige Kommilitonen, die mit dem Wunsch, später viel Geld zu verdienen, das Chemiestudium begonnen und ihr Ziel auch erreicht haben. Häufig genug mit dem Ergebnis, dass sie bei einer 60 bis 70 Stunden Woche mit nur wenigen echt freien Wochenenden eigentlich nichts von ihrem hohen Gehalt haben oder/und einen Job machen, der ihnen nur wenig Freude bereitet.

Die Abende, an denen ich während der Promotion mit echten Glücksgefühlen die Uni verlassen habe, waren recht selten. Man entdeckt eben nicht an jedem Tag etwas Neues und häufig genug tritt man wochenlang auf der Stelle. Trotzdem war ich mit meinem Leben an der Uni und für die Uni sehr zufrieden. Woran lag es? Wenn es mit der Forschung nicht so recht voran ging, war da ja noch die Arbeit in den vielen Kommissionen, die Vorfreude auf den nächsten Auftrag als Seminarleiter, die Arbeit an einem Projekt zur Arbeitssicherheit in Laboratorien, die Praktikumsorganisation und die Hochschulpolitik.

In mir reifte die Erkenntnis, dass ich einen so vielfältigen Job, der sich so gut mit allen meinen Interessen verbinden lässt, vermutlich nie wieder bekommen würde, aber auch irgendwann die Uni verlassen müsse. Um herauszufinden, auf welche Stellenprofile ich mich bewerben sollte, habe ich alle meine Betätigungsfelder aufgeschrieben und jene gestrichen, auf die ich meinte, am ehesten verzichten zu können. Die Forschung schied dabei als erstes aus. Danach ergaben sich mehrere mögliche Tätigkeitsprofile für mich:

- Der Allroundjob in einem kleinen oder mittelständischen Unternehmen (KMU) mit vielfältigen Aufgabenbereichen.

- Interessenvertretung und/oder Seminartätigkeit bei einer Gewerkschaft, einem Unternehmerverband, einer Standesorganisation oder einem Unternehmen, sofern ich mich mit der politischen Grundhaltung identifizieren kann.

- Arbeits- und/oder Umweltschutz bei einer Aufsichtsbehörde, einer Berufsgenossenschaft oder einer Unternehmensberatung mit diesem Arbeitsschwerpunkt. Diese Jobs sind häufig auch mit Seminartätigkeit verbunden.

Die Bewerbungsphase

Stellen mit den genannten Profilen stehen nicht jeden Tag in der Zeitung. So habe ich frühzeitig, etwa ein Jahr vor dem planmäßigen Abschluss der Promotion angefangen, Stellenanzeigen zu lesen, mich auf interessante Stellen zu bewerben und Anschriften potenziell interessanter Arbeitgeber zu sammeln. Die so entstandene Liste habe ich ab dem Zeitpunkt, ab dem absehbar war, dass es mit der Prüfung zur Not auch in 3 bis 6 Monaten klappt, nach und nach abtelefoniert und bei positiver Resonanz entsprechende Initiativbewerbungen geschrieben.

Die ersten Bewerbungen zu schreiben, dauerte unendlich lange. Broschüren und Ratgeber haben mir dabei nur beschränkt weitergeholfen. Den Durchbruch hat die Teilnahme an mehreren Bewerbungstrainings von unterschiedlichen Anbietern gebracht. Besonders wertvoll waren für mich die mehrtägigen Berufseinsteigerseminare beim Landesverband Nordrhein der Industriegewerkschaft Bergbau, Chemie, Energie (IG BCE) mit ihren umfangreichen Praxisberichten von Chemikern aus den unterschiedlichsten Tätigkeitsfeldern über ihren Berufseinstieg, Beiträgen zum Arbeits- und Vertragsrecht, einem Bewerbungstraining und der Möglichkeit zur individuellen Beratung unter vier Augen. Infos zu dieser Veranstaltung gibt es auf Anfrage per e-Mail unter lb.nordrhein@igbce.de

Da ich zu Beginn der „heißen" Bewerbungsphase sowohl über 30 war als auch die magische Gesamtsemesterzahl von 20 überschritten hatte, stellte sich für mich die Frage, wie ich meinen Lebenslauf gestalte, damit der kaum vermeidbare Eindruck des Langzeitstudenten nicht auch noch den faden, jedoch keinesfalls berechtigten Beigeschmack eines Bummelanten annimmt. Die gesamten Nebentätigkeiten und Engagements mussten also möglichst mit rein. Da ich den Kommissionen als Vertreter der Landes- oder Bundesfachschaftstagung bzw. der IG BCE beiwohnte und dem Arbeitsschutzseminarleiterjob ebenfalls bei der Gewerkschaft nachging, musste ich genau das wagen, vor dem jeder Ratgeber warnt: Gewerkschaftstätigkeit und Engagement in einer Interessenvertretung im Lebenslauf erwähnen!

Frei nach dem Motto, dass man zwar nichts falsches schreiben darf, aber den Leser auch nicht direkt mit der Nase auf Kritisches stoßen muss, habe ich für die kritischen Bereiche verschiedene Formulierungen erstellt, die ich je nach Adressat wohl dosiert verwendet habe. Ich habe damit erstaunlich viele positive Rückmeldungen erhalten. Aus 18 Bewerbungen folgten 5 Vorstellungsgespräche und 2 konkrete Angebote. Ich konnte mich zwischen einem mittelständischen Klebstoffhersteller und der Landesunfallkasse NRW entscheiden. Letztere hat den Zuschlag bekommen.

Die Vorstellungsgespräche

Zur Vorbereitung auf ein Vorstellungsgespräch habe ich mich, was die Vermeidung von Kardinalfehlern betrifft, zunächst an die verschiedenen schriftlichen Ratgeber und die Tipps aus den Bewerbertrainings gehalten. Ich habe durchweg positive Erfahrungen bei den Vorstellungsgesprächen und auch bei den Rückkopplungen danach gemacht. Ich habe mich stets einige Tage vorher erkundigt, wie lange das Vorstellungsgespräch dauern wird, um auch ein Gefühl dafür zu entwickeln, wie ausführlich ich über Lebenslauf, Promotion etc. berichten sollte, wenn ich danach gefragt werde. 60 – 90 Minuten in einer Gesprächsrunde waren die Regel. Da fällt die erste Richtungsentscheidung, die man als Bewerber/in nur schwer beeinflussen kann, schon in den ersten Minuten. Stimmt die „Chemie" oder nicht?

Denken Sie daran, dass man Ihnen in der Regel grundsätzlich nichts Böses will. Schließlich möchte man ja, dass der/die Bewerber/in der Wahl nach dem Abschluss des Vorstellungsgesprächs auch noch gerne bereit ist, für das Unternehmen zu arbeiten und dass erfolglose Bewerber/innen hinterher nicht irgendwelche Horrorstories über das Unternehmen verbreiten.

Was muss ich beachten, wenn ich mich bei einer Behörde oder bei einem Träger der gesetzlichen Unfallversicherung (Berufsgenossenschaft / Unfallkasse / Unfallversicherungsverband) bewerbe bzw. vorstelle?

Es gelten im Prinzip die gleichen Regeln, wie bei jedem anderen Betrieb auch:

- Formulieren Sie Ihre Bewerbung so, dass man herauslesen kann, dass Sie zumindest ungefähr wissen, auf was für einen Job Sie sich bewerben.

- Überprüfen Sie die Stellenausschreibung, ob formelle Voraussetzungen für Bewerber/innen genannt werden, z.B. besondere Zusatzqualifikationen wie Fachkraft für Arbeitssicherheit oder Aufsichtsperson, Altersbegrenzungen.

- Falls Sie die geforderten Voraussetzungen nicht erfüllen und der Erwerb der Zusatzqualifikationen nicht „on the job" mit angeboten wird, dann fragen Sie nach, ob sich Ihre Bewerbung unter diesen Voraussetzungen überhaupt lohnt.

Meine ersten eigenen Erfahrungen in der Personalauswahl in den letzten beiden Jahren haben gezeigt, dass nicht selten 80% der Bewerbungen wegen derartiger Formalien in der ersten Sichtung aussortiert werden. Sparen Sie sich den Aufwand für Bewerbungen, die schon aus formalen Gründen scheitern müssen. Sie ersparen sich damit auch den unnötigen Frust zahlreicher postwendender Absagen.

Ich habe mich inhaltlich sehr gut auf die Vorstellungsgespräche vorbereitet, indem ich mir alle verfügbaren Informationen über meinen potenziellen neuen Arbeitgeber besorgt habe. Das war zum Teil wegen noch fehlender Internetauftritte recht schwierig. In einem Fall habe ich mir Geschäftsbericht und Satzung zuschicken lassen, was man erfreut registriert hat. Wertvolle Informationen habe ich regelmäßig in der Wartezeit direkt vor dem Gespräch erhalten, indem ich mir noch die neuesten Druckerzeugnisse aus den Prospektständern, die häufig im Eingangsbereich stehen, sehr genau angeschaut habe. Vor Vorstellungsgesprächen bei Behörden und Unfallversicherungsträgern habe ich mich stets über die gesetzliche Grundlage informiert, auf deren Basis die jeweilige Einrichtung arbeitet und die ausgeschriebene Tätigkeit ausgeübt wird. Daraus haben sich in der Regel eine Menge Fragen ergeben, die ich dann auch in der Fragerunde stellen konnte.

Wenn eine Aufsichtsbehörde oder ein Unfallversicherungsträger eine/n Chemiker/in sucht, dann meistens mit guten Allroundkenntnissen und der Fähigkeit, sich auch in naturwissenschaftlichen Fragestellungen allgemein verständlich ausdrücken zu können. Man wird Sie vermutlich nach Ihren vorherigen Tätigkeiten, möglicherweise auch nach Ihrem Promotionsthema fragen. Erklären Sie es kurz und knapp und auf jeden Fall so, dass auch ein normaler Verwaltungsbeamter eine Chance hat, es einigermaßen zu verstehen. Sie können davon ausgehen, dass Sie der/die einzige/r Chemiker/in im Raum sind und Ihnen in der Regel keine allzu tiefgreifenden Fachfragen gestellt werden. Ausnahmen bilden Stellenausschreibungen, in denen Tätigkeiten wie z.B. die Entwicklung von Probenahme- bzw. Nachweismethoden, die Mitarbeit in oder Leitung von Laboratorien oder die Tätigkeit in einer Messstelle ausgeschrieben sind.

Frauen haben im Öffentlichen Dienst recht gute Chancen. Auf Gleichstellung und Frauenförderung wird in vielen Behörden und Einrichtungen stark geachtet. Da die Einstellung von Menschen mit Universitätsabschluss in der Regel im höheren Dienst erfolgt und dort, im Gegensatz zu den mittleren und unteren Gehaltsgruppen, die Frauenquote in der Regel nicht erfüllt ist, erhalten Bewerberinnen bei vergleichbarer Eignung häufig den Zuschlag.

Mein Einstieg

Meine Stelle als „Aufsichtsperson nach dem Sozialgesetzbuch VII" in der Präventionsabteilung der Landesunfallkasse Nordrhein-Westfalen (LUK NRW) in Düsseldorf (www.luk-nrw.de) war mit der Option zur Ausbildung „on the job" bei vollen Bezügen nach BAT 2a ausgeschrieben. Das ist nicht bei jeder ausgeschriebenen Zusatzausbildung der Fall. Im Bereich der staatlichen Arbeitsschutzverwaltung wird die Ausbildung als Referendariat besoldet, was die Größenordnung einer halben BAT 2a Stelle bedeutet. Die zum damaligen Zeitpunkt gerade im Aufbau befindliche Präventionsabteilung mit einer Zielgröße von 15 Aufsichtspersonen zuzüglich Verwaltungspersonal ist vollständig interdisziplinär ausgerichtet. Darunter befinden sich Kollegen/innen aus fast allen klassischen Ingenieurssparten sowie aus den Fachrichtungen Psychologie, Gesundheitswissenschaften, Medizin, Sozialpädagogik, Sportpädagogik, Mikrobiologie und Chemie.

Als Aufsichtspersonen habe ich hauptsächlich folgende Aufgaben:

- Beratung der Mitgliedsbetriebe bei Neu- und Umbaumaßnahmen, der Einführung neuer Arbeitsverfahren, bei konkreten Fragen zur ergonomischen Gestaltung von Arbeitsplätzen, zum Einsatz von Arbeitsstoffen, bei Schadstoffbelastungen aus der Gebäudesubstanz, z.B. durch Asbest, PCB und die verschiedenartigen Ausdünstungen aus Farben, Lacken, Klebern, Bodenbelägen etc., bei Auftreten von Schimmelpilzen und der Organisation des betrieblichen Arbeits- und Gesundheitsschutzes.

- Aus- und Weiterbildung von Sicherheitsbeauftragten, Fachkräften für Arbeitssicherheit, Betriebsärzten und Führungskräften vom Werkstattmeister über Leiter/innen von Kindertageseinrichtungen, Laborleiter/innen, Behördenleiter/innen und Professoren/innen bis zu den Kanzlern/innen der Hochschulen.

- Aufsicht, das heißt Überprüfung bzw. Überwachung der Einhaltung der Arbeits- und Gesundheitsschutzvorschriften und die Untersuchung der Ursachen von Arbeitsunfällen in den Mitgliedsbetrieben.

- Entwicklung neuartiger Präventionsmethoden zur Verbesserung des Arbeits- und Gesundheitsschutzes durch finanzielle und inhaltliche Unterstützung entsprechender Projekte in den Mitgliedsbetrieben.

Die ca. 11.500 Mitgliedsbetriebe der LUK setzen sich aus allen Landesbehörden, den Hochschulen, den Universitätskliniken, den Studentenwerken, den Justizvollzugsanstalten, ca. 500 privaten Schulen und ca. 10.000 Kindertageseinrichtungen in ganz NRW zusammen.

Die Aussicht, in einem interdisziplinären Team etwas Neues mit aufbauen zu können in Verbindung mit den vielfältigen interessanten Aufgaben und der breit gestreuten „Kundschaft" sowie der Verbindung von Außendienst in einem Umkreis von max. 200 km und Bürotätigkeit waren die ausschlaggebenden Punkte, warum ich diesen Job unbedingt haben wollte.

Die anfängliche zweijährige Ausbildung zur Aufsichtsperson und zur Fachkraft für Arbeitssicherheit war mit sehr viel Reisetätigkeit verbunden. Schulungen beim Bundesverband, zahlreiche Seminare und Hospitationen bei anderen Aufsichtsbehörden, beim TÜV und in Betrieben summierten sich auf über 40 Wochen Reisetätigkeit während der Ausbildung. Dank einer entsprechenden Planung habe ich in dieser Zeit auch viel von Deutschland gesehen. Wer jedoch die Kinderbetreuung sicherstellen muss oder sonstige Verpflichtungen hat, die sich mit wochenlanger Abwesenheit vom Wohnort nur schwer vereinbaren lassen, kann Teile der Ausbildung auch wohnortnah planen. Ca. 30 Wochen auswärts bleiben aber in jedem Fall übrig. Ein Aspekt, der bei der Wahl des Arbeitsplatzes zu berücksichtigen ist.

Die Zeit am Arbeitsplatz in Düsseldorf habe ich sehr schnell mit selbstständiger Tätigkeit aus den oben aufgezählten Bereichen ausfüllen können. Standen neue Aufgaben an oder war ich mir einfach nur mal nicht sicher, gab es ein Coaching durch den/die jeweilige/n Experte/in aus dem Team. Zusammen mit der Entwicklung der Struktur der Abteilung bestand die Ausbildungsphase eher aus einer 50-Stunden Woche mit einigen Lerneinheiten an Wochenenden zuhause. Eine echte Umstellung bedeutete die zwangsweise Gewöhnung an Verwaltungshandeln. Hier stelle ich mir auch heute teilweise noch die Frage, ob eine öffentliche Verwaltung grundsätzlich der passende Arbeitgeber für Menschen mit naturwissenschaftlich strukturierter Denkweise ist. Für mich ist sie es, zumindest im Fall meines Arbeitgebers, da dieser gerade nicht dem Klischee einer „verstaubten Behörde" entspricht.

Mein heutiger Job

Der Abschluss meiner Ausbildung fiel zeitlich mit meiner Wahl zum Personalratsvorsitzenden und dem Abschluss der Aufbauphase der Abteilung und ihrer Neustrukturierung zusammen. Ich bin unbeschadet meiner Personalratstätigkeit direkt zum Leiter des Teams „Hochschulen, Kliniken und Laborbetriebe" bestimmt worden, das insgesamt aus vier Kolleginnen und Kollegen besteht. Wir betreuen gemeinsam die Hochschulen, Universitätskliniken und Untersuchungsämter in NRW. Zusätzlich zu den oben genannten Arbeitsschwerpunkten bin ich für die Arbeitsplanung des Teams und die Koordination der Entwicklungsprojekte für die gesamte Abteilung verantwortlich. Ein schöner Nebeneffekt des Aufstiegs sind vermehrte Einladungen als Referent bei bundesweiten Fachtagungen und Seminaren im Bereich „Arbeits- und Gesundheitsschutz in Hochschulen". Die Übertragung der vollen Ressourcenverantwortung im Rahmen meiner Teamleitertätigkeit erfolgt schrittweise auch in dem Maße, wie ich an den vorher vereinbarten Führungskräfteschulungen teilgenommen habe. Die aus meiner Sicht beste Führungskräfteschulung besteht zur Zeit in meiner Tätigkeit als Personalratsvorsitzender, in der ich in einer konstruktiv-pragmatischen Herangehensweise die in meiner Rolle begründeten Konflikte mit der Geschäftsführung löse. Der vorprogrammierte Rollenkonflikt Teamleiter - Personalratstätigkeit ist bisher noch nicht zutage getreten. Mein Team hat allerdings die strikte Anweisung zu intervenieren, sobald dieser Konflikt auftreten sollte.

Karrierechancen

Die Karrierechancen für Naturwissenschaftler/innen in Aufsichtsbehörden und bei Unfallversicherungsträgern sind, was die finanzielle Seite betrifft, eher gering. Das liegt zum einen daran, dass Menschen mit Universitätsabschluss entsprechend der Tarifverträge in den höheren Dienst eingestellt werden müssen. Das heißt in der Regel eine BAT 2a-Stelle mit einem Bewährungsaufstieg nach BAT 1b nach 11 Jahren oder eine Verbeamtung nach A 13 h.D. Für BAT 1a muss man in der Regel schon Abteilungsleiter werden. Für beamtete Naturwissenschaftler sind selten mehr als zwei Beförderungen während des restlichen Berufslebens drin, es sei denn, man qualifiziert sich zum echten Verwaltungsfachmann weiter. Auf der Habenseite steht in der Regel ein sicherer Arbeitsplatz mit entsprechender persönlicher Planungssicherheit. Dazu gehören auch einigermaßen geregelte Arbeitszeiten, häufig im Rahmen gleitender Arbeitszeit und garantiert freie Wochenenden.

Tätigkeitsprofile und potenzielle Arbeitgeber für Chemiker/innen im öffentlichen Dienst außerhalb der Hochschulen und Forschungseinrichtungen

- Staatliche Gewerbeaufsichtsämter bzw. Ämter für Arbeitsschutz / Landesämter für Arbeitsschutz / Bundesanstalt für Arbeitsschutz und Arbeitsmedizin: Überwachung der Arbeitsschutznormen in Betrieben durch Begehung, Beratung und Messung, Projektarbeit, Entwicklung von Rechtsvorschriften. Voraussetzung: 2-jähriges Referendariat zum/zur Gewerbeaufsichtsbeamten/in.

- Staatliche Umweltämter / Landesumweltämter / Umweltbundesamt: Überwachung zur Einhaltung der Umweltauflagen (Immissionsschutz sowie Boden- und Gewässerschutz), daneben Probenahme und Routineanalytik sowie Entwicklung von Nachweismethoden, Prüfnormen und Rechtsvorschriften. Häufig werden Gewerbeaufsichtsbeamte/innen eingestellt, Zugang aber auch ohne Zusatzqualifikation möglich.

- Berufsgenossenschaftliche Einrichtungen bzw. Institute: Systematische Überprüfung von Arbeitsverfahren, Erforschung von Ursachen von Berufskrankheiten, Erforschung gefährlicher Eigenschaften von Arbeitsstoffen. Hier werden Wissenschafter sowohl mit als auch ohne die Zusatzqualifikation „Aufsichtsperson / Technischer Aufsichtsbeamter" eingestellt.

- Materialprüfungsämter: Prüfung von Materialeigenschaften z.B. unter physikalischer oder chemischer Einwirkung, Verhalten und Schadstofffreisetzung im Brandfall, Entwicklung von Prüfmethoden. Keine weitere Zusatzausbildung gefordert.

- Geologische Landesämter: Untersuchung von Boden- und Gesteinsproben zur Bestimmung und Kartierung des Aufbaus der Erdschichten, z.B. zur Genehmigung bzw. Sanierung von Deponien. Keine weitere Zusatzausbildung gefordert.

- Veterinäruntersuchungsämter: Untersuchung von Tieren und Tierkadavern auf Krankheiten und Seuchen sowie deren Erreger und Überwachung der Fleischproduktionskette. Entwicklung von Nachweismethoden und Erforschung unbekannter Erreger. Chemiker/innen in der Analytik, Aufsichtstätigkeit durch Veterinäre/innen.

- Lebensmitteluntersuchungsämter: Überwachung der Lebensmittelsicherheit durch Routineuntersuchungen. Erforschung möglicher bisher unbekannter Belastungen von bzw. Gesundheitsgefahren durch Lebensmittel. Entwicklung neuer Nachweismethoden. In der Regel auf staatlich geprüfte Lebensmittelchemiker/innen beschränkt.

1 Standortbestimmung

Was kommt nach dem Studium bzw. der Promotion? Klar, der erste Job. Aber was und wo? Welche Tätigkeiten können Chemiker überhaupt ausüben und welche Voraussetzungen, neben dem Fachwissen gehören dazu? Fragen, mit denen Sie sich nicht erst nach dem Erhalt Ihrer Diplom- oder Promotionsurkunde beschäftigen sollten. Der erste Schritt, die erste Arbeitsstelle hat Einfluss auf Ihre gesamte berufliche Laufbahn. Grund genug also, sich nicht einfach irgendwo zu bewerben, sondern sich bereits einige Zeit vorher zu informieren, welche beruflichen Perspektiven sich bieten.

1.1 Eigene Voraussetzungen und Erfordernisse des Arbeitsmarktes analysieren

Sie sollten also frühzeitig anfangen, sich einen Überblick darüber zu verschaffen, in welchen Branchen Chemiker arbeiten und was sie dort tun. Ebenso wichtig ist auch, dass Sie darüber nachdenken, welches Ihre Stärken, Ihre Schwächen und Ihre beruflichen Ziele sind - und zwar bevor Sie Ihre Bewerbungsaktivitäten starten. Wenn Sie wissen, wie der Arbeitsmarkt für Chemiker aussieht und welche Möglichkeiten sich Ihnen aufgrund Ihrer persönlichen Voraussetzungen und beruflichen Wünsche bieten, können Sie Ihre individuelle Bewerbungsstrategie festlegen und gezielt Informationen und Adressen sammeln.

1.1.1 Was kann ich? Was will ich?

Forschung oder Ausbildung, Marketing oder Dokumentation, Patentwesen oder Journalismus, Analytik oder Beratung, um nur einige Aufgabenfelder zu nennen - Chemiker, ob diplomiert oder promoviert, haben eine Fülle von Möglichkeiten. Die Entscheidung darüber, welchen Weg Sie gehen wollen, kann Ihnen aber niemand abnehmen. Was für Ihren Kommilitonen oder Labornachbarn das Richtige ist, muss für Sie noch lange nicht der Traumjob sein. Und keinesfalls sollten Sie Ihren ersten beruflichen Schritt dem Zufall überlassen und das nehmen, was sich Ihnen als erstes anbietet.

Vor dem Versand Ihrer ersten Bewerbungen sollte also eine kritische Bestandsaufnahme Ihrer Stärken, Schwächen und beruflichen Ziele stehen. Wägen Sie zunächst einmal ab, was Sie zu bieten haben. Sind Ihre Noten überdurchschnittlich oder eher nicht? Haben Sie Ihr Studium in vergleichsweise kurzer Zeit absolviert oder haben Sie länger gebraucht als andere Absolventen? Die Studiendauern und auch die Examensnoten aller deutschen Universitäten werden übrigens von der Gesellschaft Deutscher Chemiker (GDCh) erfasst und veröffentlicht (http://www.gdch.de/ks/publikationen,htm). Es ist nicht nur hilfreich zu wissen, wie man selbst im Vergleich zu den Kommilitonen der eigenen Universität liegt, sondern auch, wie die eigene Hochschule bei der Studiendauer und den Noten im Vergleich zu anderen Hochschulen abschneidet - der Personalleiter, dem Sie irgendwann in einem Interview gegenübersitzen werden, weiß es mit ziemlicher Sicherheit auch.

Außer Studiendauer und Noten sind natürlich auch noch andere Punkte für eine Bewerbung von Bedeutung: Welche Fremdsprachen sprechen Sie? Haben Sie Praktika oder Auslandsaufenthalte absolviert? Über welche zusätzlichen Fachkenntnisse verfügen Sie? Haben Sie während des Studiums oder der Promotion Studenten betreut, Fortbildungen oder ein Aufbaustudium absolviert, auf Tagungen Ihre Ergebnisse präsentiert, sich ehrenamtlich betätigt oder durch Werkstudententätigkeiten Erfahrungen gewonnen?

Wer realistisch einschätzt, welche Kriterien bei ihm eher ein Plus oder ein Minus sind, hat schon eine wichtige Erkenntnis gewonnen. Manche Bewerber tun sich bei der Stellensuche unerwartet schwer, weil sie sich über ihre eigenen Qualifikationen und die Anforderungen von Stellenanbietern nicht im Klaren sind. Wenn ein Absolvent beispielsweise sehr lange studiert hat, dafür aber über hervorragende Fachkenntnisse auf einem bestimmten Gebiet verfügt, macht es keinen Sinn, sich bei einem Unternehmen zu bewerben, das bekanntermaßen großen Wert auf junge Bewerber mit kurzen Studiendauern, aber nicht auf spezielle Fachkenntnisse legt. Dagegen könnte vielleicht ein kleineres, auf bestimmte Bereiche spezialisiertes Unternehmen einen Chemiker mit genau diesen Fachkenntnissen suchen, dessen Alter und Studiendauer dann nicht mehr so wichtig sind.

Denken Sie neben Ihren „formalen" Qualifikationen wie Alter, Studiendauer, Noten, etc. auch einmal darüber nach, was Sie während Studium und Promotion gerne und erfolgreich gemacht haben und was nicht. Haben Sie geschickt im Praktikum experimentiert oder ist Ihnen ständig irgendetwas explodiert? Haben Sie sich lieber mit organischen Reaktionsmechanismen oder PC-Übungen beschäftigt? Haben Sie gerne mit dem Computer gearbeitet oder hat es Ihnen am meisten Spaß gemacht, viele Daten und Zahlen zu einem übersichtlichen Protokoll zusammenzufassen? Hat Ihnen die Betreuung von Praktikanten während Ihrer Promotion Freude gemacht oder war sie eher lästig? Haben Sie es genossen, Ihre Forschungsergebnisse im Seminar oder auf einer Tagung zu präsentieren oder nicht?

Überlegen Sie sich auch einmal, was Ihnen unabhängig von Ihrem Studium und der Promotion Spaß macht und womit Sie sich gerne beschäftigen. Fällt es Ihnen leicht, auf fremde Menschen zuzugehen und neue Kontakte zu knüpfen oder fühlen Sie sich wohler, wenn Sie in der vertrauten Umgebung enger Freunde sind? Können Sie stundenlang am Rechner tüfteln, um ein Programm zum Laufen zu bringen, oder erscheint Ihnen das als Zeitverschwendung? Können Sie ein Projekt, etwa eine Veranstaltung gut organisieren und viele Dinge auf einmal im Auge behalten oder kümmern Sie sich lieber um einen Teilaspekt, den Sie dann in allen Details ausarbeiten? Fragen Sie auch Freunde und Verwandte einmal, wie sie Sie einschätzen und welche Tätigkeit sie sich für Sie gut vorstellen könnten. Andere Personen sehen einen oft anders als man selbst und nennen Dinge, auf die man selber gar nicht gekommen wäre.

Ihr Leben besteht nicht nur aus dem Beruf und Sie sollten sich auch darüber Gedanken machen, wie Sie Ihre beruflichen mit Ihren privaten Zielen und Wünschen in Verbindung bringen. Können Sie sich vorstellen, für einige Zeit ins Ausland zu gehen? Erscheint Ihnen eine Tätigkeit, bei der Sie viel reisen müssen und vielleicht tagelang unterwegs sind, als abwechslungsreich oder als eine Zumutung? Sind unregelmäßige Arbeitszeiten für Sie akzeptabel oder nicht? Sind Sie bereit, für Ihren Arbeitsplatz in eine andere Stadt zu ziehen?

Vor dem Hintergrund Ihrer beruflichen und privaten Interessen sollten Sie bereits während des Studiums überlegen, ob für Sie eine Promotion sinnvoll ist oder ob Sie stattdessen einige Jahre früher ins Berufsleben starten sollten. Die Beiträge von Andrea Krahnert, Dagmar Scheibe, Ralf Oestereich, Andrea Wickboldt und Norbert Karg in diesem Buch zeigen, dass Chemiker auch ohne Promotion interessante und anspruchsvolle Aufgaben finden. Viele Hochschulen haben in den vergangenen Jahren ihre Chemiestudiengänge reformiert oder Bachelor- und Master-Studiengänge eingerichtet (s. Kap. 1.2.2) Ein Ziel dieser „neuen" Studiengänge ist es, Diplom oder Master als berufsqualifizierenden Abschluss zu stärken.

Wer bereits an seiner Promotion arbeitet, sollte sich Gedanken machen, ob ein Postdoc-Aufenthalt für ihn in Frage kommt oder nicht. Die Vorteile eines Auslandsaufenthaltes sind vielfältig (Kap. 1.2.2). Nachteilig kann ein Postdoc jedoch sein, wenn Sie bei Ihrer Promotion bereits deutlich über dem Durchschnittsalter anderer promovierter Absolventen liegen. Nach wie vor ist das Einstiegsalter für viele Unternehmen ein wichtiges Kriterium. Daran sollten Sie auch denken, wenn Sie die Länge Ihres Aufenthaltes im Ausland planen.

1.1.2 Was tun Chemikerinnen und Chemiker?

Selbstverständlich müssen Sie nicht nur Ihre fachlichen und persönlichen Qualifikationen analysieren und sich darüber klar sein, was Sie können und was Sie wollen, sondern sich auch darüber informieren, welche Tätigkeiten für Chemiker mit Ihren Voraussetzungen in Frage kommen.

Chemiker sind in wesentlich mehr Bereichen als Forschung und Entwicklung tätig, auch wenn die konventionelle Chemieausbildung mit Promotion am ehesten auf diesen Weg vorbereitet. Viele Berufseinsteiger können sich daher auch gar nichts anderes vorstellen, als genau dieses später zu tun. Schade eigentlich, denn die von Ihnen gewählte Ausbildung bietet Ihnen doch viel mehr Möglichkeiten. Eine Auswahl von Bereichen, in denen Chemiker arbeiten, ist in Tabelle 1 zusammengestellt.

Tabelle 1: Tätigkeitsfelder von Chemikern

Forschung und Entwicklung	Marketing und Vertrieb	Hochschullehrertätigkeit
Anwendungstechnik	Produktion	Aus- und Weiterbildung
Analytik	EDV/ Softwareentwicklung	Management
Qualitätssicherung, -kontrolle	Umweltschutz	Beratung/ Consulting
Dokumentation	Arbeitssicherheit	Verwaltung
Personalwesen	Patentwesen	Publizistik
Ingenieurwesen/ Verfahrenstechnik	Wissenschaftliche Dienstleistung	Öffentlichkeitsarbeit/ Kommunikation
Quelle: GDCh-Mitgliederbefragung		

Wer nach der Promotion in der *Forschung*, aber nicht an der Hochschule bleiben möchte, wird zunächst versuchen, einen Arbeitsplatz in der chemischen Industrie zu finden (s. z. B. Beitrag von Ralf Wischnat). In vielen der größeren Chemiebetriebe ist der Einstieg junger promovierter Absolventen in „F&E" noch immer der häufigste Weg. Wer frisch promoviert von der Hochschule kommt, verfügt nicht nur über das aktuellste Fachwissen, sondern hat während der Promotion auch gelernt, systematisch und zielstrebig vorzugehen. Im Vergleich zur Hochschule wird in der Industrie zwangsläufig mehr Wert auf die anwendungsorientierte Forschung gelegt, schließlich soll mit den entwickelten Produkten oder Prozessen ja Geld verdient werden. Wer sich während der Promotion der reinen Grundlagenforschung gewidmet hat, wird umdenken müssen. Die meisten Chemiker wechseln nach einigen Jahren in andere Bereiche innerhalb des Unternehmens, so dass in der Forschung neue junge Mitarbeiter nachrücken können.

Auch der Bereich der *Analytik* ist ein unverzichtbarer Teil eines produzierenden Unternehmens. Chemiker in der Analytik leisten mit ständig weiterentwickelten Methoden den Forschungsabteilungen wichtige Dienste in der Charakterisierung neu synthetisierter Verbindungen. Außerdem ist die Analytik heute meist untrennbar mit der Qualitätssicherung verbunden. Dabei werden die im Unternehmen hergestellten Produkte ebenso wie zum Beispiel von außen eingekaufte Rohstoffe einer analytischen Prüfung unterzogen, um eine gleichbleibend hohe Qualität der Endprodukte zu gewährleisten. Damit ist die Analytik-Abteilung eines Unternehmens auch häufig für die Freigabe von Zwischen- oder Endprodukten zur Weiterverarbeitung oder Verkauf zuständig.

Die Qualitätssicherung ist Teil des *Qualitätsmanagements*, das für die Ausführung aller geplanten und systematischen qualitätsrelevanten Aktivitäten innerhalb des Unternehmens zuständig ist. Dies beinhaltet auch die Einhaltung gesetzlicher Bestimmungen wie die Anwendung von GLP (good laboratory practice) bzw. GMP (good manufactory practice) bei Entwicklungs- und Produktionsprozessen in Chemie und Pharmazie. Die Qualitätsmanagement-Normen ISO 9000ff:2000 unterstützen mit ihrem Anforderungskatalog an Durchführung und Dokumentation aller betriebsinternen Abläufe das Funktionieren des Qualitätsmanagementsystems. Damit soll sichergestellt werden, dass Abweichungen und mögliche Einbußen der Qualität rechtzeitig erkannt und ausgeschaltet werden können, um dadurch die Vorgaben der Kunden zu erfüllen.

In der *Verfahrenstechnik* arbeiten Chemiker meist mit Chemieingenieuren bzw. Verfahrenstechnikern zusammen. Sie übertragen die im Unternehmen entwickelten Produkte oder Produktionsverfahren vom Labormaßstab in den Betriebsmaßstab, so dass die Produkte dann in der Produktion in großer Menge hergestellt werden können. Vor der Produktion steht das Technikum, wo zunächst im halbtechnischen Maßstab das Zusammenspiel der einzelnen Reaktionsschritte optimiert wird. Ein zentrales Anliegen bei diesen Prozessen ist, die neuen Produktionsverfahren so kostengünstig und umweltschonend wie möglich zu entwickeln.

In der *Produktion* sind Chemiker in der Regel als Betriebsleiter für eine bestimmte Produktionsanlage tätig, die häufig im 24-Stunden-Betrieb läuft. Sie sind dafür verantwortlich, dass die Erzeugnisse termingerecht und in der geforderten Qualität hergestellt werden. Sie koordinieren beispielsweise den Einkauf der Ausgangsstoffe und überwachen die Einhaltung der Umwelt- und Sicherheitsbestimmungen. Daneben sind sie auch für die Anleitung meist einer größeren Anzahl von Mitarbeitern - Chemikanten, Laboranten und andere - verantwortlich.

Einen Schritt näher am Kunden, also dem Käufer der entwickelten Produkte sind Chemiker in der *Anwendungstechnik*. Sie müssen dafür sorgen, dass die Produkte den Anforderungen der Kunden möglichst optimal entsprechen. Sie beobachten kontinuierlich den Markt und die Bedürfnisse der Anwender, suchen nach neuen Anwendungsgebieten für bestehende Produkte und geben Anstöße für Neuentwicklungen. Sie halten daher gleichermaßen engen Kontakt zur Forschungsabteilung ihres Unternehmens und zu den Kunden außerhalb des Betriebes.

Auch die Chemiker im *Marketing* oder *Produktmanagement* haben die potenziellen Kunden immer im Blick. Sie sind dafür verantwortlich, die Produkte am Markt zu platzieren. Sie erarbeiten die Strategien für die Werbung und sind auch für die Preiskalkulation verantwortlich. Unverzichtbar ist dabei auch die sorgfältige Beobachtung des Wettbewerbs. Im Vertrieb schließlich ist der Chemiker der direkte Ansprechpartner des Kunden. Es ist seine Aufgabe, den Kunden zu beraten, ihm die für seine Anforderungen geeigneten Produkte vorzustellen und natürlich auch, den eigentlichen Verkauf zu tätigen. Eine Tätigkeit im Vertrieb erfolgt zu einem großen Teil beim Kunden, ist also mit dem Einsatz im Außendienst verbunden (s. die Beiträge von Wolfgang Wirtz und Karsten Jung).

Im Bereich der *Öffentlichkeitsarbeit* sind Chemiker mit guten kommunikativen Eigenschaften gefragt, die komplizierte chemische Sachverhalte so erklären können, dass auch ein Laie sie versteht, sowohl in der mündlichen als auch in der schriftlichen Darstellung. In größeren Industrieunternehmen sind die „Öffentlichkeitsarbeiter" für die Erstellung und Verbreitung von Unternehmensbroschüren und Mitarbeiterzeitschriften und die Organisation von Presseveranstaltungen und anderen Aktionen für die Öffentlichkeit verantwortlich. Nicht nur Industrieunternehmen, sondern auch Hochschulen und Forschungseinrichtungen, Verbände oder Verlage beschäftigen Naturwissenschaftler in den Bereichen Öffentlichkeitsarbeit und Kommunikation.

Nicht in Industrieunternehmen, sondern bei Zeitungen, Zeitschriften, Hörfunk- oder Fernsehsendern arbeiten Chemiker und andere Naturwissenschaftler als *Wissenschaftsjournalisten*, denn Journalisten ohne naturwissenschaftliche Ausbildung sind bei der Berichterstattung über einschlägige Themen meist überfordert. Häufig sind (Wissenschafts-)Journalisten freiberuflich tätig. Auch in Verlagen werden Chemiker gebraucht, sei es als Lektoren für Fachzeitschriften und -bücher oder als Redakteure (s. Beitrag von Andrea Krahnert).

Der *Gewerbliche Rechtsschutz* umfasst alles, was mit Patenten, Marken, Gebrauchsmustern und Geschmacksmustern zu tun hat. Chemiker sind auf diesem Gebiet entweder in den Patentabteilungen der Industrieunternehmen, als Prüfer in Patentämtern oder als selbstständige Patentanwälte tätig. Da Chemiker im Patentwesen von Berufs wegen immer mit den neuesten Forschungsergebnissen und Entwicklungen befasst sind, bietet der Gewerbliche Rechtsschutz ein faszinierendes Betätigungsfeld für all diejenigen, die ihre wissenschaftliche Neugier mit Interesse für juristische Fragestellungen kombinieren möchten.

In den *Patentabteilungen* der Industrieunternehmen sind Chemiker dafür verantwortlich, dass die im Unternehmen entwickelten Produkte oder Verfahren patentrechtlich geschützt werden, um die kommerzielle Nutzung sicher zu stellen. Sie erstellen die Anträge und Unterlagen, die zum Anmelden eines Patentes nötig sind und führen die Anmeldungen durch. Zu ihren Aufgaben gehört auch die Prüfung, ob eine Erfindung nicht schon von anderer Seite patentiert worden ist oder ob andere Unternehmen eigene Patente verletzen (s. Beitrag von Frank Korber). Wer nach der Zeit an der Hochschule noch eine Ausbildung zum Patentanwalt absolviert, kann sich anschließend mit einer eigenen Kanzlei oder als Partner in einer Gemeinschaftskanzlei selbstständig machen. Die Ausbildung zum Patentanwalt findet in einer Patentanwaltskanzlei statt und dauert noch einmal mindestens zwei Jahre. Danach schließt sich eine einjährige Ausbildungszeit und eine Prüfung beim deutschen Patentamt in München und dem Bundespatentgericht an. Auch das deutsche oder europäische Patentamt, beide in München, suchen immer wieder Chemiker als Patentprüfer. Neben guten Sprachkenntnissen in Englisch und möglichst auch Französisch und der Fähigkeit, chemische Sachverhalte sicher schriftlich zu formulieren, muss man sich für alle Tätigkeiten umfangreiche Kenntnisse in Patentrecht aneignen.

Bei ständig wachsender Datenflut finden Chemiker auch in der *Dokumentation* ein wichtiges Tätigkeitsfeld. Sie sind für die Erfassung und die Verwaltung der für das Unternehmen relevanten Informationen, aber auch für die Recherche nach Daten in firmeneigenen und fremden Archiven zuständig und unterstützen damit Kollegen in anderen Abteilungen bei der Beschaffung der für ihre Tätigkeiten notwendigen Informationen. Neben guten Englisch-Kenntnissen und einem breiten chemischen Allgemeinwissen sind gute EDV-Kenntnisse für die sichere Recherche in Datenbanken und elektronischen Archiven notwendig.

Für Chemiker wurde in den vergangenen Jahren der Bereich der *Informationstechnologie* (IT) immer wichtiger. Viele Chemiker fanden und finden dort eine Beschäftigung, weil sie sich in der Regel bereits gut mit Computern auskennen und sich schnell in neue Gebiete einarbeiten können (s. Beiträge von Oliver Nuernberg und Ralf Oestereich). Die zunehmende Bedeutung der IT-Branche macht sie inzwischen zu einem attraktiven (und meist gut bezahlten) Arbeitsfeld für Chemiker, in das man längst nicht mehr nur deshalb geht, weil man woanders nicht untergekommen ist. Häufig sind Chemiker in Unternehmen tätig, die Softwarelösungen für Firmen der chemischen Industrie herstellen. Hier ist die Chemie-Ausbildung ein ganz entscheidender Vorteil gegenüber der von Absolventen anderer Studiengänge, denn man kann sich viel besser in die Lage der Kunden und der Anwendungen der eigenen Produkte hineinversetzen, wenn man von der Materie etwas versteht.

Auch der größte Betrieb kann nicht für alles Spezialisten beschäftigen. Im Bedarfsfall holt sich ein Unternehmen einen Experten von außen. In der *Beratung* sind Chemiker auf verschiedenen Gebieten, zum Beispiel in der IT-Beratung oder im Bereich Umwelt- und Qualitätsmanagement tätig. Sie helfen Unternehmen, die für ihre Anforderungen optimale Lösung zu finden. Während es viele Beratungsunternehmen gibt, in denen nur wenige Mitarbeiter arbeiten oder die vom Inhaber als „Ein-Mann-Betrieb" geführt werden, beschäftigen die großen Unternehmensberatungen mehrere tausend Mitarbeiter, darunter auch Chemiker (s. Beitrag von Gunter Festel).

Chemie ist eine komplexe Wissenschaft, und wie viele aus eigener Anschauung an der Universität wissen, bedarf es nicht nur chemischer, sondern auch didaktischer Fähigkeiten, dieses Wissen anderen zu vermitteln. Chemie wird keineswegs nur an der Schule oder Hochschule gelehrt. Auch an Berufsschulen, in Weiterbildungskursen bei Industrie- und Handelskammern, in TÜV-Akademien oder Schulen, die Laboranten und Chemotechniker ausbilden, sind Chemiker in der *Aus- und Weiterbildung* beschäftigt (s. Beitrag von Birgitt Pläsier).

Weitere Tätigkeitsgebiete für Chemiker sind der *Umweltschutz*, der *Arbeits- und Gesundheitsschutz* (s. Bericht von Hans-Joachim Grumbach), sowohl in Betrieben als auch in Berufsgenossenschaften oder auch das *Personalwesen* (s. Bericht von Katharina Voigt und das Special von Bernd Kaiser).

1.1.3 Wo arbeiten Chemikerinnen und Chemiker?

Nicht nur die Frage, *was* Chemiker alles tun, sondern auch, *wo* sie tätig sind, also in welchen Branchen sie arbeiten, ist von Interesse. Wie Tabelle 2 zeigt, sind Chemiker in weitaus mehr Branchen als der Chemischen Industrie oder der Hochschule tätig. Das Know-How von Chemikern wird überall gebraucht. Daher sollte man sein bevorzugtes Tätigkeitsfeld in verschiedenen Branchen suchen.

Chemiker in der Industrie

Noch immer ist die Chemische Industrie der wichtigste Arbeitgeber für Chemiker, vor allem für diejenigen, die gerne in der Forschung tätig werden wollen. In diesem Fall sollte man sich jedoch nicht nur auf die Chemische Industrie konzentrieren. Auch in anderen Industriezweigen werden neue Produkte entwickelt und oft genug werden in den dortigen F+E-Abteilungen Chemiker eingesetzt. Vor allem sollte man seine Bewerbungsbemühungen nicht nur auf die großen Unternehmen der Branche richten. Auch kleinere Firmen haben F+E-Abteilungen. Häufig sind in kleineren Unternehmen die Entscheidungswege kürzer als in einem Großkonzern, haben Mitarbeiter mehr Möglichkeiten der Gestaltung ihres Arbeitsumfeldes und einen größeren Verantwortungsbereich als in einem Großunternehmen, das für alles eine eigene Abteilung besitzt.

Tabelle 2. Branchen, in denen Chemiker arbeiten

Ausbildung/ Forschung:	Produzierendes Gewerbe:	Dienstleistungen:
Universität	Chemische Industrie	Analytisches oder Handelslabor
Allgemeinbildende Schule	Pharmazeutische Industrie	Landesbehörde oder –amt
MPI, Fraunhofer- oder Helmholtzinstitute	Nahrungs- und Genussmittelindustrie	Bundesbehörde oder –amt
Fachhochschule/ pädagogische Hochschule	Kunststoff-, Gummiindustrie	Umweltschutz
Großforschungseinrichtung	Elektrotechnik	Wirtschaftsberatung und Consulting
Privat finanzierte Forschungseinrichtungen	Metallerzeugung und –verarbeitung	Ingenieurbüro
Berufs-, Techniker-, Fachschule	Anlagenbau	Kommunalbehörde oder –amt
Bundesforschungsanstalt	Kosmetikindustrie	Handel
	Feinmechanik/ Optik	Rechts- und Patentwesen
	Mineralölindustrie	Organisation/ Verband
	Holzverarbeitungs-, Papier- und Druckindustrie	Medien /Verlage
	Wasser- und Energiewirtschaft	Medizinisches Labor
	Leder- und Textilindustrie	Krankenhaus/ Klinik/ Apotheke
	Fahrzeugbau	Bank/ Versicherung
	Entsorgung/ Recycling	Bundeswehr
	Feinkeramik- oder Glasindustrie	Verkehr/ Nachrichtenübermittlung
	Bauwirtschaft	
	Bergbau	
Quelle: GDCh-Mitgliederbefragung		

Es wurde bereits erwähnt, dass die meisten Absolventen, zumindest in den größeren Chemieunternehmen in der Forschung beginnen. Inzwischen werden Chemieabsolventen jedoch zunehmend auch in anderen Tätigkeitsfeldern eingesetzt. Mit steigender Anzahl von Absolventen „neuer" Studiengänge (s. Kap. 1.2.2) könnte in den kommenden Jahren die Zahl derjenigen steigen, die in anderen Branchen und Tätigkeitsfeldern einsteigen oder ohne Promotion in den Beruf starten.

Chemiker an Universitäten und Forschungsinstituten

Chemiker, die von der universitären Forschung fasziniert sind und sich vorstellen können, Professor zu werden, bleiben an der Universität und schlagen die Hochschullaufbahn ein. Die meisten wechseln dazu nach der Promotion die Hochschule und absolvieren einen Postdoc-Aufenthalt. Es ist empfehlenswert, dieses im Ausland zu tun (s. Kapitel 1.2.2). Danach wird heute in vielen Fällen noch eine Habilitation, eine mehrjährige Forschungsarbeit angefertigt. Daneben beginnt der Habilitand in der Regel, eigene Vorlesungen zu halten und selbstständig Diplomanden und Doktoranden zu betreuen. Seit wenigen Jahren gibt es auch die Möglichkeit, mit einer befristeten „Juniorprofessur" ohne Habilitation in den universitären Forschungs- und Lehrbetrieb einzusteigen. Dies soll bis zum Jahr 2010 die Habilitation ersetzen. Die Einführung von Juniorprofessuren als Ersatz für die Habilitation ist nicht unumstritten. Die Arbeitsgemeinschaft Deutscher Universitätsprofessoren und -professorinnen für Chemie (ADUC) hat zur Habilitation eine Umfrage gestartet, die unter http://www.gdch.de/strukturen/aduc.htm abgerufen werden kann. Wer sich für die Universitätslaufbahn interessiert, sollte sich dort über den aktuellen Stand der Diskussion informieren.

Forschung kann man nicht nur an der Universität, sondern auch an privaten oder öffentlichen Forschungseinrichtungen, an Max-Planck- oder Fraunhofer-Instituten betreiben. Häufig sind Stellen an solchen Instituten wie auch an den Hochschulen befristet. Es ist durchaus gewollt, dass junge Forscher die Einrichtung nach einigen Jahren verlassen und Platz machen für neue Nachwuchsforscher. Wenn Sie sich nach der Promotion für mehrere Jahre an eine Universität oder Forschungseinrichtung binden, sollten Sie sich über Ihre weiteren beruflichen Pläne im Klaren sein und sich über Ihre Entwicklungsmöglichkeiten und Perspektiven umfassend informiert haben. Mit zunehmendem Alter wird es in der Regel immer schwieriger, in der freien Wirtschaft neu einzusteigen.

Chemiker im öffentlichen Dienst

Nicht nur an Hochschulen und Forschungseinrichtungen, sondern auch in Bundes-
und Landesbehörden sind Chemiker im öffentlichen Dienst tätig. Sie arbeiten
beispielsweise in Gewerbeaufsichtsämtern, lebensmittelchemischen Untersu-
chungsämtern, in Umweltämtern oder Bundes- bzw. Landesministerien. Auch bei
Zoll und Polizei, beispielsweise beim Bundes- und Landeskriminalamt sind Chemiker, etwa auf dem Gebiet der Analytik tätig. Naturgemäß sind die Chancen für
eine Einstellung in den öffentlichen Dienst nicht von der Konjunktur, sondern in
erster Linie von politischen Vorgaben abhängig und können schnell wechseln. In
den vergangenen Jahren sind, bedingt durch Personalabbau und die leeren öffentlichen Kassen nur wenige Absolventen im öffentlichen Dienst untergekommen.

Im Zeichen der Lehrerknappheit bietet sich neben Ingenieuren und Physikern
auch Chemikern die Möglichkeit, in den Schuldienst einzutreten. Besonders bei
Berufsschulen zeichnet sich ein Mangel an Lehrkräften ab (s. Beitrag von Birgitt
Pläsier). Die Bildungspolitik fällt in die Länderhoheit, so dass die Kultusministerien der Länder die Einstellungsvoraussetzungen für Bewerber ohne Lehramtsstu-
dium festlegen. Informationen erteilen die Kultusministerien der jeweiligen Bundesländer. Durch die Länderhoheit in der Bildungspolitik sind allgemeingültige
Aussagen über mögliche Perspektiven schwer vorzunehmen.

Auch außerhalb der Schule gibt es Beschäftigungsmöglichkeiten im öffentlichen
Dienst. Diese Stellenangebote müssen öffentlich ausgeschrieben werden. Dazu
gibt jedes Bundesland eigene Zeitschriften heraus, die beispielsweise in Hoch-
schulbibliotheken eingesehen werden können. Auch im Internet (s. Kap. 2.3.1)
gibt es eine gute Zusammenstellungen von Angeboten im öffentlichen Dienst.

Chemiker als Unternehmensgründer

Anstatt für eine Firma oder eine andere Organisation als Arbeitnehmer tätig zu
werden, gibt es natürlich auch die Möglichkeit, sich mit einem eigenen Unternehmen selbständig zu machen. Fast jede Universität sowie die Industrie- und
Handelskammern bieten inzwischen Informationen dazu an. Existenzgründerwett-
bewerbe, Unterstützung des Arbeitsamtes bei den sogenannten „Ich-AGs" und
sonstige Starthilfen erleichtern den Einstieg. Dennoch sollte dieser Schritt sehr
sorgfältig überlegt, das Risiko und die finanzielle Belastung genau durchdacht
werden. Vor allem sollte man sich selbstkritisch überlegen, ob man die persönlichen Voraussetzungen zum Unternehmer hat oder nicht (s. Special von Ralf
Utermöhlen und Literaturverzeichnis [1], [2]).

Das Bundesministerium für Wirtschaft und Arbeit bietet unter http://www.bmwi.de und dem Stichwort „Existenzgründer" Tipps für den Start, für die Finanzierung und eine umfangreiche Sammlung von weiterführenden Links. Science4Life e.V. (http://www.science4life.de) ist eine unabhängige Gründerinitiative, die die Beratung und Betreuung von jungen Unternehmen in den Bereichen Life Sciences und Chemie in ganz Deutschland durchführt. Die Initiative wird von vielen Unternehmen und Institutionen aktiv unterstützt und bietet Hilfestellung bei allen Fragen rund um die Unternehmensgründung an. Unter http://www.gruenderzeit.de bietet eine Studenteninitiative der Universität Köln viele Hinweise für Studenten, die sich selbstständig machen wollen. „Alt hilft Jung" (http://www.althilftjung.de) ist ein bundesweiter Zusammenschluss von Fachleuten aus Industrie, Handel und Handwerk, die aus dem aktiven Berufsleben ausgeschieden sind und ihr Fachwissen an die jüngere Generation weitergeben. Auf der Homepage findet man auch eine Liste mit Ansprechpartnern vor Ort.

Freiberufliche Tätigkeit

Wer nicht gleich ein ganzes Unternehmen gründen möchte, aber sich auch mit dem Angestelltendasein nicht anfreunden kann oder aber wer nach Diplom oder Promotion zunächst keine Stelle findet, der sollte auch eine freiberufliche Tätigkeit in seine Überlegungen einbeziehen. In Zeiten der Arbeitslosigkeit können solche Tätigkeiten eine wertvolle Überbrückung sein, da sie den Anschluss an das Fachgebiet halten. Chemiker können als Dozenten an Fortbildungsakademien, Industrie- und Handelskammern oder Fachhochschulen tätig sein. Sie arbeiten als (Wissenschafts-)Journalisten, technische Redakteure, Fachübersetzer oder beratende Chemiker. Es wird zwar kaum auf Anhieb gelingen, ein zum Lebensunterhalt ausreichendes Einkommen zu erzielen. Viele freiberufliche Chemiker können nach einer Startphase jedoch gut von ihren Einkünften leben und möchten mit festangestellten Kollegen nicht mehr tauschen. Freiberufliche Tätigkeiten bieten oft viele Gestaltungsmöglichkeiten, die angestellten Chemikerinnen und Chemikern nicht offen stehen.

1.2 Frühzeitig die eigenen Perspektiven verbessern

1.2.1 Informationen sammeln und Kontakte knüpfen

Auch wenn das Diplom oder die Promotion noch in einiger Ferne liegt, kann und sollte man bereits in allen Belangen des späteren Berufseinstieges Augen und Ohren offen halten und sich rechtzeitig über die verschiedenen Branchen und Tätigkeitsfelder informieren, die für Chemiker in Frage kommen.

Eine Vielzahl von Informationen über den gesamten Bereich der Chemie findet sich auf den Seiten der GDCh (www.gdch.de) und dort vor allem unter dem Stichwort „Karriereservice". Man findet dort neben Daten zum Chemiker-Arbeitsmarkt Informationen über Einstiegsgehälter sowie Statistiken über die Anzahl von Studienanfängern und -absolventen der Chemiestudiengänge. Verschiedene Berufsbilder für Chemiker werden in der Reihe „Studium, Beruf, Karriere" vorgestellt, die in der GDCh-Mitgliederzeitung „Nachrichten aus der Chemie" erscheint.

An vielen Hochschulen gibt es Vortragsreihen, in denen im Berufsleben stehende Chemiker über ihr Tätigkeitsfeld berichten. Häufig werden diese Veranstaltungen vom GDCh-Jungchemikerforum (JCF) organisiert. Im Jungchemikerforum haben sich die jüngeren Mitglieder der GDCh zusammengeschlossen. Sie sind in Regionalgruppen organisiert und inzwischen an vielen Hochschulorten aktiv. Informationen zu den Veranstaltungen der JCF-Regionalgruppen sind unter http://www.-gdch.de/strukturen/jcf.htm abrufbar. Auch der Verband angestellter Akademiker und leitender Angestellter der chemischen Industrie (VAA) bietet u.a. im Rahmen von Vorträgen an Hochschulen Informationen für Diplomanden und Doktoranden an (http://www.vaa.de).

Unter http://www.chemie.de finden Interessierte ein Portal, um sich über die verschiedenen Bereiche der Chemie zu informieren, beispielsweise über Pressemitteilungen aus dem Bereich der Chemie oder Fortbildungsveranstaltungen und Tagungen. Hilfreich ist auch die Suche nach Produkten oder Firmen. Unter dem Begriff „Fachbereiche" ist eine Liste der verschiedenen Fachbereiche der Hochschulen abgelegt, die ein Chemiestudium anbieten.

Interessante Hinweise darauf, wo Chemiker überall arbeiten können, erhalten Sie auch, wenn Sie sich informieren, wo ältere Kommilitonen Ihrer Hochschule untergekommen sind. Viele Institute organisieren Veranstaltungen, etwa jährliche Weihnachtsfeiern, zu denen auch die ehemaligen Arbeitskreismitglieder eingeladen werden. Nutzen Sie die Möglichkeit, in ungezwungener Atmosphäre aus erster Hand etwas über die tägliche Arbeit eines Chemikers zu erfahren. Die meisten „Ehemaligen" sind gerne bereit, über ihre Tätigkeit Auskunft zu geben und etwas aus dem Nähkästchen zu plaudern. Sie erfahren auf diese Weise viel mehr als bei offiziellen Vorträgen oder aus Unternehmensbroschüren. Außerdem könnten die Kontakte, die sie hier knüpfen, irgendwann einmal wichtig werden.

Der Besuch von Absolventenmessen oder Jobbörsen lohnt sich auch, wenn man noch nicht in der konkreten Bewerbungsphase ist. Sie erhalten hier viele Informationen über mögliche Arbeitgeber und Beschäftigungsmöglichkeiten. Sie können direkt mit Personalverantwortlichen sprechen und sich persönlich über Ihre Chancen informieren. Eine Zusammenstellung der für Chemiker interessanten Jobbörsen bietet die GDCh unter http://www.gdch.de/ks/service/absolventenmessen.htm (s auch Kap. 2.7).

Wenn Sie die Möglichkeit zum Besuch einer Fachtagung haben, sollten Sie sie unbedingt nutzen. Sie bekommen hier nicht nur einen Überblick über die neuesten Forschungsergebnisse, sondern erfahren zudem, in welchen Industrieunternehmen auf den Themen geforscht wird, für die Sie sich interessieren. Vielleicht erhalten Sie die Gelegenheit, mit dem einen oder anderen Referenten ein persönliches Gespräch zu führen. Oder Sie präsentieren selbst Ihre Forschungsergebnisse mit einem Vortrag oder einem Poster und machen auf diese Weise potenzielle Arbeitgeber auf sich aufmerksam - auch hier gilt: wichtige Kontakte, die Ihnen später einmal weiterhelfen könnten.

1.2.2 Sinnvolle Zusatzqualifikationen erwerben und Lücken füllen

Es wurde schon erwähnt, dass man sich so früh wie möglich Gedanken machen soll, wohin es nach dem Abschluss beruflich gehen soll. Wenn Sie wissen, in welchen Bereich Sie sich beruflich orientieren wollen, können Sie rechtzeitig anfangen, Zusatzqualifikationen zu erwerben, die Ihre Startbedingungen beim Berufseinstieg verbessern. Das heißt natürlich nicht, dass man in eine BWL-Vorlesung gehen soll, nur weil man gehört hat, dass BWL heutzutage „irgendwie wichtig ist" und alle Kommilitonen es auch tun. Aber wer eine Tätigkeit in Marketing oder Vertrieb oder in einer Unternehmensberatung anstrebt, für den ist es eine sinnvolle Ergänzung seiner Ausbildung, sich betriebswirtschaftliche Kenntnisse anzueignen. Wenn Ihnen eher eine Tätigkeit im Patentwesen vorschwebt, können Sie versuchen, Jura-Grundkenntnisse zu erwerben. Sie merken dann auch, ob Ihnen die ganz eigene juristische Betrachtungsweise von Sachverhalten überhaupt liegt oder nicht. Wer sich für eine Tätigkeit im Bereich des Wissenschaftsjournalismus interessiert, kann frühzeitig anfangen, Artikel zu schreiben (s. Beitrag von Andrea Krahnert). Das kann die Studentenzeitung sein, das Mitteilungsblatt der Universität, aber auch die Lokalzeitung einer Kleinstadt oder das Szenemagazin mit den Veranstaltungstipps. Gerade bei solchen kleinen, meist kostenlos verteilten Zeitungen werden häufig freie Mitarbeiter beschäftigt, die dort ihre ersten journalistischen Erfahrungen machen. Eine sinnvolle Zusatzqualifikation für künftige Journalisten oder PR-Fachleute ist auch ein Praktikum in der PR-Abteilung eines Industrieunternehmens.

Wahl der Fachrichtung

Je nachdem, in welcher Fachrichtung Sie sich spezialisieren möchten, kann ein Wechsel des Studienortes sinnvoll sein. Da viele Fakultäten zurzeit ihre Studiengänge reformieren oder dies kürzlich getan haben, sollten Sie sich auf den Internet-Seiten der jeweiligen Hochschulen über den aktuellen Stand und die jeweiligen Schwerpunkte in Forschung und Lehre informieren. Eine Linkliste zu den Chemiefachbereichen an Universitäten und Fachhochschulen stellt die Gesellschaft Deutscher Chemiker unter http://www.gdch.de/links/fb.htm zur Verfügung. Detaillierte Informationen zu den Chemie-Studiengängen aller deutschen Universitäten und Fachhochschulen bietet auch der Studienführer Chemie [3].

Mehrere Hochschulen bieten inzwischen einen Studiengang „Wirtschaftschemie" an, der chemische und wirtschaftliche Inhalte miteinander verknüpft. Andere Universitäten haben Bachelor- und Masterstudiengänge in Chemie eingerichtet. Sie ermöglichen Studierenden bereits nach drei Jahren mit dem Bachelor-Abschluss die Hochschule zu verlassen. Erst in einigen Jahren wird sich zeigen, in welchen Gebieten die Chemie-Bachelors ihren Berufseinstieg finden, da es im Moment noch kaum Bachelor-Absolventen gibt. Viele der künftigen Bachelors werden vermutlich an der Hochschule bleiben und den Master-Abschluss machen, der vom Zeitaufwand und Anforderung dem Diplom entspricht. Ein Master-Studium könnte auch in einem anderen Fach als Chemie, z. B. in Wissenschaftsjournalismus oder Informatik absolviert werden, etwa wenn Bachelor-Absolventen von vornherein wissen, dass sie in die entsprechende berufliche Richtung gehen wollen. Wie nach dem Diplom kann auch nach dem Master-Abschluss eine Promotion angefertigt werden. Diese wird für Chemiker, die eine Tätigkeit in der Forschung anstreben, auch weiterhin nötig sein. Es ist aber ein Ziel der neuen Studiengänge, Diplom bzw. Master als eigenständigen Berufsabschluss zu stärken, so dass diejenigen, die nicht in Forschung und Entwicklung arbeiten möchten, auf eine Promotion verzichten und etwa drei Jahre früher in den Beruf starten können. Ein weiterer Vorteil eines Bachelor- oder Master-Abschlusses ist seine internationale Bekanntheit. Er soll nicht nur deutschen Absolventen erleichtern, ins Ausland zu gehen, sondern auch ausländische Studenten zu einem Studium in Deutschland ermutigen.

Da Hochschulen nicht jeden Studiengang und jede Spezialisierung anbieten können, sondern sich auf ihre Stärken und Schwerpunkte konzentrieren, entsteht zurzeit eine bunte Vielfalt an Chemiestudiengängen. Dies bedeutet für Studierende mehr Mühe, aus der Vielzahl der Studiengänge den Richtigen heraus zu finden. Die vielfältigen Möglichkeiten aber, welche die neuen Studiengänge bieten, sollten den Aufwand allemal Wert sein. Wer sich über seine Interessen und Ziele im Klaren ist, findet auch den Studiengang, der zu ihm passt.

Sprachkenntnisse

Sprachkenntnisse sind heute in fast jedem akademischen Beruf nötig. Zumindest auf Englisch muss man sich problemlos verständigen können. Wenn Sie damit Probleme haben, sollten Sie diese Lücke frühzeitig füllen. Auch andere Sprachkenntnisse, etwa in Französisch, Spanisch oder Italienisch werden immer wichtiger. Belegen Sie einen Sprachkurs oder planen Sie einen Sprachurlaub ein. Ideal ist es natürlich, wenn Sie den Erwerb von Sprachkenntnissen mit einem Studien- oder Forschungsaufenthalt verbinden können.

Auslandsaufenthalt

Wenn Sie irgendeine Möglichkeit haben, während des Studiums oder der Promotion für eine begrenzte Zeit ins Ausland zu gehen, sollten Sie es tun. Nicht nur, weil Sie später vielleicht einen Job haben, der Sie nie mehr aus Ihrer Stadt herausführt. Sie zeigen mit einem Auslandsaufenthalt Eigeninitiative und Mobilität. Sie lernen fremde Menschen kennen und müssen sich in einer fremden Umgebung zurechtfinden, sich mit einer anderen Kultur und anderen Gewohnheiten des täglichen Zusammenlebens auseinander setzen. Diese Erfahrungen werden nicht nur eine persönliche Bereicherung sein, sondern auch im Bewerbungsprozess helfen, denn die Fähigkeit zum Umgang mit anderen Menschen, die Kommunikations- und Teamfähigkeit sind für viele Unternehmen eine der wichtigsten Eigenschaften, die ein neuer Mitarbeiter haben sollte. Nicht zuletzt sollten Sie (s. oben) die Gelegenheit nutzen, Ihre Sprachkenntnisse zu verbessern oder neue zu erwerben.

Häufig haben Hochschullehrer Kontakte zu ausländischen Kollegen, so dass sich zum Beispiel während der Promotion oder danach Möglichkeiten für einen Auslandsaufenthalt ergeben. Inzwischen haben auch die meisten Hochschulen Partneruniversitäten in verschiedenen Ländern, zwischen denen ein Austausch bereits im Studium möglich ist. Eine Liste aller internationalen Kooperationen Deutscher Hochschulen mit ausländischen Universitäten (leider nicht nach Fachrichtungen geordnet) findet man unter http://www.hochschulkompass.hrk.de. Dort kann man nachsehen, zu welchen ausländischen Hochschulen deutsche Unis Kontakte pflegen. Eine andere Möglichkeit ist, sich beim Deutschen Akademischen Auslandsdienst (DAAD) um ein Auslandsstipendium zu bewerben. Der DAAD betreibt Stipendienprogramme für viele Länder. Die Internet-Seiten (http://www.daad.de) sind eine Fundgrube an nützlichen Informationen. Dort findet man ausführliche Hinweise zum Studium in diversen Ländern, Informationen zu Arbeits- und Aufenthaltsrecht und eine Stipendiendatenbank, in der man recherchieren kann, welche Förderprogramme für das gewählte Land in Frage kommen. Außerdem sind Informationen über die EU-Programme SOKRATES, LEONARDO DA VINCI und TEMPUS, über Praktika im Ausland und eine Liste internationaler Studiengänge verzeichnet. Eine weitere Zusammenstellung von Stipendien bietet der Bayerische Rundfunk auf den Internet-Seiten seines Programms BR-Alpha unter http://www.br-online.de/alpha/stipendien. Auch im Special von Christian Pfrang finden sich viele Informationen zum Studium im Ausland.

Eine weitere Informationsquelle zu allen Ländern der Europäischen Union bietet die Internet-Seite „Fit for Europe" (http://europe-online.universum.de). Interessierte finden hier Angaben über Schulsysteme und -abschlüsse, Studium, Arbeitsbedingungen und Lebensverhältnisse der einzelnen Länder. Hier kann man sich informieren, welche Schul- und Studienabschlüsse anerkannt werden, wie das Sozialversicherungssystem funktioniert, wie das Aufenthaltsrecht geregelt ist usw.

Wer Informationen zu einem Forschungsaufenthalt in einem bestimmten Land sucht, wird auch beim GDCh-Jungchemikerforum fündig. Hier stellen sich junge Chemiker, die zurzeit im Ausland leben oder im Ausland gelebt haben, als Auslandstutoren zur Verfügung, um interessierten Studenten oder Doktoranden mit Informationen zum jeweiligen Land zu helfen. Eine Liste der Auslandstutoren gibt es unter http://www.gdch.de/strukturen/jcf/tutoren.htm.

Industriepraktika und sonstige studienbegleitende Tätigkeiten

Immer wichtiger werden auch Praktika außerhalb der Universität. Eine Tätigkeit in einem Unternehmen gibt einen guten Einblick in die reale Arbeitswelt, die sich von den Praktika an der Hochschule meist gewaltig unterscheidet. Sie bietet eine bequeme Möglichkeit, bestimmte Tätigkeitsfelder kennen zu lernen und abzuwägen, ob dies ein möglicher Schwerpunkt für die spätere Berufstätigkeit sein könnte. Nicht zuletzt kann man hier erste berufliche Kontakte zu potenziellen Arbeitgebern knüpfen. Viele Unternehmen der chemischen Industrie bieten Praktika für Chemiestudenten an. Bei größeren Unternehmen lohnt sich ein Blick auf die Internet-Seite, wo sich meist nähere Informationen darüber finden. Aber auch bei kleineren Unternehmen finden sich oft Möglichkeiten eines Praktikums. Fragen Sie in der Personalabteilung nach. Eine Praktikumsbörse bietet zudem die Gesellschaft Deutscher Chemiker auf den Internet-Seiten. Unter http://www.gdch.de/ks/stellen/praktikantenboerse.htm finden Sie aktuelle Angebote verschiedener Firmen.

Praktika werden nicht immer, aber häufig vergütet. Sie haben so den angenehmen Nebeneffekt, auch noch Geld zu verdienen. Wenn Sie in den Semesterferien oder während des Semesters sowieso arbeiten müssen, um Ihre Haushaltskasse aufzubessern, können Sie auch versuchen, als Werkstudent in einem Chemie-Unternehmen tätig zu werden und auf diese Weise verschiedene Arbeitsgebiete kennen zu lernen. Bei all diesen Aktivitäten sollten Sie sich eine Bescheinigung des jeweiligen Arbeitgebers über Ihre Tätigkeit geben lassen. Sie können sie später für Ihre Bewerbungsunterlagen gut gebrauchen. Auch andere Tätigkeiten, die Sie während Ihres Studiums ausgeübt haben, sind mitunter für zukünftige Bewerbungsempfänger wissenswert. Ob Sie Schülern Nachhilfe gegeben oder mit Arbeitern aus verschiedenen Ländern in der Produktion gearbeitet haben - alles, was darauf hinweist, dass Sie gut mit anderen Menschen umgehen können, also die so begehrte Teamfähigkeit und Sozialkompetenz besitzen, ist bei einer Bewerbung von Interesse.

Diese sogenannten „soft skills" werden in einer Zeit, in der Fachwissen schnell veraltet, immer wichtiger. In vielen Unternehmen hat man inzwischen erkannt, welches Potenzial verloren geht, wenn die Kollegen kaum miteinander kommunizieren oder Vorgesetzte ihre Mitarbeiter nicht motivieren, sondern frustrieren und in die innere Kündigung treiben. Für zukünftige Führungskräfte, die auch einmal Mitarbeiter anleiten sollen, ist es besonders wichtig, dass sie kommunikationsstark und teamfähig sind.

Ehrenamtliches Engagement

Aus diesem Grund wird auch ehrenamtliches Engagement, welches ja oft in Teamarbeit ausgeübt wird, fast immer positiv bewertet. Es zeigt außerdem, dass sich der Bewerber für andere Menschen engagiert, über den Horizont seines Faches hinausblicken und sich auch noch mit etwas anderem als mit Chemie beschäftigen kann, egal ob er in einer Studenteninitiative mitarbeitet, im Sportverein eine Nachwuchsmannschaft trainiert oder humanitäre Aufgaben wahrnimmt. Natürlich müssen Sie nicht kurz vor der Promotionsprüfung anfangen, irgendetwas Ehrenamtliches zu tun, nur damit Sie dies in Bewerbungen angeben können. In diesem Fall haben Sie sicher andere Qualifikationen, die Sie nennen können.

Special

Dr. Ralf Utermöhlen

Als Chemiker in die Selbstständigkeit

Zur Person

Ralf Utermöhlen, geboren 1963, verheiratet, 2 Kinder

Seit 1983 Studium der Chemie an der TU Braunschweig
1986/87 Auslandssemester in Bordeaux, Frankreich

1989 Diplom; 1989 bis 1991 Forschungsarbeiten zur Promotion in Organischer Chemie an den Universitäten Braunschweig und Bordeaux

1991 Gründung der AGIMUS GmbH Umweltgutachterorganisation und Umweltberatungsgesellschaft

1996 Promotion

Der Weg in die Selbstständigkeit

Der Weg in die Selbstständigkeit ist ein Weg, den Chemiker selten finden - und wenn, dann oft erst gegen Ende des Berufslebens aus gesicherter Position, aber nicht als „Start-up" direkt von der Uni aus. Unternehmen, die weniger als zehn Beschäftigte haben, sind zu 23,5 % an der Gesamtbeschäftigung in Deutschland beteiligt und KMU stellen 67 % aller Arbeitsplätze in der Europäischen Gemeinschaft. Die Zahl der Unternehmensgründungen durch Absolventen technisch-naturwissenschaftlicher Studiengänge in Deutschland ist im weltweiten Vergleich zu gering und daher freue ich mich, dass in diesem Buch auch der Weg in die Selbstständigkeit seinen Platz gefunden hat.

Um es vorweg zu nehmen: Wenn Du in Amerika als Absolvent ein Unternehmen gründest, dann bist Du ein Held - tust Du das gleiche in Deutschland, dann bist Du ein Depp oder Verwirrter, der bei Bayer, BASF oder Aventis keinen Job bekommen hat. Zu oft wird dabei vergessen, dass es die vielen großen Unternehmen, die heute Tausenden von Menschen Arbeit geben, ohne das engagierte Handeln eines Gründers heute nicht geben würde. Und dieser Gründer hat genauso klein angefangen, wie jedes Start-up heute. Ich möchte daher gar nicht viel über Agimus erzählen, sondern ausgehend von meinen Erfahrungen ein paar, wie ich meine, allgemeingültige Tipps geben, quasi als Handlungsleitfaden oder Checkliste für jeden, der darüber nachdenkt, sich als Chemiker selbstständig zu machen.

Ein Blick zurück

1987 hatte ich auf Grund verschiedener Gespräche mit Beschäftigten aus Produktionsbetrieben den Eindruck, dass der betriebliche Umweltschutz ein Handlungsfeld sei, welches von kleinen und mittleren Unternehmen wenig beherrscht wird und in dem es daher eigentlich einen erheblichen Beratungsbedarf geben müsste. Mich als Umweltberater selbstständig zu machen reizte mich, zumal selbstständig zu sein in meiner Familie Tradition hat und ich ohnehin immer den Eindruck hatte (und habe), dass man mit der Angestelltentätigkeit für ein wie auch immer geartetes großes Unternehmen früher oder später einen Teil der geistigen Freiheit verliert. Mit meinem Freund Marc Osterwald, dem heutigen kaufmännischen Geschäftsführer unseres Unternehmens, der damals in Paderborn BWL studierte, sprach ich darüber und er war interessiert.

Von Frühjahr 1989 bis Frühjahr 1991 haben wir studienbegleitend an dem Unternehmenskonzept getüftelt und gefeilt, Umweltrecht gebüffelt, das Leistungspaket und tausend Details durchdacht. Dann haben wir uns jeder von unseren Eltern 15.000 DM geliehen (bei einer GmbH braucht man das Grundkapital von mindestens 50.000 DM nicht sofort vollständig einzubezahlen) und dann die Agimus GmbH gegründet. Agimus war damals eine der ersten Umweltberatungsagenturen und ist heute eine der etablierten Institutionen auf diesem Gebiet; wir sind 14 Mitarbeiter, arbeiten bundesweit und von Zeit zu Zeit auch im Ausland, stellen für zahlreiche Unternehmen die „externe Umweltabteilung", bauen Umwelt-, Qualitäts- und Arbeitssicherheitsmanagementsysteme auf machen Ökobilanzen, ISO14001-Zertifizierungen und EMAS-Validierungen. So viel zu uns.

Am Anfang steht die Idee....

Ohne Unternehmensidee kein Unternehmen. Eine Idee zeichnet sich zwar stets durch einen gewissen Neuigkeitscharakter aus, im Einzelnen kann es sich aber um folgende Facetten handeln:

- Eine gänzlich neue Dienstleistung oder ein gänzlich neues Produkt. Das ist selten, aber gerade als gewolltes oder zufälliges Produkt der chemischen Forschung denkbar.

- Eine Fortentwicklung bestehender Konzepte: Um solch eine Idee handelte es sich bei Agimus, denn eigentlich sind wir ja eine Umweltschutz-spezialisierte Unternehmensberatung, was es nur damals noch nicht gab.

- Eine Platzierung eines Unternehmens an einer Stelle, an der dieses Angebot noch nicht existiert.

Der Neuigkeitscharakter ist wichtig. Unsere Idee war damals bestimmt eine gute, heute wäre sie schlechter, denn der Markt ist schon dicht besetzt. Als Chemiker kann man eine Menge Ideen haben: der analytische Bereich ist zwar im Standard-Bereich überbesetzt, aber die Bereiche Online-Analytik, Sensorik, Umweltüberwachung und Umwelt-Monitoring sind sicher noch nicht ausgereizt. Auch im Bereich der Kombination zwischen IT und Chemie und im werkstofflichen oder rohstofflichen Recycling gibt es gewiss noch zahlreiche Marktchancen. Es gibt auch Start-ups der chemischen Produktion, ein gutes Beispiel ist die von dem Chemiker Dr. Hermann Fischer Anfang der achtziger Jahre gegründete AURO AG, die Farben und Anstrichmittel aus pflanzlichen Rohstoffen und neuerdings gänzlich ohne organische Lösemittel herstellt. Oft frage ich mich auch, ob es nicht täglich in den Universitätslaboratorien dieser Welt neue Produktideen geben müsste, die nur nicht als solche erkannt werden...

Egal, welche Art von Idee Sie haben, Sie sollten sie als erstes durch Gespräche mit Leuten, die Lebenserfahrung haben, darauf überprüfen, ob es für diese Idee überhaupt eine Marktchance gibt. Aber lassen Sie sich nicht entmutigen, wenn jemand behauptet „Gibt's schon" oder „Geht nicht" (hat der denn genau verstanden, was Sie tun wollen?), sondern recherchieren Sie genau (siehe unten).

...aber eine Idee ist kein Konzept

Ein Unternehmenskonzept ist die Darstellung der Unternehmensidee bei gleichzeitiger Planung der einzelnen Schritte bis zum Unternehmensstart. Die schriftliche Formulierung ist wichtig. Sie kostet Zeit und macht viel Mühe. Aber bei der schriftlichen Formulierung ist man gezwungen, mit sich zu ringen und die Ideen in verständliche Worte zu kondensieren (oder zu sublimieren, wenn Sie meinen, Ihre Idee sei eher fester denn flüssiger Natur...).

Sie brauchen ohnehin ein schriftliches Konzept und einen „Businessplan" (das dumme Wort kommt nicht von mir, so nennen es die Banken), wenn Sie Ihre Finanzierung sichern wollen und mit Banken, Steuerberatern, zukünftigen Vermietern oder anderen Dritten sprechen, also schreiben Sie bitte Ihr Konzept nieder. Folgende Aspekte sollte jedes Unternehmenskonzept enthalten; ohne Anspruch auf Vollständigkeit, aber bestimmt eine gute Stütze:

1. Die Hinterfragung und Verteidigung der Idee

Verteidigen Sie Ihre Unternehmensidee gegen jede Art von Verwässerungen. Schreiben Sie genau auf, was Sie tun wollen, aber auch, was Sie nicht tun möchten. Um das zu erläutern: Es ist wichtig, nicht alles Mögliche zu machen, sondern das Geschäftsfeld einzugrenzen. Bei uns gab es damals viele Leute, die meinten, es sei eine gute Idee, auch noch ein analytisches Labor zu machen oder Abluftfilter als Handelsware zu verkaufen: Ich bin froh, dass wir das gelassen haben, denn dann wären wir nie ein neutrales Beratungsunternehmen geworden.

Machen Sie auch eine Analyse des potenziellen Wettbewerbs und der Marktsituation: Wer braucht Ihr Produkt, wer sind die Wettbewerber, wie wird sich der Markt entwickeln, wie neu und wie gut ist Ihre Idee?

2. Unternehmensphilosophie

Wichtiger als Sie denken. Warum sind Sie selbstständig? Welchen Handlungsmaximen fühlen Sie sich verbunden? Wie stehen Sie gegenüber zukünftigen Mitarbeitern? Welche soziale und ethische Position bezieht das Unternehmen? Ein Unternehmen ohne Philosophie hat keine Seele und wird langfristig auch nicht erfolgreich sein, dessen bin ich mir sicher.

3. Eignerstruktur

Die Eignerstruktur ist extrem wichtig und steht eng auch mit dem erforderlichen Finanzierungskonzept in Verbindung (siehe unten). Zu unterscheiden sind die aktiven Eigner und die passiven Eigner.

Fangen wir mit den aktiven Eignern an: Schaffen Sie die aktive Gründung ihres künftigen Unternehmens alleine? Wenn nicht, dann suchen Sie sich Partner. Ein Chemiker ist selten ein guter Kaufmann, zumindest nicht von Anfang an. Ein Partner, der sich um die kaufmännische Seite des Unternehmens kümmert, ist daher eine feine Sache. Vielleicht finden Sie auch ein oder zwei andere Chemiker als Partner, dann sollte sich zumindest einer von Ihnen schwerpunktmäßig um den kaufmännischen Bereich kümmern. Es gibt kein Patentrezept: Es gibt erfolgreiche Einzelunternehmer und erfolgreiche Gründerteams. Ich bin überzeugt, dass es, wenn man das Glück hat, vernünftige Partner zu finden, erfolgversprechender ist, **nicht** alleine zu sein. Auch wenn man sich mal streiten muss: Die Partnerschaft zwingt zum konstruktiven Dialog und verhindert, solange man die Entscheidungsgeschwindigkeit trotz Dialogs beibehält, einsame Fehlentscheidungen.

Passive Partner sind solche, die Geld zur Unternehmensgründung beisteuern, dafür einen Prozentsatz X am Unternehmen erhalten, aber sich nicht um das Tagesgeschäft kümmern. Im Extremfall kommt der passive Eigner einmal im Jahr zur Gesellschafterversammlung und hofft, eine Ausschüttung auf sein Kapital zu erhalten. Im Regelfall wird er sich ab und zu erkundigen, wie es läuft (je schlechter es läuft, desto öfter) und vielleicht auch kleinere Teilaufgaben erledigen. Passive Eigner können ein Vorteil sein, vor allen Dingen, wenn sie über gute Kontakte verfügen und auf dieser Seite von Zeit zu Zeit dem jungen Unternehmen, an dem sie beteiligt sind, eine Hilfe geben können.

4. Finanzierung

Wie viel Geld benötigt das Unternehmen und woher dieses nehmen? Unabhängig von der Gesamtsumme sollte jedes Unternehmen so gut mit Kapital ausgestattet sein, dass es einen definierten Anlaufzeitraum plus eine zusätzlich einzukalkulierende Verzögerung oder Durststrecke übersteht, bis dann irgendwann die Einnahmen die Ausgaben übersteigen und das Unternehmen damit, ohne das Grund- bzw. Eigenkapital aufzuzehren, leben kann. Für die Anlaufphase zu berücksichtigen sind:

- Löhne und Gehälter sowie Lohnnebenkosten
- Grundausstattung des Unternehmens mit Büromaterial, Möbeln, Infrastruktur usw.
- Raumkosten incl. Strom, Heizung usw.
- Fahrzeugkosten
- Material und weitere Kosten für Produktentwicklung, evtl. Patentkosten
- Wareneinkauf
- Kosten für Marketing und Vertrieb

...und vieles mehr

Es ist Unsinn zu glauben, „wir starten erst mal" und sehen dann mal, wie lange das Geld reicht, dann schauen wir weiter. Insbesondere, wenn Sie das benötigte Kapital für die Anlaufphase nicht selber haben, sondern Dritte, seien es Banken oder andere überzeugen müssen, werden diese Dritten sehr schnell merken, wie solide Ihre Überlegungen zum Kapitalbedarf sind.

Auf zwei Aspekte möchte ich besonders aufmerksam machen, weil hier für Gründer besondere Gefahren liegen:

Zum einen den *Liquiditatsbedarf* in sauberer Unterscheidung von der Ergebnissituation des Unternehmens. Folgende, absichtlich grob vereinfachte Situation ist denkbar: Sie haben gegründet und hatten 100.000 € als Startkapital. 30.000 € haben Sie ausgegeben, um die Grundausstattung zu bezahlen. 15.000 € sind die laufenden Kosten pro Monat.

Nach sechs Monaten hatten Sie kleinere Aufträge, die 40.000 € in die Kasse gebracht haben und auch bezahlt worden. Dann kommt ein größerer Auftrag, Wert 100.000 €, von einem großen Konzern, für den Sie drei Monate arbeiten müssen. Sie stellen eine weitere Person ein (die laufenden Kosten steigen ab dem siebten Monat damit auf 18.000 €) und müssen noch mal 10.000 € investieren. Nach insgesamt neun Monaten liefern Sie Ihren Großauftrag aus und stellen Ihre Rechnung. Ihr Kunde ist zufrieden, im Auftrag stand aber „Zahlungsziel 90 Tage netto", Sie warten also noch auf das Geld.

Gleichzeitig kommt noch ein schöner Auftrag, auch 100.000 €, aber Sie müssen auch noch mal 15.000 € in die Hand nehmen, um ein wichtiges Gerät zu reparieren, das kaputt ging. Merken Sie etwas? Sie können soeben Ihre Gehälter nicht mehr bezahlen und die neue Investition von 15.000 € nicht bewältigen, denn auf Ihrem Konto stehen minus 44.000 €. Die virtuelle Bilanz Ihres Unternehmens weist ein dickes Plus aus, Ihre Auftragsbücher sind voll, aber Sie sind nicht mehr liquide, können keinen Cent ausgeben. Auch wenn das Beispiel absichtlich so simplifiziert wurde, das jeder Steuer- oder Buchhaltungsexperte die Hände über dem Kopf zusammenschlüge, auch wenn in der geschilderten Situation Ihre Bank vermutlich auf die akzeptierte Rechnung Ihres Großkunden hin ein Zwischenfinanzierung gewähren würde.

Das Beispiel zeigt, was passieren kann. Wenn jetzt die kleinste Schwierigkeit kommt, zum Beispiel Ihr Kunde noch nicht ganz zufrieden ist und Nachbesserung verlangt und solange die Rechnung nicht akzeptiert, dann sind Sie in Schieflage. Sehr viele Unternehmen gehen nicht deswegen in Konkurs, weil die Produkte schlecht sind oder weil die Aufträge nicht kommen, sondern weil die Liquidität nicht reicht und die Finanzierungskosten das Unternehmen dann irgendwann aushöhlen.

Der zweite Aspekt, auf den ich besonders eingehen möchte, hat wieder mit der oben diskutierten Eignerstruktur zu tun. Achtung bei folgender Konstellation mit passiven Geldgebern: Wenn nach zwei Jahren das Unternehmen nicht nur noch keine Gewinne abwirft, sondern auch das Eigenkapital verzehrt ist, dann benötigen Sie noch mal eine Kapitalspritze. Sie glauben an „Ihr" Unternehmen, sie stehen kurz vor dem Durchbruch, ihr erster richtig lukrativer Auftrag wird bald kommen.... sind Ihre Mitgesellschafter, insbesondere die passiven, auch wirklich zu überzeugen, jetzt noch mal Geld einzuschießen? Für den passiven Eigner stellt es sich nämlich so dar: Sie erzählen seit zwei Jahren, dass es eigentlich gut läuft, dass bestimmt bald neue Aufträge kommen, aber unter dem Strich wurde bislang nur Geld ausgegeben. Schießt er nach?

Viele Unternehmensgründungen sind so kapitalintensiv, dass es ohne eine *Fremdfinanzierung* nicht geht. Kapitalgeber gibt es außer den Banken viele. Es gibt Fördermittel, *Venture-Capital-Fonds*, gut betuchte Privatpersonen, u.v.m. Tüfteln Sie gerade am Finanzierungskonzept, insbesondere als Chemiker oder Naturwissenschaftler, nicht alleine herum. Es gibt viele Leute, denen es Spaß macht, junge engagierte Menschen bei der Unternehmensgründung zu beraten und die auch wirklich Erfahrung haben.

Ich habe in den vergangenen Jahren selber immer wieder Existenzgründungsberatung gemacht, meistens ehrenamtlich. Dabei habe ich festgestellt, dass auch Existenzgründungsverhinderung eine gute Beratung sein kann und mich mit meinem Partner aus Agimus heraus zweimal auch selber an jüngeren Unternehmen beteiligt. Rufen Sie einmal bei der örtlichen Industrie- und Handelskammer an und fragen, ob die Kammer oder die Wirtschaftsjunioren der Kammer hier Hilfestellung bieten. In sehr vielen Städten gibt es auch sogenannte Wirtschaftssenioren oder einen Seniorenkreis Wirtschaft, das sind pensionierte Ex-Manager, die als „Manager-on-time" in Unternehmensgründungen mitwirken und dafür nur eine Aufwandsentschädigung bekommen.

5. Unternehmensform

Einzelunternehmung, GbR, KG, OHG, GmbH & Co. KG, GmbH, AG... kennen Sie die Unterschiede? Bis auf die Letztgenannten handelt es sich um Personengesellschaften, in denen mindestens eine Person mit dem gesamten Vermögen haftet. Die sogenannten Kapitalgesellschaften haben die schöne Eigenschaft, dass die Haftung außer im Falle des Vorsatzes oder der groben Fahrlässigkeit auf das eingelegte Kapital beschränkt ist. Die für Sie richtige Unternehmensform lässt sich ebenfalls nur in Zusammenhang mit der Eignerstruktur und dem Finanzierungskonzept beantworten und hat nicht zuletzt steuerliche Aspekte. Hier gilt wie oben bei der Finanzierung: Beraten lassen durch die dort genannten Institutionen.

6. Unternehmensstandort und Räumlichkeiten

Wo ist der richtige Standort für Ihr Unternehmen? Die Wahl des Ortes steht vor der Suche nach Räumlichkeiten. Wo sind Ihre Kunden? Wo werden Ihre Kunden in fünf und in zehn Jahren sein? Welche Verkehrswege benötigen Sie? Wie oft müssen Sie reisen, brauchen Sie einen ICE-Bahnhof, einen Flughafen, eine Universitätsbibliothek, eine bestimmte Behörde oder irgendetwas bestimmtes vor der Haustür?

Es ist ein aus meiner Sicht beklagenswerter Umstand, dass gerade junge Leute am Anfang Ihres beruflichen Weges schon mit Argumenten wie „mein Lebensgefährte ist hier Finanzbeamter, deswegen kann ich aus Kleinkleckersdorf nicht weg..." kommen. Die Wahl des Unternehmensstandortes ist eventuell die entscheidende Sache und entscheidet über Erfolg und Misserfolg. Sie sollte daher von Sachkriterien geprägt sein und sich keinesfalls danach richten, wo sich Ihr Liebster, Ihre Liebste oder auch Ihre Lieblingskneipe befindet. Bodenständigkeit ist eine schöne Eigenschaft und wir haben unser Unternehmen auch in unserer Heimatstadt gegründet.

Das hatte zwar im Rückblick viele sachliche Gründe, nämlich ein industriell vergleichsweise zu anderen Regionen einigermaßen reiches Umfeld (Industriebetriebe sind unsere Hauptkunden), eine gute Verkehrsanbindung und die Nähe mehrerer technisch orientierter Hochschulen, deren Absolventen als Berufseinsteiger für Agimus in Frage kamen. Ich habe mich rückblickend aber oft gefragt, ob ich mit der Erfahrung von heute nicht einen noch attraktiveren Standort gewählt hätte und ob das Unternehmen nicht anderswo noch erfolgreicher gewesen wäre.

Wenn man den Ort gefunden hat, kommt die Raumsuche: nicht gleich zu hoch hinaus. Die wenigsten Unternehmen brauchen riesige repräsentative Räume oder eine edle Adresse, und wenn es irgendwann gut läuft, dann kann man auch noch umziehen. Telefonnummer, Telefaxnummer, e-mail usw. nimmt man ja heutzutage meistens mit sich, das heißt, auch mit einem Umzug nach zwei Jahren brechen nicht gleich alle etablierten Kommunikationswege zusammen.

In allen größeren Städten gibt es Gründerzentren, Technologieparks und ähnliche Institutionen. Wir kamen dank des Braunschweiger Technologieparks im ersten Jahr unserer Gründung mit sage und schreibe 96,- DM (sechsundneunzig!) monatlicher Warmmiete für 60 m^2 aus und brauchten auch nicht mehr Platz. Orientieren Sie sich also und suchen und vergleichen Sie intensiv, es lohnt sich.

Bei der technischen und räumlichen Ausstattung hört die Allgemeingültigkeit auf. Gerade Naturwissenschaftler, die es oft gewohnt sind, im universitären Bereich mit Top-Equipment zu forschen, müssen als Unternehmensgründer eventuell umdenken. Mittelständische Unternehmen leben davon, ein bedarfsgerechtes Produkt oder eine bedarfsgerechte Dienstleistung über einen langen Zeitraum zu wettbewerbsfähigen Preisen anzubieten, selten davon, dass sie alles optimal können, was man theoretisch machen könnte.

Also gilt: auf das funktionell Notwendige beschränken und nach der Faustregel richten, dass im Kernbereich, wo das Geld verdient wird, die optimale Ausstattung angeschafft werden sollte, aber im Umfeld nicht zwingend. Wenn Sie zum Beispiel im analytischen Bereich arbeiten, dann sollten Analysegeräte so modern sein, dass Sie damit eine marktfähige Leistung (also das, was der Markt nachfragt, zu wettbewerbsfähigen Preisen) bringen können, je nach Markt kann das auch heißen, Sie benötigen im Kernbereich das Beste vom Besten. Sie brauchen aber nicht unbedingt ein supermodernes Zusatzgerät für einen Parameter, der zweimal im Jahr nachgefragt wird; kein Sekretariat braucht einen High-End Rechner als Schreibmaschine und kein Unternehmensgründer braucht ein teures Auto.

7. Marketing und Akquisition

Wie so oft kommt das Wichtigste am Schluss. Wie bringen Sie Ihr Produkt an den Markt? Sie können alles können, Ihr Produkt kann noch so toll sein, wenn der Kunde nichts davon erfährt, Sie das Produkt nicht „auf die Straße" bekommen, dann werden Sie scheitern.

Ohne Anspruch auf Vollständigkeit und wissenschaftliche Korrektheit in einem Bereich, in dem es sowieso keine wissenschaftliche Korrektheit im naturwissenschaftlichen Sinne gibt, ein paar Begrifflichkeiten zwecks Unterscheidung.

Marketing ist das gesamte Konzept, ein Produkt auf den Markt zu bringen und auf dem Markt zu halten; der gesamte Prozess des Vertriebs und Verkaufs des Produktes außer der reinen logistischen Leistung beim eigentlichen Verkaufsprozess.

Werbung ist die bezahlte Kommunikation über Ihr Produkt: Eine Anzeige, ein Plakat, ein Radio- oder Fernsehspot, eine Postwurfsendung und so weiter.

Public Relation (PR) ist die gesamte öffentliche Wahrnehmung des Unternehmens: Zeitungsartikel über Ihr Unternehmen, Interviews mit Ihnen, ein Fachartikel in einer Fachzeitung, die Mitgliedschaft in Fachgremien und Verbänden und Vereinen und so weiter.

Akquisition ist der eigentliche Kundengewinnungs- und Kundenhaltungsprozess, das aktive Suchen nach Kunden und Angebotschancen.

Auch wenn Puristen oft das Gegenteil behaupten und versuchen, präzise Definitionen hinzubiegen, deren wirklicher definitorischer Charakter dem Naturwissenschaftler oder Mathematiker stets nur ein müdes Lächeln wird entlocken können: Die Grenzen zwischen den Begriffen sind fließend, aber genauso sicher bin ich mir, dass sich die meisten Unternehmen vor der Gründungsphase und in der Anlaufphase über das Marketing und die Akquisition keine hinreichend konkreten Gedanken machen.

Also noch einmal die Frage: Wie bringen Sie Ihr Produkt an den Markt? Wer ist der Markt überhaupt? Wer sind die potenziellen Kunden und wie können Sie diese Kunden erreichen?

Wir haben bei Agimus die beste Erfahrung mit der guten alten Mund-zu-Mund-Propaganda gemacht. Zufriedene Kunden empfehlen uns weiter. Mailings und Werbeschreiben machen wir nur noch recht selten bei ganz konkreten Anlässen, zum Beispiel einer Änderung im geltenden Umweltrecht mit daraus resultierendem Handlungsbedarf oder für unsere Lehrgänge im Hause. Meine Erfahrung ist: die meisten unaufgefordert erhaltenden Briefe werden ungelesen weggeschmissen, man bekommt soviel Post, dass man sie kaum lesen kann. Agimus macht viel PR, wir beschäftigen eine Agentur, die das Thema für uns handhabt, und erstellen einen quartalsweisen Newsletter über unsere Erfahrungen, Tipps und Projekte, der per e-mail an Kunden und Interessenten geht und haben damit recht gute Erfahrungen.

Unsere Erfahrungen sind hier aber nicht maßgeblich, da sie marktspezifisch sind. Jemand, der nicht wie Agimus eine komplexe Dienstleistung, sondern ein physisches Produkt vertreibt, muss vielfach ganz anders akquirieren. Sammeln und hinterfragen Sie Ihre Ideen zu bestehenden Vertriebswegen, sprechen Sie im Vorfeld mit Profis und verwenden Sie auf diesen Punkt viel Zeit. Gründen Sie kein Unternehmen, das marktfähig ist, aber dann erst beginnt, auf Kunden zu warten.

Zu guter Letzt

Frei nach Hermann Hesses Betrachtungen aus dem Traktat vom Steppenwolf bin ich sicher, dass Unternehmer zu sein eine angeborene Eigenschaft ist. Es gibt Unternehmer, die ihr Leben lang als Angestellte arbeiten und nie wirklich Unternehmer werden, aber sie könnten es. Unternehmertum ist der Spaß an der Selbstständigkeit, dem selbstbestimmten Handeln und der Spaß daran, im positiven Sinne Geschäfte zu machen, etwas aufzubauen, einen selbstgebauten Komplex zu führen, die monetäre Verdienstchance ist selten die eigentliche Triebfeder und noch seltener eine, die ihre dauerhafte Spannung erhält.

Wenn jemand also eine gute Idee hat, dann sei er aufgefordert, aus der Idee ein Unternehmenskonzept zu machen und es aufzuschreiben. Wie oben bereits gesagt, die Niederschrift ist kein Zwang und es gibt viele Unternehmer, die nie ein Konzept geschrieben haben, aber ich bin überzeugt, ein schriftliches Konzept, welches alle oben angeführten Aspekte erörtert, erhöht die Chance auf einen Erfolg. Machen Sie aber keine unendliche Geschichte daraus: 20-30 Seiten reichen, die Gedanken dahinter sind wichtig. Geben Sie sich auch einen definierten Zeitraum vor, es gibt die Unternehmerfaustregel der fünfhundert Tage, länger sollte es von einer ersten Idee bis zur Gründung oder der definitiven Entscheidung, nicht zu gründen, nie dauern. Man mag über solche Faustregeln geteilter Meinung sein und zumal heutzutage alles immer möglichst schnell gehen soll, sind fünfhundert Tage eher zu lange, aber ewige Jahre über einer Idee zu brüten, ist nie gut.

Ich habe den Weg in die Selbstständigkeit nie bereut, auch wenn es bestimmt unbequemer ist und ich mich manchmal auch gefragt habe, wo und wie glücklich ich heute wäre, wenn ich es nicht getan hätte.

Ich würde mich freuen, wenn mehr Chemiker den Weg in die Selbstständigkeit suchen und finden würden, und wenn dieser Beitrag dem einen oder anderen Anstoß und Hilfe ist, dann freue ich mich noch mehr.

Viel Erfolg!

Dr. Ralf Utermöhlen heute:

Unternehmen entwickeln sich weiter. Im Jahr 2003 bin ich als Geschäftsführer der AGIMUS GmbH ausgetreten, stehe „meinem alten" Unternehmen als aktiver Gesellschafter aber beratend weiter zur Verfügung.

Es wurde ein weiteres Unternehmen gegründet, welches als Contractor umwelttechnische Anlagen bei Industrieunternehmen betreiben soll, das sind zum Beispiel Abluftreinigungen, Abwasseranlagen und Wärmerückgewinnungen. Diese neue Dienstleistung, die eine Kombination aus Umwelttechnik, Finanzierung und Betrieb darstellt, baue ich hauptverantwortlich auf.

Bericht

Dr. Oliver Nuernberg

Als Chemiker in die IT-Branche

Zur Person

Direkt nach dem Abitur habe ich mein Chemiestudium an der Universität Dortmund aufgenommen. Auf die Uni in Dortmund fiel meine Wahl, da sie zum einen nah an meinem Heimatort liegt, aber, anders als in Münster, die Praktika nicht so voll waren und so ein zügiges Studieren möglich schien. Nach dem Vordiplom habe ich die Uni gewechselt und bin nach Würzburg gegangen. Zum einen, weil es relativ weit weg von meinem Heimatort liegt und die Stadt wirklich herrlich ist, zum anderen aber, weil hier neben den klassischen Fächern AC, PC, OG auch Lebensmittelchemie und Biochemie angeboten wurden.

Ich habe dort in Anorganischer Chemie (also doch einem „klassischen" Fach) bei Prof. Dr. Helmut Werner mit Schwerpunkt Metallorganische Chemie und Röntgenstrukturanalyse promoviert. Ich muss an dieser Stelle sagen, dass mein Doktorvater alles versucht hat, uns unter die Haube zu bringen. Wir haben mindestens einmal jährlich mit dem gesamten Arbeitskreis eine mehrtägige Reise unternommen, auf der wir mindestens 2-3 Firmen besucht haben.

Nach meiner Promotion habe ich vier Jahre im Process Industry Competence Center der IBM Deutschland gearbeitet, bevor ich im Januar 1997 zur SAP AG ins damalige Brachenzentrum gewechselt bin. Im Mai 1999 habe ich dann ins amerikanische Entwicklungslabor der SAP, SAP Labs, Inc. in Palo Alto gewechselt. Seit dem 1. Oktober 2000 arbeite ich für die SAP Labs in der Pharma Business Unit in Philadelphia als Produkt Manager.

Einstieg bei IBM

Zum Zeitpunkt meiner Promotion, 92/93, sah der Chemiker-Arbeitsmarkt äußerst düster aus, eher schon stockdunkel. Ich habe daher relativ früh, d.h. ca. 9 Monate vor dem geplanten Ende meiner Promotion (also ca. im September 1992), versucht, Kontakte in die Industrie zu knüpfen, z. B. bei den Infotagen von Bayer. Außerdem habe ich so ziemlich alle ehemaligen Doktoranden meines Doktorvaters angerufen, auch solche, die lange vor mir promoviert hatten und die mir nur vom Namen und der bei der Promotion getragenen Krawatte (welche nach der Promotion abgeschnitten wird) bekannt waren.

Eine dieser Doktorandinnen war damals bei der IBM Deutschland. Sie hatte im Labor der IBM an der Entwicklung von Beschichtungen für Festplatten angefangen, war aber nun im Consulting und Presales tätig. Das war zu diesem Zeitpunkt ein Job, von dem ich absolut nicht wusste, worum es da ging, sowohl was den Job als solchen als auch das Umfeld und die Branche anging. Meine zukünftige Kollegin hat mich an ihren Chef verwiesen und ich habe diesen dann einfach angerufen, um mich zu informieren. Das Gespräch hat deutlich mehr als eine Stunde gedauert und am Ende hat er mich zu einem „inoffiziellen" Vorstellungsgespräch eingeladen.

Da es hierbei um einen Job außerhalb der klassischen Chemie ging, wurden keine Fachkenntnisse gefragt. Es war ein eher lockeres Gespräch, in dem man aber immer hellwach sein musste. Fragen wie „Sie wissen, dass die Entscheidung Ihres Chefs falsch ist. Was tun Sie?" sind gefährlich. Außerdem waren gute Englischkenntnisse ein absolutes Muss. Wie sich später herausstellt, kann es ohne weiteres vorkommen, dass man eine Präsentation vorbereitet und im letzten Moment erfährt, dass man diese in Englisch halten muss.

Ich habe in dem Gespräch deutlich gemacht, dass die Branche für mich Neuland darstellt und ich nicht weiß, was auf mich zukommt. Mein zukünftiger Chef hat mir dann auch erklärt, was auf mich zukommen wird und welche Kenntnisse ich für den Job haben müsste: Projektmanagement, Presales, OS/2 (wie gesagt: IBM in '92), UNIX, ... Ich habe ihm dann gesagt, dass ich von diesen Sachen absolut keinen blassen Schimmer hatte, worauf er antwortete: „Das macht nichts. Das können wir Ihnen beibringen. Was wir Ihnen nicht beibringen können, ist Branchen-Know-How." Dass ich das auch nicht hatte, da (leider) das Chemiestudium immer noch Lichtjahre von der Wirklichkeit in der Industrie entfernt ist, habe ich ihm dann aber nicht gesagt. Diese Strategie ist, ich glaube, das kann man so sagen, gefährlich. Ich war absolut unvorbereitet (in der Nacht vorher habe ich im Lexikon nachgeschaut, was IBM heißt) und hatte das ganze bereits als Aufwärmübung und „Erfahrung sammeln" gebucht. Dass das so gut lief, lag wirklich an der Persönlichkeit meines Gegenübers. Ein anderer „Chef" hätte mich womöglich nach 10 Minuten wieder gehen lassen.

Nach dem „inoffiziellen" Vorstellungsgespräch, das unter 4 Augen vonstatten ging, bin ich dann gefragt worden, ob ich es mir vorstellen könnte, bei IBM in dem beschriebenen Job zu arbeiten. Als ich dies bejahte, wurde ich zum Vorstellungsgespräch nach München geschickt: „Haben Sie morgen schon was vor?" Wer diese Frage bejaht, ist selbst schuld. Da mein zukünftiger Chef auch dort anwesend war, war das reine Formsache. Ich wurde dann sogar noch von ihm und zwei Kollegen für den 5-minütigen Abschlusstest beim Abteilungsdirektor („Und, wollen Sie denn mal heiraten?") vorbereitet.

Aufgrund der dünnen Personaldecke verlief die Einarbeitung in der Abteilung eher oberflächlich. Allerdings hatte die IBM ein exzellentes offizielles Ausbildungsprogramm, das alle Frischlinge in Klassen zusammengefasst hat. Im Verlaufe meines ersten Jahres wurde ich für ca. 16 Wochen auf verschiedene Schulungen in ganz Deutschland geschickt und habe dort unter anderem gelernt, „dass der Token nicht aus dem Ring fallen kann". Da man immer mehr oder weniger mit den gleichen Leuten auf den Schulungen war, konnte man sich so relativ schnell ein Netzwerk innerhalb der Firma aufbauen. Dabei wurde neben den Grundkenntnissen der EDV auch Projektmanagement, Vertriebskenntnisse u. a. mehr geschult.

Ich habe in den 4 Jahren einige Projekte betreut, zunächst als Projektmitarbeiter, später als Projektleiter, und etliche Sales und Presales Meetings hinter mich gebracht. Das ganze war leider mit viel Reiserei verbunden was u. a. mit Familie schwierig ist. Ich hatte Projekte, wo ich über sechs Monate nur am Wochenende zu Hause war. Das war auch der Hauptgrund, warum ich mich aus dem Consulting verabschieden wollte.

Interessant war die Kleiderordnung bei IBM. Bekannt als Big Blue (nicht nur wegen des Logos, sondern auch weil die Sales Reps bekannt sind für ihre blauen Anzüge), war die Firma gerade in einem enormen Umbruch begriffen. Daher war zwar Krawatte Pflicht (v. a., da ich im Presales und Consulting eingesetzt war und daher mit Kunden zu tun hatte), allerdings war der Rest quasi freigestellt. Also ging auch ab und an eine gute Jeans und in Ausnahmefällen auch ein Hemd ohne Krawatte.

Alles in allem muss man sagen, dass die Entscheidung, in die IT-Branche einzusteigen, goldrichtig war. Ich habe in den 4 Jahren bei IBM extrem viel gelernt. Hervorzuheben ist noch, dass ich es auch nie bereut habe, meine Chemiekenntnisse nicht mehr direkt verwenden zu können. Da ich ausschließlich Projekte in der Chemie und Pharmaindustrie mache, kommt es immer wieder zu Situationen, wo man dann doch mitreden kann und das ist oft sehr wichtig, da man in den Projekten, aber auch in Sales-Gesprächen mit Produktions- und Q-Leitern, d.h. meist promovierten Chemikern und Pharmazeuten etc. zusammensitzt. Wenn man hier zeigt, dass man ein wenig von der Materie versteht, dann läuft so ein Meeting und auch ein ganzes Projekt wesentlich einfacher.

Wechsel zu SAP

Nach ca. 4 Jahren, mehreren Projekten mit allen Höhen und Tiefen, habe ich dann zur SAP gewechselt. Dort wurde gerade die Branchenausrichtung eingeführt und Leute mit Branchenwissen gesucht. Aus der Sicht des Chemikers und dem Einbringen von „echten" Chemiekenntnissen hat sich dadurch nicht viel geändert. Allerdings war es doch ein Riesensprung aus beruflicher Sicht. Die Arbeit bei der SAP war vom ersten Tag an global. Im Gegensatz zum deutschen Ableger einer US Firma war ich nun im Hauptquartier einer global operierenden Firma, von dem alles ausging. Das hieß natürlich wieder reisen. Allerdings ging es jetzt nicht mehr mit dem Auto nach Bremen, sondern mit dem Flieger nach Atlanta. Das war natürlich zunächst ganz toll, aber wenn man zum x-ten Mal den Jetlag hinter sich gebracht hat, ist man es leid. Am interessant waren immer unsere Messen. SAPPHIRE ist mittlerweile ein Begriff in der IT-Branche: 4 Tage à 10 Stunden „Füße-am-Stand-plattstehen" und anschließend Party (ich war in den letzten vier Jahren in Amsterdam, Los Angeles, Madrid, Nizza und Las Vegas).

Vor ca. 18 Monaten habe ich dann zu SAP Labs nach Palo Alto mitten im Silicon Valley gewechselt - sunny California. Und mit einemmal war ich wieder bei einer kleinen Niederlassung eines internationalen Konzerns mit allen seinen Vor- und Nachteilen. Die Zeit dort war sehr interessant und ich kann an dieser Stelle einen solchen Auslandsaufenthalt mit der Firma nur sehr empfehlen. Wir haben diesen Sprung mit zwei Kindern im Alter von 5 Monaten und 3 Jahren gewagt und haben es nicht eine Sekunde bereut. Ich denke aber, dass der Ort extrem wichtig ist, v. a., wenn man mit der Familie umzieht. Als Single wäre ich wahrscheinlich überall hin gegangen (na ja, vielleicht nicht ganz überall). Aber mit Familie ist es eben extrem wichtig, dass ein gutes Umfeld vorhanden ist.

Seit 1. Oktober 2000 arbeite ich nun im US HQ der SAP in der Nähe von Philadelphia in der Business Unit Chemie & Pharma. Ich habe als Produktmanager die komplette Verantwortung für eine neue Lösung, die die SAP für den US Pharma Markt entwickelt. D.h. ich muss die Anforderungen von unseren Kunden einsammeln, die Entwicklung der Lösung begleiten, den Roll-out, d.h. das Marketing und Vertrieb anschubsen, Schulungen organisieren usw. Die Lösung wird von unserem Entwicklungslabor in Bangalore, Indien, entwickelt, was wiederum viel Kommunikation und Reisen erfordert.

Resümee

Ich kann nur jedem empfehlen, über den Tellerrand der „klassischen Chemie" hinauszuschauen. Es gibt aus meiner Sicht gerade in den „nicht klassischen" Bereichen für Chemiker viele Chancen.

Vielleicht ein Hinweis am Schluss: Es ist wichtig, für sich selbst zu überlegen, ob man für eine globale Firma (Reisen, große Kunden, große Messen, aber immer das Problem, die richtigen Informationen zu bekommen und dann auch mit entscheiden zu können) oder für ein kleines Unternehmen (ggf. nicht ganz so viel reisen, aber immer nah an den Entscheidern oder sogar selber schon früh entscheiden) arbeiten möchte.

Bericht

Ralf Oestereich

Chemiker in der IT-Unternehmensberatung

Zur Person

geboren 1972

1991 bis 1997 Chemiestudium an den Universitäten Frankfurt/Main, Freiberg/Sachsen und Münster

1997 Diplom in Analytischer Chemie.

Parallel zum Studium verschiedene IT-bezogene Tätigkeiten (Beratung, Schulungen, Administration) sowie Gründung und Leitung eines Internet Start-Ups zur Beratung von kleinen und mittelständischen Unternehmen bei Internet/Webauftritten.

März 1997 Einstieg in eine deutsch-französische IT-Beratung als Consultant, später dort Leiter eines Kompetenzcenters für den Bereich Systemintegration mit Schwerpunkt „eBusiness".

seit Dezember 2000 als Projektleiter für den Bereich „Major Projects Management" bei Siemens Business Services in München.

Neben der Berufstätigkeit engagiert in mehreren wirtschaftlich und IT-bezogenen Initiativen/Projekten (GDCh-Chemiewirtschaft, Initiative D21, Dozent für Internet-Themen, u.a.)

Wie es dazu kam...

„In Frankfurt geboren, in Frankfurt zur Schule gegangen, dort studiert, promoviert und in die Industrie gegangen – und schließlich auch in Frankfurt gestorben". Durch dieses Zitat, das wir sehr häufig von einem unserer Professoren hörten, angeregt, wechselte ich nach dem Vordiplom an die Bergakademie Freiberg in Sachsen und später noch einmal nach Münster. Neben dem Chemiestudium boten beide Universitäten sehr gute Möglichkeiten, sich mit UNIX-Computern und dem Internet zu beschäftigen. So konnte ich seit 1994 sehr intensiv mit Internettechnologien arbeiten und mich mit Systemen außerhalb des Heim-PCs vertraut machen. Ein weiterer Vorteil war, dass ich auf diese Weise interessante Tätigkeiten als studentische und später wissenschaftliche Hilfskraft ausüben konnte. Somit hatte ich, neben technischem Know-how und der Finanzierung des Studiums, auch sehr früh die Möglichkeit zu „beratenden Tätigkeiten", auch wenn ich dies damals noch nicht unter diesem Gesichtspunkt wahrnahm. Nach drei Jahren, in denen ich als Systemadministrator, Tutor für Internet-Themen, Webseiten-Gestalter und in der Beratung für Studierende bei Fragen rund ums Internet tätig war, gründete ich zusammen mit drei Freunden ein Unternehmen (eine GbR). Wir entwickelten Webseiten für mittelständische Unternehmen und berieten diese bei Fragen bezüglich des Internetauftritts.

Dies fand alles parallel zum Studium statt und als ich Anfang 1997, nach zwölf Semestern, am Abschluss meiner Diplomarbeit arbeitete, hatte ich die feste Absicht (und eine Stellenzusage) zu promovieren. Promotionsraten von etwa 95% und zahlreiche diesbezügliche Hinweise von Seiten der Professorenschaft ließen mich im Glauben, dass man als Chemiker ohne Promotion nichts werden könne. Entsprechend verunsichert war ich dann auch, als ich den Anruf einer mittelständischen IT-Beratung bekam. Man war über meine bisherigen studienbegleitenden Tätigkeiten auf mich aufmerksam geworden und lud mich zu einem Bewerbungsgespräch als IT-Berater für den Bereich Internet ein. Ich beschloss, diese Chance zu nutzen und diesen Weg zunächst weiterzuverfolgen.

Der Beratungsmarkt – eine Orientierungshilfe

Der Beratungsmarkt in Deutschland ist für einen Interessenten nicht leicht zu überschauen. Als erstes Raster bietet sich die Unterscheidung in Produkt- versus Beratungshäuser an. Das Geschäftsziel der ersteren ist die Entwicklung und der Vertrieb eines bestimmten Produktes oder einer Produktreihe. Vielfach haben diese Unternehmen auch eigene Consulting-Abteilungen, jedoch sind diese naturgemäß auf das eigene Produkt ausgerichtet.

Die Beratungshäuser lassen sich weiter in IT- und Managementberatungen unterscheiden. Managementberatungen wie die Boston Consulting Group, McKinsey oder Arthur D. Little beraten ihre Kunden beispielsweise hinsichtlich einer optimalen Geschäftsentwicklung und Strategie. IT-Beratungen übernehmen die Arbeit im nächsten Schritt. Wenn also die grobe Richtung festgelegt ist, wird von diesen Unternehmen das Was und Wie der Umsetzung geplant und realisiert. Durch die rasante Technologieentwicklung hat sich hier ein großes Feld von Beratungshäuser gebildet. Als ein Unterscheidungskriterium bietet sich die Größe an. Unterteilt man die Unternehmen nach ihrer Mitarbeiterzahl [1], so lassen sich grob drei Kategorien aufstellen: Die weltweit tätigen IT-Beratungen (z. B. Siemens Business Services, CSC Ploenzke, PwC, EDS, KPMG) mit mehreren tausend Mitarbeitern. Sie decken das komplette Dienstleistungsspektrum ab und sind in fast allen Ländern vertreten. Im nächsten Schritt Unternehmen, die entweder nur in einem Land oder europaweit vertreten sind. Typische Mitarbeiterzahlen reichen hier von einigen hundert bis wenigen Tausenden. Schließlich kleine Unternehmen mit einigen Dutzend bis hundert Mitarbeitern, die sich entweder auf einen bestimmten Teil der Wertschöpfungskette konzentriert haben oder vorwiegend für einen bestimmten Kunden tätig sind.

Je nach Unternehmen unterscheiden sich Kultur, Aufgabengebiete, Karriere- und Verdienstmöglichkeiten. Stark verallgemeinert stehen hinter den größeren Unternehmen klar definierte Karrierestrukturen und ein höheres Gehaltsgefüge. Auf der anderen Seite haben kleinere Unternehmen den Vorteil, dass man leichter individuelle Ziele verfolgen und u.U. auch schneller Verantwortung übernehmen kann.

Hier sollte eine Entscheidung sorgfältig überlegt sein und die vorhandenen Informationsquellen im Vorfeld ausgeschöpft werden. Für welches Unternehmen man sich letztlich entscheidet, ist abhängig von eigenen Präferenzen und Vorstellungen.

In kurzer Zeit musste ich mich nun auf mein Vorstellungsgespräch vorbereiten. Während des Studiums wurde leider keinerlei Wissen oder Training zu Bewerbungsunterlagen oder einer entsprechenden Gesprächsvorbereitung angeboten, so dass mir nur die Informationssuche über das Internet und die entsprechende Bewerbungsliteratur blieb [2, 3, 4, 5]. Die so erstellte Version meiner Unterlagen sandte ich anschließend an ein Bewerbungsinstitut, welches diese für eine geringe Gebühr konstruktiv kritisierte und mir Feedback gab. Ferner überlegte ich mir gründlich, welche Erwartungen ich an die Tätigkeit als Berater und speziell an dieses Unternehmen hatte.

So vorbereitet ging ich das Vorstellungsgespräch an. Ich führte dies, wie bei mittleren und kleineren Unternehmen durchaus üblich, mit dem Geschäftsstellenleiter und einem Abteilungsleiter, also ohne die Personalabteilung. Diese fragten zum einen sehr genau nach meinen fachlichen Fähigkeiten (Internet, WWW, Protokolle, UNIX, ...) zum anderen nach meinen persönlichen Erfahrungen und Erwartungen. Typische Fragen dazu waren: Haben Sie schon einmal im Team gearbeitet? Wie gehen Sie mit Stress um? Was haben Sie in Ihrer Diplomarbeit gemacht? Was wollen Sie bei uns erreichen? Wichtig war es, dem Unternehmen die Sicherheit zu geben, dass ich ihren Anforderungen genüge und dass es Spaß macht, mit mir zusammen zu arbeiten.

Über das Bewerben an sich...

Denke ich jetzt noch einmal über die Bewerbungsphase nach, so war es am wichtigsten, sich Gedanken über die eigenen Stärken und Präferenzen zu machen und daraus abgeleitet dann die Bewerbung anzugehen. Zielgerichtetes Bewerben, also den eigenen Fähigkeiten und Interessen angepasst, ist das Entscheidende. Wenn ich mir klar gemacht habe, dass ich großen Spaß an Fremdsprachen und fremden Länder habe, macht es nur begrenzt Sinn, mich bei einem Unternehmen zu bewerben, das nur Niederlassungen in Deutschland hat oder bei einem internationalen Unternehmen, das sehr große Hürden für einen Auslandsaufenthalt stellt. Möchte ich ein legeres Umfeld oder freue ich mich auf den ersten Zweireiher? Welche Kultur erwarte ich? Ein multinationales Beratungshaus mit Tausenden von Beratern und einer klaren Rangordnung (Partner – Manager – Senior-Consultant – Consultant) oder ein kleines Unternehmen in dem es wenig vordefinierte Wege gibt?

Da man während des Chemiestudiums noch kaum in Kontakt mit der Berufswelt kommt, hat man vielleicht nur eine vage oder gar keine Vorstellung. Fast alle bekannten IT-Unternehmen bieten Praktika an, die sich perfekt eignen, einen guten Eindruck von der Berufswelt und der Unternehmenskultur zu vermitteln. Ergänzend sollte man Gespräche auf Firmenkontaktmessen oder persönliche Kontakte mit Leuten aus dem „Business" nutzen. Was in den einzelnen Unternehmen wirklich möglich ist, erfährt man (abseits der Bewerbungsbroschüren) nur, indem man direkt dort nachfragt. Am besten ist es, vor einer Bewerbung, zum Beispiel über das Netzwerk der GDCh-Chemiewirtschaft [f], die ersten prinzipiellen Fragen zu klären. Im Gespräch sollte man dann alle restlichen Fragen klären und unbedingt mit klaren Vorstellungen über die späteren Aufgaben und Entwicklungsmöglichkeiten nach Hause gehen. Dabei ist es ratsam, konkrete Fragen zu stellen. Fast jedes Unternehmen wird die Frage nach einem möglichen Auslandeinsatz bejahen. Erfährt man, dass dies im letzen Jahr nur fünf von dreihundert Mitarbeitern möglich war, kann man dies in die richtige Relation setzen und für sich bewerten.

Ferner sollte eine gute Vorbereitung auf das eigentliche Bewerbungsgespräch selbstverständlich sein. Leider ist dies, aus meiner eigenen Erfahrung von „der anderen Seite des Schreibtisches", längst nicht immer gegeben. Für die Vorbereitung auf Bewerbungsgespräche und Assessment-Center im Allgemeinen und für IT-Beratungsunternehmen im speziellen gibt es eine Reihe empfehlenswerter Bücher und Internetseiten (z. B. [2, 3, 4, 5]). Hält man sich an diese Darstellungen, ist man ein großes Stück weiter.

Kein IT-Job ohne IT-Kenntnisse: Mögen Green-Card Diskussionen, Medien und Aktienkurse auch etwas anderes suggerieren: Mit Word-Kenntnissen alleine kommt man als IT-Berater nicht weit. Die Annahme „Das Unternehmen bringt mir schon alles bei, was ich brauche" ist irreführend! Natürlich bekommt man intensive Schulung in den Bereichen, in denen man tätig sein wird (Beispiel: Objektorientierung, Netzwerke, UNIX). Bis es soweit ist, muss man das Unternehmen allerdings erst einmal überzeugen, diese teils immensen Investitionen zu tätigen. Anders als in Managementberatungen, die meist relativ fern der eigentlichen Informationstechnologie operieren, sind in IT-Beratungs- und Lösungsunternehmen entsprechende Kenntnisse eine notwendige Voraussetzung.

Die Entscheidung...

Zurück zu meinem Bewerbungsgespräch, das nach etwa einer Stunde und einem Rundgang durch das Unternehmen beendet war. Kurze Zeit später erhielt ich dann die Zusage und nun musste ich mich entscheiden: Unpromoviert die Universität verlassen oder (wie fast alle) das Chemiestudium mit der Promotion beenden? Hinzu kam die Frage nach dem Gehalt. Promovierter Chemiker mit 100.000 DM Anfangsgehalt, so war die per Universität vermittelte Vision unseres Berufsstandes. Als diplomierter Chemiker war mein Anfangsgehalt in der IT-Beratung und gerade im Mittelstand davon deutlich entfernt.

Den Ausschlag gab dann folgende Überlegung: Probiere ich diesen neuen Weg aus und er gefällt mir nicht, kann ich während der ersten Monate, also während der Probezeit, problemlos wieder zurück an die Universität und die Promotion beginnen. Umgekehrt wird dies unter Umständen sehr viel schwieriger. Bezüglich des Gehaltes setzte ich mir das Ziel nach einer Zeitspanne von circa drei Jahren (ein gedachtes Promotionszeit-Äquivalent) ein mindestens genauso hohes Einkommen wie meine dann promovierten Kolleginnen und Kollegen erreicht zu haben. Heute, nach vier Jahren in der IT-Branche, kann ich sicher sagen, dass ich diese Entscheidung nie bereut habe und ich kann auch jeden beruhigen: Der IT-Markt lässt auf absehbare Zeit überdurchschnittliche Gehälter und Aufstiegschancen zu, die durchaus über denen der Chemischen Industrie liegen können. Hinzu kommt der Verdienstvorsprung von drei bis vier Jahren, gegenüber dem promovierten Kollegen.

Der Start...

Die ersten vier bis sechs Wochen waren mit überwiegend firmeninternen Tätigkeiten gefüllt: Erste Schulungen fanden statt und ich arbeitete mich in die neuen Begriffe und Strukturen ein. Bald waren mir die Rollen von Vertrieb, Key-Account-Management, Profit-Centern oder der Geschäftsstellenleitung vertraut. Parallel dazu wurde ich durch meinen Chef in ein Projekt eingearbeitet, in dessen Umfeld ich während der nächsten Monate immer neue Aufgaben wahrnehmen sollte [siehe Kasten 2]. Das Projekt begann für mich mit Internet-Recherchen zu Produkten und anderen Unternehmen, einer kurzen Produktstudie und später einer Machbarkeitsstudie. Neben diesen IT-bezogenen Themen nahm auch der Kontakt zu unserem Kunden zu. Besprechungen planen, Folien ausarbeiten und den Kunden von den Ergebnissen unserer Arbeit überzeugen. Hier lernte ich schnell die wirkliche Faszination dieses Berufes kennen: Eine sehr schnell fortschreitende technologische Entwicklung muss auf die Bedürfnisse der unterschiedlichsten Kunden angepasst werden. Wobei der Kunde meist kein Interesse und Verständnis für eine Technologie hat. Für ihn steht sein funktionierendes Geschäft im Vordergrund. Dies nachzuvollziehen und ihn dahingehend objektiv zu beraten, ist eine der Aufgaben des IT-Beraters.

Ich merkte später, dass ich mich nicht tiefer in die Technologien einarbeiten und nicht programmieren wollte, so dass ich mich gegen eine Fachkarriere und für eine vertikale Karriere entschied. Da mein damaliges Unternehmen mit einigen hundert Mitarbeitern auch eine flache Hierarchie hatte und die Übergänge sehr schnell möglich waren, konnte ich innerhalb von wenigen Monaten einen Bereich des Projektes verantwortlich übernehmen. Ich war zu dieser Zeit zuständig für die Software- und Plattformauswahl, Abstimmungen mit einem externen Softwarelieferanten in Kalifornien sowie die zeitgerechte Inbetriebnahme dieser Lösung.

Von Projekten und Meilensteinen

Die Tätigkeit als Berater oder Projektleiter im IT-Umfeld ist fast immer in Form von Projekten organisiert. Projekte haben ein vom Kunden mit dem Beratungsunternehmen vereinbartes Ziel mit einem klar definierten Zeit-, Qualitäts- und Aufwandsrahmen. Typische Projekte können die Auswahl einer neuen Software zur Gehaltsabrechnung, die Vernetzung eines Unternehmensteils, die Einführung eines softwarebasierten Einkaufssystems für Kleinartikel (eBusiness/eProcurement) oder die Optimierung des Produktionsprozesses durch Veränderung der Prozesse und sinnvolle IT-Unterstützung sein. Um ein Projekt besser kontrollierbar und steuerbar zu machen, ist es häufig in kleinere Einheiten unterteilt. Diese Zwischenziele werden „Meilensteine" genant. Zum Zeitpunkt eines Meilensteins lassen sich die erreichten Ergebnisse und der bis dahin angefallene Aufwand prüfen und so gegebenenfalls rechtzeitig Maßnahmen einleiten, falls das Gesamtziel gefährdet ist.

Art und Umfang der Projekte und damit auch der eigenen Tätigkeit variieren. Je nachdem in welcher Geschäftseinheit eines Beratungshauses man tätig ist, liegt der Schwerpunkt auf einem bestimmten Kundensegment (zum Beispiel Industrie, Handel, Banken, Verwaltungen) oder/und auf einem bestimmten Projekttyp (Auswahl von Standardsoftware, Softwareentwicklung, Systemintegration, Knowledge Management, u.a.). Auch sind nicht alle Unternehmen in allen Branchen oder Bereichen tätig, so dass man am besten bei der Wahl des Unternehmens(bereiches) auf eventuell vorhandene eigene Präferenzen achtet. Prinzipiell ist jedoch fast immer ein Wechsel innerhalb eines Unternehmens möglich, so dass dies kein wichtiges Kriterium sein sollte.

Im Laufe des Projektes wuchs unser Projektteam auf fünf Berater und Entwickler an und wir wechselten unseren Standort in die Büros des Kunden in eine andere Stadt. Damit begann die für den Beraterjob typische 5-4-3 Woche: Fünf Tage arbeiten, vier davon beim Kunden und drei Nächte im Hotel. Je nach Projektsituation wurden daraus auch sechs Tage und Achtzigstunden-Wochen, in denen man das Wochenende arbeitete um vereinbarte Termine (Meilensteine) einhalten zu können. Diese Situationen wird auch fast jeder, der diesen Beruf ergreift, erleben müssen. Ich habe für mich erfahren, dass auch dies mit Lebensqualität vereinbar ist und dass gerade dies auch Spaß an der Arbeit bringen kann. Denn selten wurde ich an der Universität so gefordert und vor allem war dies das erste Mal, dass ein hohes externes Interesse an den Ergebnissen unserer Arbeit bestand. Im Laufe des Projektes übernahm ich in den folgenden Monaten die Leitung dieses Projektes und damit auch die Verantwortung für Zeit, Qualität und Kosten unser Leistungen gegenüber unserem Auftraggeber.

In diesem Kräftefeld zwischen eigenen Ansprüchen und Belastungen, den wirtschaftlichen und qualitativen Interessen des Kunden und schließlich den Interessen des eigenen Unternehmens konnte ich dann echte Teamerfahrungen sammeln. Dies war schließlich auch ein tolles Erlebnis, das für manche Tiefen entschädigte. Natürlich blieben auch negative Folgen nicht aus. Bei intensiver Arbeit und Abwesenheit aus dem eigenen sozialen Umfeld musste ich auf einige Hobbys und Sport - zumindest eine Zeitlang - verzichten. Regelmäßige Termine sind bei diesem Beruf zeitweise nur am Wochenende möglich, und auch das Beziehungsleben konzentriert sich auf diese Tage.

Entwicklungen...

Aus dem Ergebnis der beschriebenen Projektarbeit ergab sich später für mich die Möglichkeit, mehr Verantwortung innerhalb des Unternehmens zu übernehmen. Nach der Leitung einiger anderer Projekte wurde ich Anfang 1999 Leiter eines Kompetenzbereiches und mit der Entwicklung dieser Abteilung betraut. So bestand meine Arbeit dann im Führen der Mitarbeiter (Projektleiter, Berater und Auszubildende), dem Einstellen neuer Mitarbeiter, Geschäftsfeldentwicklung, Vertriebstätigkeiten, Kundenbetreuung und der Verantwortung für weitere Projekte, Budget und den Mitarbeitern meines Bereiches.

Diese Entwicklung in relativ kurzer Zeit zu beschreiten war in einem kleineren Unternehmen leichter. Die Sichtbarkeit der eigenen Person gegenüber der Geschäftsführung und dem verantwortlichen Management war höher und es gab keine festen definierten Wege, die durchlaufen werden mussten. Auf der anderen Seite beschränkt die Unternehmensgröße zu einem gewissen Teil auch die Projektgröße und damit die eigenen Aufgaben und Weiterentwicklungsmöglichkeiten. Erhält man nicht die Chance, sich beweisen zu können, bedeuten fehlende Karrierepfade, wie sie etwa in großen IT-Beratungshäusern definiert sind, eventuell auch eine Behinderung der eigenen Entwicklung.

Nach etwa vier Jahren in diesem Unternehmen entschied ich mich dann dazu, eine neue Herausforderung anzunehmen und ging Ende 2000 zu einem der weltweit größten Komplettanbieter von IT-Dienstleistungen und –Lösungen, der Siemens Business Services. Die 100%ige Tochter der Siemens AG ist mit 34.000 Mitarbeitern konsequent auf die Bereiche eBusiness und mBusiness ausgerichtet. Auch jetzt ist der Kern meiner Tätigkeit als Projektmanager die eigenständige Verantwortung für Projekte und damit für Profit/Loss, Kundenmanagement, Projektteam, Partner, Vertrag und Geschäftsentwicklung. Jedoch herrscht hier ein ganz anderes Arbeitsumfeld: Man kann auf die Infrastruktur und das Wissen eines Unternehmens mit 460.000 Mitarbeitern zurückgreifen. Entsprechend größer sind damit auch Anspruch und Möglichkeiten.

Fazit

„Als Chemiker ohne Promotion kann man nichts werden", so lautete die Hypothese, die mir während des Studiums nahegelegt wurde. Mit meiner heutigen Erfahrung möchte ich dies zumindest für die IT-Branche einschränken [7]. Jeder der während seines Studiums für diesen Bereich ein hohes persönliches Interesse zeigt, sollte diesen Weg durch Gespräche und Praktika für sich ausloten und schließlich beschreiten. Er ist spannend und herausfordernd und bietet trotz allerlei Unwegsamkeiten hervorragende Entwicklungsmöglichkeiten und damit auch auf lange Sicht Spaß an der Arbeit und Lebensfreude. Wer sich vom Glamour und Image des vermeintlich bestverdienenden, durch die Welt fliegenden Beraters, der sich letztlich nur selbst gut verkaufen können muss, blenden lässt, dem sei dasselbe geraten. Er wird dann merken, dass dahinter eine Menge Arbeit und Entbehrungen stehen, die man nur aus einem Grund auf sich nimmt: Wenn es wirklich Spaß macht!

Literatur

[1] Ein internationales Ranking findet sich auf den Seiten des Pierre Audoin Conseil unter http://www.pac-online.de: Die Lünendonk-Liste (http://www.luenendonk.de) gibt einen weiteren Überblick über die größten deutschen IT-Unternehmensberatungen.

[2] Hartenstein M, Billing F, Schawel C, Grein M: *Der Weg in die Unternehmensberatung. Consulting Case Studies erfolgreich bearbeiten.* Wiesbaden: Gabler; 2003. ISBN 3409488693. Mit Schwerpunkt auf Fallstudien, mehr auf Managementberatungen ausgerichtet, bietet das Buch dennoch einen guten Einblick in die Welt von Beratungsunternehmen und den Berateralltag.

[3] Bürkle H: Aktive Karrierestrategie. Erfolgsmanagement in eigener Sache. Wiesbaden: Gabler; 2001. ISBN 3409391037. Guter Überblick über die Bewerbung allgemein und die Karriereplanung speziell.

[4] http://www.wetfeet.com bietet zahlreiche Tipps für die Bewerbung bei Unternehmensberatungen.

[5] http://www.vaultreports.com hat Firmenporträts und Insiderberichte zum Thema Consulting. Die Berichte geben einen guten Überblick über den Markt und insbesondere über die verschiedenen Kulturen der Unternehmen. Sehr auf den amerikanischen Markt konzentriert, dennoch in weiten Teilen übertragbar.

[6] http://www.gdch-chemiewirtschaft.de Die Arbeitsgemeinschaft Chemiewirtschaft / -management der Gesellschaft Deutscher Chemiker hat unter anderem Arbeitsgruppen zu den Themen Chemiker in Dienstleistungsbereichen und Informationstechnologie. Dieses Netzwerk ist ein guter Anlaufpunkt, um Kontakt zu Beratern aus unterschiedlichen Unternehmen aufzunehmen.

[7] DeMarco T: Der Termin: Ein Roman über Projektmanagement. München: Hanser, 1998. ISBN 3446194320. Ein Roman über das IT-Projektmanagement und über IT-Projekte, der anschaulich die Prinzipien und Herausforderungen beschreibt, mit denen man in diesem Umfeld zu tun hat.

Ralf Oestereich heute:

Zwei Jahre nach dem Hype

Wie ging es mit mir nach den Jahren in der Beratung weiter? Nach einiger Zeit als Projektmanager verließ ich die IT-Beratung und ergriff eine Chance, die sich durch eines meiner Projekte innerhalb der Siemens AG ergeben hatte. Ich übernahm eine neue Aufgabe in der zentralen IT- und Prozessabteilung der Siemens AG. Dort übernahm ich zuerst die Verantwortung die weltweite Standardisierung von Einkaufsprozessen bei Siemens voranzutreiben und zu implementieren. Dazu gehörte ein großes Implementierungsprojekt in den USA, dass ich nun als Auftraggeber durch Sitz im Lenkungsausschuss betreute. Später ergab sich die Möglichkeit das Management unseres bedeutendsten IT-Lieferanten, der SAP AG, zu übernehmen. Dieses „Vendor- and Contract Management" lässt mich nun die andere Seite der Projekte kennen lernen: Auftraggeber statt Auftragnehmer, wobei mir meine Erfahrungen aus der Beratungszeit von großem Nutzen sind.

Parallel zur beruflichen Tätigkeit begann ich ein berufsbegleitendes Zweitstudium der Wirtschaftsinformatik an der Universität Göttingen. Das Studium zum Master of Science in Information Systems plane ich bis Ende 2004 abzuschließen. Die hierbei erworbenen Kenntnisse fügen sich sehr gut mit den in der Praxis gesammelten Erfahrungen der letzten Jahre zusammen, so dass ich einen solchen Schritt jedem empfehlen kann.

Nach jeweils über drei Jahren Tätigkeit bei einem der kleinsten und einem der größten Unternehmen habe ich auch festgestellt, dass die Unternehmensgröße einen großen Einfluss auf die tägliche Arbeit hat, so dass man überlegen sollte ob und ggf. welche Präferenzen man hat. Nach meiner Erfahrung finden sich wichtige Unterschiede in der Flexibilität (je kleiner je flexibler), der potentiellen Vielfalt der Aufgabe (je größer desto mehr Möglichkeiten), der Identifikation mit dem Unternehmen (je kleiner desto leichter), der Arbeitsplatzsicherheit (je größer desto sicherer), dem Gehalt (je kleiner desto geringer). Wobei dies sicher einen Anteil subjektiver Wahrnehmung beinhaltet, der nicht ungeprüft übernommen werden darf! Es möge einen Anstoß sein über die „Wunschgröße" des Unternehmens nachzudenken für das man sich interessiert.

Blicke ich jetzt, etwa zwei Jahre nach Verfassen der 1. Auflage des Karriereführers als Autor zurück, so waren die Zeilen des Textes geprägt vom Hype der New Economy und von Jahren in der IT in denen jedes besser war als das vorangehende. Dennoch behält der Text über die Karrieremöglichkeiten in der Informationstechnologie in vollem Umfang seine Daseinsberechtigung. Sicherlich ist es derzeit nicht mehr so einfach als Chemiker in die Beratungs- oder IT-Branche einzusteigen. Der Bedarf ist kleiner als damals und wird primär durch Wirtschaftsinformatiker und angrenzende Fächer gedeckt. Dennoch bleibt ein Chemiker mit nachweisbaren beratungsrelevanten Kompetenzen ein gesuchter Kandidat für IT-Unternehmen.

Fragen und Kommentare jederzeit gerne über *roestere@gmx.de*.

Bericht

Dr. Katharina Voigt

Chemikerin im Hochschulmarketing

Zur Person

Jahrgang 1969

1988 Abitur in Göttingen

1988 - 1995 Chemiestudium in Göttingen
Auslandsaufenthalte während des Hauptstudiums
und Doktorarbeit:
Sep. - Nov.1991 University College of North
Wales, Bangor
Apr. - Jun. 1993 Université de Paris-Sud Orsay

1996- 1997 Postdoktoradin an der University of
California in Irvine

Seit 7/1997 bei Bayer:
7/1997 - 6/1999 Herbizid-Forschung
Seit 7/1999 Hochschulmarketing

Industriejob mit Draht zur Hochschule

Wie ich zur Chemie kam? Auf jeden Fall waren meine Lehrer nicht unbeteiligt. Chemie-Unterricht war an meiner Schule spannend und von Anfang an mein Lieblingsfach. Da ich sonst im Familien- und Freundeskreis keine Naturwissenschaftler hatte, war das sicherlich der entscheidende Punkt.

Um mir die Berufswelt eines Chemikers schon vorher etwas näher anzuschauen, habe ich nach dem Abitur ein Praktikum im Analytik-Labor eines Pharma-Unternehmens eingeschoben. Auch das bestärkte meinen Entschluss. Im Oktober

1988 nahm ich mein Studium in Göttingen auf. Die Uni schien einen guten Ruf zu haben - zumindest wurde mir das in der Studienberatung gesagt. Eine andere Uni zu wählen, kam damals nicht in Frage. Schließlich gefiel es mir gut in meiner Heimatstadt.

Zu Beginn viel Eigeninitiative

In Göttingen war das Studium sehr flexibel aufgebaut. Über die Fachschaft war zwar von Anfang an bekannt, welche Scheine zum Vordiplom vorliegen müssen, aber den Zeitrahmen musste man selbstständig aufstellen. Rückblickend finde ich dieses Prinzip gut, weil man dadurch die Möglichkeit bekommt, zum ersten Mal eigenverantwortlich zu lernen.

Im Hauptstudium zog es mich dann zum ersten Mal weg von Göttingen. Ich wollte ins Ausland und absolvierte das Anorganische Fortgeschrittenen-Praktikum mit Hilfe des ERASMUS-Programms in Bangor (Wales) am University College of North Wales. Die vielen Fachgespräche auf Englisch waren eine ebenso gute Erfahrung wie das Zusammentreffen mit den zahlreichen anderen internationalen Gaststudenten. Und natürlich war es die Gelegenheit, eine neue Art der Chemie kennen zu lernen, neue Reaktionen, neue Laborgeräte. Generell würde ich jedem einen Auslandsaufenthalt empfehlen - vor allem, wenn man das ganze Studium lang die Uni nicht wechselt.

Nach meiner Rückkehr aus Wales stand die Wahl eines Arbeitskreises für meine Diplomarbeit an. Ich entschied mich auch jetzt für Göttingen: für die Gruppe von Professor Armin de Meijere - ein mit rund 35 Leuten recht großer Arbeitskreis, der sich mit Dreiringchemie, Käfigmolekülen, Fischer-Carben-Komplexen und Palladium-Katalysatoren beschäftigte. Die älteren Doktoranden aus dem Arbeitskreis vermittelten mir von der Zusammenarbeit und dem Arbeitsklima ein sehr ansprechendes Bild. Das war damals der ausschlaggebende Faktor.

Von Dezember 1991 bis Juli 1992 arbeitete ich auf dem Gebiet der Palladium-katalysierten Heck-Reaktionen. Im Oktober folgten die Diplom-Prüfungen. Es ist eine Göttinger Besonderheit, dass die Diplomarbeit vor den Prüfungen erstellt wird.

Zwischen Palladium und Praktikum - die Promotion

Nach dem Diplom dann die Frage: Soll man für die Promotion die Uni wechseln? Doch das Angebot meines Göttinger Chefs, für drei Monate nach Paris gehen zu können, wenn ich in seinem Arbeitskreis blieb, war attraktiv genug. Zusammen mit dem interessanten Forschungsthema und dem guten Arbeitsklima machte das die Entscheidung, in Göttingen zu bleiben, einfach. Es ging für mich weiter mit Palladium-katalysierten Kupplungsreaktionen und der Fragestellung, was man mit den erhaltenen Produkten Sinnvolles aufbauen kann.

Ich wurde während der Promotion durch ein Stipendium der Graduiertenförderung des Landes Niedersachsen finanziert. Daneben bekam ich eine Stelle als Assistentin im OC-F-Praktikum. Das waren 16 Stunden im Monat und damit gerade so viel, wie man als Stipendiatin nebenher arbeiten durfte.

Die Betreuung von Praktikanten hat mir immer viel Spaß gemacht. Ein Nebeneffekt war, dass ich so auch ein bisschen für das de-Meijere-Team werben konnte. Ich ahnte damals allerdings noch nicht, dass ich ein halbes Jahrzehnt später bei Bayer einmal etwas Vergleichbares tun würde.

Daneben gab es noch eine zweite Aktivität, die mich damals mit dem Nachwuchs in Berührung brachte. Die Anzahl der Studienanfänger im Fach Chemie ging bereits deutlich zurück - eine unmittelbare Folge der hohen Absolventenzahlen und des damals schwächeren Stellenangebots am deutschen Chemiker-Arbeitsmarkt. Schon damals war im Institut klar, dass mittelfristig ein Chemikermangel herrschen würde. Die Professoren und wir älteren Studenten überlegten, mit welchen Maßnahmen wieder mehr Schulabgänger für das Fach Chemie begeistert werden könnten. Und so kam es, dass ich Info-Vorträge hielt: an meiner alten Schule, aber auch auf Berufsinformationsveranstaltungen für Schüler, wie sie zum Beispiel der Rotary-Club veranstaltete, in dem mein Doktorvater Mitglied war.

Inzwischen wusste ich, dass ich keine Uni-Laufbahn anstrebte, sondern mittelfristig in die Industrie wollte. Genauer: in die Großindustrie. Denn dort bleibt man als Chemiker nicht nur auf die klassische Chemie beschränkt, sondern hat zusätzlich die Möglichkeit, auch andere Bereiche wie Marketing, Produktentwicklung oder Produktion kennen zu lernen.

Inzwischen gab es auch erste „Live-Reportagen" aus den einzelnen Firmen: von den ehemaligen Kollegen aus meinem Arbeitskreis waren natürlich einige bei Bayer, BASF, Hoechst und den anderen gelandet. Die Berichte aus der Bayer-Pharmaforschung aus Wuppertal klangen sehr verlockend: hochklassige Forschung mit allen modernen Mitteln, die auf dem Markt zur Verfügung stehen. Trocknen von Lösungsmitteln, langwieriges Herstellen von käuflichen Vorprodukten - all diese an der Uni so lästigen Tätigkeiten würden dort wegfallen, so dass man sich ganz auf die Forschung konzentrieren könnte. Auch ein Besuch im wunderschön gelegenen landwirtschaftlichen Bayer-Forschungszentrum in Monheim weckte bei vielen von uns den Wunsch, dort später zu arbeiten.

Postdoc - die Suche nach der richtigen Arbeitsgruppe

Dennoch führte mein Weg nicht direkt von der Promotion ins Industrielabor. Ich war erst 26. Und obwohl ich im Rahmen meiner Dissertation drei Monate an der Université de Paris-Sud im französischen Orsay verbracht hatte - ich wollte auf jeden Fall noch einmal ins Ausland. Im Hinblick auf eine Karriere in der Industrie machte dies auf jeden Fall Sinn. Auch mein Doktorvater hatte mir dazu geraten. So kam es, dass ich mich zunächst gar nicht erst in der Industrie bewarb.

Da ich schon Forschungsaufenthalte in Frankreich und Großbritannien hinter mir hatte, wollte ich die Postdoc-Zeit auf jeden Fall in den USA verbringen. Außerdem sind dort in aller Regel die interessantesten Arbeitskreise zu finden. Das Arbeitsgebiet sollte Naturstoffsynthese sein, nachdem ich mich in Diplom- und Doktorarbeit eher mit Methodik beschäftigt hatte. Die Frage war daher nur noch, in welchen Arbeitskreis und - beinahe eine Weltanschauung - ob Ost- oder Westküste. Zunächst zog es mich zur atlantischen Seite. Ich bewarb mich an der Harvard University in Boston - und erhielt eine Absage. Es folgten viele (Telefon-)Gespräche, etliche E-mails sowie zahllose Stunden, die ich in der Bibliothek mit dem Lesen von Publikationen verbrachte.

Schließlich bewarb ich mich bei Professor Scott Rychnovsky an der Westküste. So kam ich an die University of California in Irvine. Prof. Rychnovsky hatte damals einige, wie ich fand, sehr interessante Naturstoffsynthesen veröffentlicht und war ein sehr junger Professor mit einer kleineren Arbeitsgruppe (16 Mitarbeiter). Gerade erst war er von Minnesota nach Irvine berufen worden. Im Mai 1996 fing ich dort an.

Wie findet man die entsprechenden Adressen? Im einfachsten Fall verfügt man schon aufgrund der eigenen Doktorarbeit über fachliche Kontakte ins Ausland. Außerdem gibt es das „Directory of Graduate Research" von der American Chemical Society (ACS), in dem alle Professoren der USA gelistet sind - mit ihren Forschungsschwerpunkten und ihren Publikationen. Auch im Internet findet man auf den Homepages der jeweiligen Universitäten viele nützliche Informationen über Arbeitsgebiete. Und natürlich sollte man daneben immer Augen und Ohren offen haben und zum Beispiel darauf achten, wo die ehemaligen Kollegen aus dem eigenen Arbeitskreis hingegangen sind.

Die Frage nach der Finanzierung war schnell geklärt. Ich erhielt für neun Monate ein DFG-Stipendium; drei Monate wurden vor Ort durch Prof. Rychnowsky finanziert. Grundsätzlich gibt es einige Möglichkeiten, sich für ein Postdoc-Stipendium zu bewerben: DFG, DAAD, Studienstiftung des Deutschen Volkes, Fonds der Chemischen Industrie etc. Natürlich kann man auch versuchen, in den USA selbst einen Geldgeber zu finden - etwa über den betreuenden Professor.

Frühzeitig die Weichen für die Rückkehr stellen

Fachlich war der Aufenthalt noch einmal sehr lehrreich: In Irvine ging es für mich um Teilsehritte bei der Synthese von Ionomycin, einem pflanzlichen Naturstoff. Ein ganzes Jahr reine Forschung auf einem neuen Gebiet - ohne die während der Doktorarbeit üblichen Nebentätigkeiten. Natürlich gibt es zunächst aber auch eine ganze Reihe organisatorischer Hürden zu überwinden. Da ist vor allem der Anfangsstress: Wohnung suchen und einrichten, Führerschein machen, Auto kaufen, sich um eine Sozialversicherungsnummer kümmern. Doch danach blieb zumindest für mich auch noch Zeit, neben der Arbeit Land und Leute kennen zu lernen - also auch die Kultur im Westen der USA. Grundsätzlich kann man sagen: Das völlig andere Umfeld bringt es mit sich, dass ein Auslandsaufenthalt auch für die Weiterentwicklung der Persönlichkeit von Vorteil ist.

Ende 1996 begann ich, mich von den USA aus in Deutschland zu bewerben. Nach ausgeschriebenen Stellen hatte ich dabei gar nicht erst geschaut, da zumindest in der Großindustrie fast alles über Initiativbewerbungen läuft. Ich suchte mir zehn Firmen heraus, die mir interessant erschienen, darunter auch der Kreis der ganz Großen in Deutschland, damals also Bayer, BASF, Hoechst, Degussa, Hüls, Beiersdorf usw. Von Freunden hatte ich mir erfolgreiche Bewerbungen als Grundlage geben lassen und diese auf mich zugeschnitten.

Die Ausbeute war recht gut: fünf Einladungen zu Vorstellungsgesprächen, die ich alle auf Anfang März 1997 legen und so bei einem einzigen Besuch in Deutschland durchführen konnte: Hoechst, BASF, Bayer, Boehringer Mannheim und Johnson&Johnson. Mich interessierten vor allem die großen Drei.

Natürlich wollte ich nicht unvorbereitet nach Deutschland fliegen. Im Internet suchte ich mir Informationsmaterial über die betreffenden Firmen zusammen. Außerdem rief ich bei den ehemaligen Kollegen an, die jetzt dort arbeiteten. Und nachdem ich wusste, dass es auch um Wirkstoff-Chemie ging, arbeitete ich mich sogar noch einmal in die Heterocyclensynthese ein - ein Gebiet, das ich an der Universität kaum gebraucht hatte, das aber gerade in der pharmazeutischen und Pflanzenschutzchemie sehr wichtig ist.

Das Gespräch bei Bayer war mein drittes und fand in Monheim statt, ausgerechnet jenem Standort des landwirtschaftlichen Forschungszentrums, das mich schon bei meinem Besuch während des Studiums so begeistert hatte. Es ging um eine Stelle im Geschäftsbereich Pflanzenschutz. Wie zuvor bei der BASF, musste ich zunächst vor den Abteilungsleitern einen Vortrag über meine Doktorarbeit und die Postdoc-Zeit halten - dieses Mal aber frei an der Tafel. Es folgten eine Reihe von Einzelgesprächen mit Abteilungsleitern, ein Mittagessen in angenehmer Atmosphäre - und insgesamt war es ganz ähnlich wie zuvor bei Hoechst und BASF. In all diesen Gesprächen ging es immer wieder auch um chemische Fragestellungen. Zum Beispiel wurde nach Synthesevorschlägen für Heterocyclen oder anderen typischen Dingen aus dem Alltag eines Wirkstoffchemikers gefragt.

Positiv bei Bayer und Hoechst war für mich eine durchweg angenehme Atmosphäre. Bei Hoechst hatte sich ein ehemaliger Kollege aus dem Arbeitskreis de Meijere, der inzwischen bei Hoechst arbeitete, viel Zeit genommen, um mir alles zu zeigen und mir aus dem typischen Alltag eines Laborleiters zu erzählen. Bei Bayer gab es ein besonders schönes Erlebnis: Noch am selben Tag erhielt ich ein mündliches Angebot. Und abends wollte der Ressortleiter ganz direkt von mir wissen, welche Aufgaben ich mir für später vorstellte. „Erst einmal Forschung und irgendwann etwas mit Öffentlichkeitsarbeit", habe ich damals schon gesagt. Ich glaube, man kann in diesem Augenblick noch gar keine klaren Vorstellungen haben, man sollte jedoch Tendenzen klar äußern - auch dann, wenn sie im ersten Moment nichts mit der aktuell zu besetzenden Position gemeinsam haben. Diese Offenheit ist mir bei Bayer sehr leicht gefallen.

Die letzten beiden Gespräche bei Boehringer und Johnson&Johnson habe ich zwar noch wahrgenommen, aber eigentlich war mir schon klar, dass ich das Bayer-Angebot annehmen würde. In einem der Gespräche gab es dann noch eine Besonderheit: Man klopfte mich auf meine Englischkenntnisse ab. Nach allen Gesprächen war meine Entscheidung klar: Ich nahm das Angebot von Bayer an.

Von der Herbizidforschung zum Hochschulmarketing

Am 1. Juli 1997 begann ich in der Herbizid-Forschung im Bayer-Landwirtschaftszentrum in Monheim, das zwischen Köln und Düsseldorf liegt. Ungefähr 70 Prozent der Chemiker bei Bayer fangen übrigens in der Forschung an. Andere Bereiche, die Chemiker direkt einstellen, sind die Informatik, Inhouse-Consulting, Patentwesen und das Marketing - in der Regel wird dort aber ein grundlegendes Know-how auf den jeweiligen Gebieten vorausgesetzt.

Die ersten Wochen in der Industrie sind aufregend und anstrengend zugleich. Es dauert schon eine Weile, bis man sich an die neuen Gegebenheiten gewöhnt: zum Beispiel die vielen internen Abkürzungen, das Zurechtfinden in der Unternehmensstruktur und vor allem die Verantwortung für zwei Mitarbeiter. Immerhin: die Wirkstoff-Forschung bei Bayer ist der Forschung an der Universität noch recht ähnlich; es gibt hier keine Kleiderordnung, die Atmosphäre ist locker und alle Kollegen sind sehr hilfsbereit.

Die reine Forschung, diesmal Heterocyclensynthese, machte mir Spaß. Aber mir war nach wie vor klar, dass ich nicht für immer dort bleiben wollte. Im Hinterkopf war ganz deutlich der Gedanke an Öffentlichkeitsarbeit. Das habe ich dann auch nach einem Jahr erneut formuliert - im so genannten Führungsgespräch, das man einmal jährlich mit seinem Vorgesetzten führt.

Eine erste Chance, in kommunikativere Aufgaben hineinzuschnuppern, bekam ich schon bald. Bei der Suche nach guten jungen Nachwuchswissenschaftlern veranstaltet Bayer in den USA jedes Jahr einen Workshop, zu dem die Postdoktoranden eingeladen werden, die sich gerade in den USA aufhalten. Mit einigen anderen Bayer-Vertretern aus den Bereichen Pharma, Pflanzenschutz und Zentrale Forschung reiste ich dann dorthin, um das Unternehmen vorzustellen. Die Veranstaltung muss den Postdocs ziemlich gut gefallen haben - am Ende jedenfalls haben wir rund 20 Prozent der Teilnehmer eingestellt. Auch in Monheim nahm ich jetzt an Vorstellungsgesprächen für Positionen im Pflanzenschutz teil -jetzt freilich auf der anderen Seite sitzend.

Als dann schließlich eine Stelle im Hochschulmarketing in der Personalabteilung besetzt werden sollte, war ich sehr interessiert. Gesucht wurde jemand für die Betreuung von Naturwissenschaftlern. Ich bekam die Stelle und seit Juni 1999 stehe ich nicht mehr im Monheimer Labor, sondern bearbeite die gesamten Chemikerbewerbungen für die Bayer AG - jetzt in einem Leverkusener Büro. Ich vergleiche die Bewerberprofile mit den zu besetzenden Stellen, berate Studenten, die anrufen oder e-mailen und unterstütze die Forschungsbereiche bei ihrer Suche: „Frau Voigt, ich brauche unbedingt einen Technischen Chemiker", ist so eine typische Anforderung, die man dann aus einer Abteilung bekommt.

Ein paar FAQ von Bewerbern:

Kann ich bei Bayer ein Praktikum, machen, Werksstudent werden, eine Diplom oder Doktorarbeit schreiben?

Die meisten Informationen findet man im Internet (www.hochschulmarketing.bayer.de). Praktikanten aus dem Chemie-Bereich (nach dem Vordiplom) sind bei Bayer übrigens immer gerne gesehen, Werksstudenten ebenfalls (während der Semesterferien). Auch Diplomarbeiten sind möglich, hängen im Einzelfall allerdings von der Fachrichtung ab, die man bearbeiten möchte. Doktorarbeiten in der Chemie sind dagegen ausgeschlossen, da in der Industrie keine eigentliche Grundlagenforschung wie an den Hochschulen betrieben wird.

Wo bewerbe ich mich am besten, beim Hochschulmarketing oder bei einem der Unternehmensbereiche?

Das ist im Prinzip egal, denn auch die Unternehmensbereiche geben die erhaltenen Unterlagen an das Hochschulmarketing weiter. Wir fragen dann von hier bei allen Bereichen deren jeweiliges Interesse ab.

> *Wie kann ich mich über Bayer informieren?*
>
> Es gibt verschiedene Möglichkeiten: Eine ist das Web, wo auch all die Messen und Informationstage verzeichnet sind, bei denen das Unternehmen präsent ist. Ein anderer Weg: Man sucht direkt den telefonischen Kontakt. Auch Exkursionen mit dem Uni-Arbeitskreis erlauben natürlich erste Einblicke in die Bayer-Welt.
>
> *Es sind gar keine Stellen für meine Fachrichtung ausgeschrieben. Soll ich mich trotzdem bewerben?*
>
> Auf jeden Fall, denn Bayer schreibt gerade im Chemie-Bereich nur sehr wenige Spezialisten-Stellen aus. Die meisten Chemiker werden über Initiativ-Bewerbungen rekrutiert. Von den über 100 Einstellungen im Jahr 2000 basierten nur 15 auf einer Stellenanzeige. Im Zweifelsfall gilt auch hier: einfach vorher anrufen oder ein E-mail schicken.
>
> *Muss man schon fertig promoviert haben, bevor ich mich bewerbe?*
>
> Nein, muss man nicht. Im Gegenteil: Es ist eher günstiger, sich schon vorher zu bewerben (z. B. während des Zusammenschreibens) - weil der Bewerbungsprozess einige Zeit in Anspruch nehmen kann.
>
> *Ich habe zwar schon eine Postdoc-Stelle, möchte mich aber noch vorher bewerben. Ist das sinnvoll?*
>
> Kein Problem. Es ist sicherlich eine gute Idee, schon vorher Kontakte zu knüpfen

Natürlich werte ich in meiner Rolle nicht nur Bewerbungen aus und beantworte Anfragen. Daneben präsentiert sich Bayer auch an Hochschulen, auf Kongressen und Messen. Diese Rekrutierungsmöglichkeiten finden und erfinden, die Veranstaltungen dann gemeinsam mit den Einstellbereichen zu planen und durchzuführen – das fällt ebenfalls in meinen Bereich. Und gerade das macht die Position so kreativ und interessant. Ich halte Vorträge an Universitäten, bin auf Chemiker-Kongressen präsent und arbeite eng mit dem Jungchemikerforum und der Gesellschaft Deutscher Chemiker zusammen.

Daneben konzipiere und organisiere ich auch Kurse für Doktoranden und Postdoktoranden. Bayer bietet da eine breite Palette an Möglichkeiten. Da die Anfragen aus den eigenen Reihen vom Polymer-Bereich bis zur Pharmaforschung reichen, lerne ich außerdem viel über die Vielfalt im eigenen Haus. Und auch der Überblick über die externe Chemie-Welt geht nicht verloren: Schließlich pflege ich viele Kontakte zu den Hochschulen - bis hin ins Ausland. Für mich dabei ganz wichtig: Es sind immer auch Kontakte zu den Menschen.

Resümee

Das, was ich heute mache, war so nicht geplant. Aber wenn ich zurückblicke auf Studium und Postdoc-Zeit, dann reihen sich die Ereignisse zu einem roten Faden aneinander. Kann man das überhaupt planen? Ich denke, jeder sollte sich seiner Stärken und Neigungen bewusst werden und dementsprechend nach sinnvollen Schwerpunkten oder Nischen suchen.

Im Grunde kann ich für mich vor allem eins feststellen: Ich habe immer genau das getan, was mir Spaß gemacht und was mich interessiert hat. Und heute habe ich einen Job, für den genau das auch gilt. Zufall? Vielleicht nicht.

Dr. Katharina Jansen (ehemals Voigt) heute:

Ich arbeite heute (seit dem 1. Juli 2002) in der Bayer AG, Holding, im Bereich Konzernentwicklung/Innovation. Mein Aufgabengebiet heißt heute „Hochschulkontakte", ich bearbeite hier keine Bewerbungen mehr, sondern koordiniere die Recruiting-Aktivitäten der einzelnen Bayer-Teilkonzerne (Chemicals, CropScience, HealthCare und Polymers) in Bezug auf die naturwissenschaftlichen Fakultäten. Weiterhin bin ich Ansprechpartnerin für die GDCh, JCF, Biotechnologische Studenteninitiative (BTS) etc. und organisiere Bayer-interne Veranstaltungen mit Bezug zu Hochschulen.

Bericht

Dr. Ralf Wischnat

F + E in der Chemischen Industrie

Zur Person

Jahrgang 1969

1988 Abitur

10/1988 - 9/1994 Chemiestudium in Wuppertal

1996 Promotion

Jan. 1997 - Jul. 1998 Postdoktorat am Scripps Research Institut La Jolla, Kalifornien, USA

Seit 8/1998 bei Bayer
8/1998 - 1/2000 Zentrale Forschung/Wirkstoffforschung
Seit 2/2000 Zentrale Forschung/Synthesebausteine

Mut haben, man selbst zu sein

Mein berufliches Wunschbild hatte ich schon während der Schulzeit klar vor Augen. Egal, ob beim Pflanzenschutz oder im pharmazeutischen Bereich: In meiner zukünftigen Position wollte ich nicht nur die Mechanismen verstehen lernen, nach denen Wirkstoffe ihren Zweck erfüllen, sondern parallel meinem Interesse an Fragestellungen der organischen Synthese gezielt nachgehen. Vermutlich hatte meine Cousine ihren Anteil an dieser frühen Faszination. Sie ist 15 Jahre älter und berichtete häufig über ihre Erfahrungen aus dem Studium und den Arbeiten im Labor, bei denen sie sich beispielsweise mit der Beeinflussung des Pflanzenwachstums beschäftigte.

1988 begann ich mein Chemiestudium - in Wuppertal. Für mich stand damals etwas ganz besonderes im Vordergrund: Ich finanzierte mein Studium teilweise selbst und verdiente mein Geld im nahe gelegenen Remscheid. Die Arbeit war mir ausgesprochen wichtig, da sie mir nicht nur die finanzielle Grundlage für mein Studium verschaffte, sondern gleichzeitig ein willkommener Ausgleich zum Uni-alltag darstellte. Heute kann ich sagen, dass ich die Wahl meines Studienfaches nie bereut habe. Die Ausbildung in Wuppertal war sehr gut und aufgrund einer ausreichenden Zahl an Praktikumsplätzen war ein rasches und effizientes Studium problemlos möglich. Die Studienzeit spielt für eine spätere Bewerbung sicher eine bedeutsame Rolle. Sie ist als eine Dokumentation für eine bewusste Planung und eine zielgerichtete Zeiteinteilung anzusehen.

Schon während des Studiums versuchte ich, zahlreiche biologische Aspekte in meine Arbeiten zu integrieren. Ich belegte daher die Fächer Botanik, Biochemie und Mikrobiologie zusätzlich, um mir ein fundierteres Wissen für das Verständnis von biologischen Wirkmechanismen anzueignen. Am regulären Studienprogramm gefiel mir vor allem die präparative organische Synthese.

Ich möchte jedem den Tipp geben, sich schon frühzeitig mit möglichen späteren Arbeitsbereichen vertraut zu machen. Wer seine Interessen genau kennt und durch Gespräche mit Kollegen auffrischt und erweitert, erhält einen umfangreicheren Überblick über die prinzipiellen Möglichkeiten eines Berufseinstiegs. Für eine erste Kontaktaufnahme mit möglichen Arbeitgebern, die eine fundierte Auskunft über die Realisierbarkeit der persönlichen Ziele und Wünsche geben können, gibt es unterschiedliche Strategien. Ein Tag der offenen Tür, eine Teilnahme an einer Exkursion oder ein Betriebspraktikum bieten sich hierzu an. Ich selbst arbeitete als Werksstudent nach Abschluss meines Vordiploms für zwei Monate in der Wirkstoffforschung bei Bayer. Schon damals gefiel mir die offene und glaubwürdige Atmosphäre. Es bot sich die Möglichkeit, verschiedenste Projekte und Technologien kennen zu lernen, aktiv am Arbeitsalltag teilzunehmen und zahlreiche persönliche Kontakte aufzubauen.

Besonders wichtig sind die zuvor genannten Überlegungen bei der Suche nach einem geeigneten Arbeitskreis für die Diplom- und Doktorarbeit. Auch hier sollte man sich ganz klar von seinen Interessen leiten lassen. Wer nur deshalb an einem Institut anfängt, weil dort gerade ein Platz frei ist oder der beste Freund auch schon dort arbeitet, setzt nach meiner Einschätzung falsche Prioritäten. Gegebenenfalls sollte man auch einen Wechsel der Hochschule in Erwägung ziehen, wenn die persönlichen Interessen sonst nur schwer oder gar nicht realisierbar sind. In Wuppertal gab es am Institut für Organische Chemie eine Arbeitsgruppe, in der ich genau das machen konnte, was meinen persönlichen Vorstellungen entsprach: die Synthese von wirkstoffrelevanten d.h. biologisch interessanten Molekülen.

Ganz konkret beschäftigte ich mich dort mit der Synthese von Aza-Zuckersystemen. Derartigen Verbindungen werden unter anderem eine Bedeutung für die Diabetes-Therapie beigemessen. Dieses direkte Anwendungspotenzial weckte sofort meine Begeisterung.

Parallel merkte ich, dass die Thematik auch international auf Interesse stieß, als ich meine Ergebnisse auf Kongressen in Italien und Frankreich vorstellte. Zu diesem Zeitpunkt wurde für mich klar, dass ich auch meine Dissertation auf diesem Gebiet anfertigen wollte, zumal sich in der Zwischenzeit eine Vielzahl neuer interessanter Ansatzpunkte ergeben hatten.

Gleichzeitig wurde durch den Kontakt mit Wissenschaftlern aus den verschiedensten Nationen mein Interesse geweckt, nach der Promotion ins Ausland zu gehen. Dass ich mich um ein Postdoktorat bemühen würde, stand also schon frühzeitig fest. Zusätzlich sah ich darin eine besondere Zusatzqualifikation für den Arbeitsmarkt. Darüber hinaus erwachsen aus einem Auslandsaufenthalt sicherlich entscheidende Impulse für die eigene Persönlichkeitsentwicklung, die weit über das erarbeitete Fachwissen hinausgehen.

Bereits während meiner Promotion beschäftigte ich mich intensiv mit den Vorbereitungen für das geplante Postdoktorat. Neben der Finanzierung ist die Auswahl des Gastinstitutes sicherlich von entscheidender Bedeutung. Nach meiner Erfahrung sollte man mit der Organisation bereits ein Jahr vor Promotionsende beginnen.

Ungewöhnliche Wege gehen

Inhaltlich sollte es für mich auf jeden Fall mit organischer Synthese weitergehen. Darüber hinaus war ich jetzt auch auf der Suche nach noch konkreteren biologischen Fragestellungen. Bioorganik und präparative organische Synthese - das war eine Kombination, die mich besonders interessierte.

Obgleich ich auf internationalen Tagungen und Kongressen bereits mit Wissenschaftlern aus zahlreichen Nationen diskutiert hatte, bestanden zum damaligen Zeitpunkt nur wenige persönliche Kontakte in die USA. Natürlich kannte ich zahlreiche Arbeitsgruppen, für die ich mich prinzipiell interessierte. Ich denke, jeder, der die Literatur verfolgt, kennt die Top-Leute auf seinem Arbeitsgebiet. Da man das Postdoktorat sicher nicht nur als Spaß ansehen sollte, sondern vor allem als Zusatzqualifikation und spätere Referenz, sollte sich die Bewerbung bevorzugt an die allerbesten Adressen richten. In meinem Fall war das ganz klar das Scripps Research Institute in La Jolla, San Diego/Kalifornien, wo unter anderem Professor Chi-Huey Wong in Sachen Bioorganik einen weltweit führenden Ruf genießt. Parallel nahm ich auch Kontakt mit einer Gruppe in Gainsville, Florida, auf, dessen Arbeitsgruppenleiter ich auf einer Tagung kennen gelernt hatte. Beide Arbeitsgruppen signalisierten sehr rasch Interesse, so dass ich mich nun gezielt um eine Finanzierung bemühen konnte.

Es ist sicherlich sinnvoll, sich bei den großen Stipendiengebern wie beispielsweise dem DAAD oder der DFG zu bewerben, da diese den überwiegenden Anteil an Post-Doktoranden fördern. Natürlich muss man dabei berücksichtigen, dass aufgrund der Vielzahl der Anträge nicht alle Bewerbungen berücksichtigt werden können. Es ist daher sinnvoll, sich auch nach alternativen Finanzierungsmodellen umzuschauen. Es existiert dabei sowohl die Möglichkeit, an Industrie- als auch private Stiftungen heranzutreten. Darüber hinaus existiert die Möglichkeit, sich für ein Humboldt-Stipendium zu bewerben. Dies ist allerdings nur dann möglich, wenn der gastgebende Arbeitsgruppenleiter selbst einmal Stipendiat der Humboldt-Stiftung war. In der Regel wird vom zukünftigen Gastinstitut auf eine derartige Konstellation rechtzeitig hingewiesen. Nähere Informationen über die Möglichkeiten der Finanzierung bietet die Broschüre des DAAD „*Studium, Forschung, Lehre: Förderungsmöglichkeiten im Ausland*".

Nachdem ich mich beim DAAD beworben hatte, erhielt ich sehr bald eine Zusage für die Förderung im Rahmen eines Spezialprogramms, das sich bevorzugt der Behandlung von Entzündungsprozessen widmete. Dies war in guter Übereinstimmung mit meinem geplanten Forschungsprojekt. Die Freude war jedoch nur von kurzer Dauer, da der DAAD aufgrund einer kurzfristigen Mittelkürzung die notwendige Unterstützung nicht gewähren konnte. Man bot mir allerdings die Möglichkeit an, meine Bewerbung im NATO-PostgraduiertenProgramm nochmals zu berücksichtigen. Meine Planung musste ich dadurch Mitte 1996 kurzfristig neu ausrichten, da ein Arbeitsbeginn für den Anfang 1997 unter den neuen Umständen zunächst nicht möglich erschien. Man sollte sich also grundsätzlich über verschiedene Finanzierungsmodelle informieren, um möglichst flexibel reagieren zu können.

Da meine Planungen schon sehr weit fortgeschritten waren und der Arbeitsbeginn Anfang 1997 auch dem Wunsch des Gastinstitutes entsprach, sah ich mich nach einer kurzfristigen Alternative um. Das akademische Auslandsamt der Hochschulen und die Literatur bieten einem zahlreiche Hilfestellungen und Anregungen an. Man findet dort eine Vielzahl wertvoller Tipps, die für eine gezielte Vorbereitung recht nützlich sein können. Zum Beispiel stieß ich auf die Firma Elba Bürosysteme aus meinem Studienort Wuppertal, die sich unter anderem durch die Vergabe von Stipendien auf die Förderung von Schülern und Studenten konzentriert. Obgleich eine Förderung von Postdoktoranden zunächst nicht möglich erschien, probierte ich es trotzdem und schickte meine Unterlagen direkt an die Unternehmensleitung. Die Vorbereitungen waren schnell erledigt, da ich für meine

Postdoc-Zeit natürlich ein sehr detailliertes Konzept mit klaren Forschungszielen definiert und formuliert hatte. Schwerpunkt der Arbeiten sollte die Synthese von körpereigenen Oligosacchariden sein, die beispielsweise bei Tumorwachstums- und Entzündungsprozessen eine entscheidende Rolle spielen.

Innerhalb von zwei Wochen bekam ich die Zusage für die Unterstützung meines skizzierten Forschungsvorhabens. Dieser recht unkonventionelle Weg der Bewerbung und die flexible und unbürokratische Vorgehensweise von Elba hatten mich damit sehr kurzfristig in die komfortable Situation gebracht, eine Arbeitserlaubnis für die USA zu beantragen. Die letzten Vorbereitungen waren somit geschafft. Ich würde allen Interessenten empfehlen, sich zunächst nicht mit Fragen der Finanzierung an das Gastinstitut zu wenden, wenn es um eine rasche Unterstützung geht. Der Erhalt eines Stipendiums ist ein zusätzliches Qualifikationsmerkmal, das bei der späteren Bewerbung durchaus positiv zu bewerten ist. Darüber hinaus erhalten exzellente Institute in den USA eine Fülle von Bewerbungen, so dass die Eigenfinanzierung des Post-Doktorates für die Aufnahme sicherlich ein wichtiges Entscheidungskriterium sein kann, falls die Bewerberzahl für eine Position sehr hoch ist.

Am 16. Januar 1997 saß ich dann endlich im Flugzeug nach Los Angeles. Das Datum habe ich wegen einer vielleicht etwas ungewöhnlichen Szene zuvor im Reisebüro so gut in Erinnerung behalten: dieser Moment, wo man - entgegen allen übrigen Kunden - sagt: „Nein, ohne Rückflug". Als ich schließlich um 14.10 Uhr mit zwei Koffern in der Flughafenhalle von LA stand, wurde klar, dass jetzt die Expedition erst richtig begonnen hatte. Ich hatte zu dem Zeitpunkt weder eine Unterkunft noch das - für die USA - so unerlässliche Auto. Nach einigen Tagen hatte ich alle Formalitäten erledigt: eine Wohnung, ein Auto, der amerikanische Führerschein und die nötigen Versicherungen sind dabei in der Anfangsphase am wichtigsten. Diese organisatorischen Dinge nehmen in den ersten Tagen erwartungsgemäß einen Großteil der täglichen Arbeiten in Anspruch.

Nach einer Woche hatte ich zum ersten Mal die Gelegenheit, mich ausführlich mit dem Institut vertraut zu machen. Die Aufnahme war dabei sehr herzlich und zuvorkommend. Da an derartigen Instituten sehr viele Postdoktoranden aus dem Ausland arbeiten, kennen alle die spezifische Situation des Neuankömmlings. Sie wissen, worauf es ankommt und greifen einem gerade in der Anfangsphase nicht nur bei wissenschaftlichen Dingen sehr konstruktiv unter die Arme.

Nachdem ich bereits ein halbes Jahr in San Diego war und meine Arbeiten mittlerweile sehr gut angelaufen waren, erhielt ich vom DAAD die Zusage für ein NATO-Postgraduierten Stipendium. Ich war somit in der Lage, insgesamt 1,5 Jahre in den USA zu verbringen und ein weiteres neues Forschungsthema zu bearbeiten. Wer einmal die Herausforderung „Leben und Arbeiten" im Ausland angenommen und kennen gelernt hat, gewinnt nicht nur Sprachkenntnisse hinzu, sondern sammelt Erfahrungen, die ungleich weiter reichen. Die Einblicke in eine fremde Kultur, Denk- und Lebensweise liefern entscheidende Impulse für die eigene Persönlichkeitsentwicklung. Ein Auslandsaufenthalt ist auf jeden Fall ein großes Plus, sowohl für einen selbst als auch für spätere Bewerbungen. Man dokumentiert damit Selbstständigkeit, Belastbarkeit sowie Durchsetzungs- und Problemlösungsfähigkeit. Mich selbst hat daneben besonders die gemeinsame Arbeit mit Menschen aus anderen Kulturen stark beeindruckt. Vor allem die Arbeitsdisziplin und die sehr sachorientierte Einsatzbereitschaft asiatischer Gastwissenschaftler waren für mich eine prägende Erfahrung.

Rückblickend betrachtet befruchtet ein Aufenthalt die eigenen Arbeiten enorm. Man legt an Schnelligkeit zu, sowohl im kreativen Bereich als auch, was die Fähigkeit betrifft, sich einzuarbeiten und zielgerichtet Entscheidungen zu treffen. Viele Unternehmen schätzen diese zusätzlichen Erfahrungen. Dokumentiert wird dies durch die Tatsache, dass die überwiegende Mehrheit der neu eingestellten Chemiker bei Bayer einen Auslandsaufenthalt vorweisen können.

Frühzeitig die Weichen für eine Rückkehr stellen

Ich denke, es ist wichtig, sich frühzeitig damit zu befassen, die Rückkehr nach Deutschland vorzubereiten. Dabei ist eine Vorbereitungszeit von sechs Monaten sicherlich erforderlich. Eine übersichtliche chronologische Zusammenstellung der bisherigen Arbeiten und Leistungsnachweise ist dabei ebenso notwendig wie die Formulierung eines aussagekräftigen Anschreibens, das die Bedürfnisse und bisherigen Erfahrungen klar und verständlich anspricht. Zu den wichtigsten Unterlagen der Bewerbungsmappe gehören Kopien des Abiturs, Vordiploms, Diploms und der Promotionsurkunde. Von Kollegen am Institut besorgte ich mir die Adressen und Ansprechpartner von verschiedenen Firmen, die mir aufgrund meiner persönlichen Neigungen als interessant erschienen. Darüber hinaus finden sich im Internet zahlreiche Informationen, die sich für eine gezielte Bewerbungsvorbereitung nutzen lassen.

Bei mir waren alle Bewerbungen initiative Blindbewerbungen. Lediglich bei einem Unternehmen in Hannover bewarb ich mich auf eine Stellenausschreibung, die ich im Internet gesehen hatte und mein Interesse geweckt hatte. Grundsätzlich würde ich den Tipp geben, sich im Vorfeld der Bewerbung Klarheit über das Unternehmen zu verschaffen. Die Unternehmensgröße, die Produktpalette, Forschungsschwerpunkte und Standorte sollten einem bekannt sein, um deutlich hervorzuheben, aus welchem Grund man sich gerade bei diesem und keinem anderen Unternehmen beworben hat. Da ich aus meiner Vorlesungszeit in Wuppertal den Leiter des Ressorts Wirkstoffforschung der Zentralen Forschung von Bayer kannte, richtete ich meine Bewerbung direkt an ihn. Darüber hinaus ist bei Bayer gewährleistet, dass alle Bewerbungen über die Personalabteilung in andere Bereiche des Unternehmens zirkuliert werden, die sich für den Bewerber interessieren könnten.

Bereits Ende März hatte ich drei Einladungen im Briefkasten: Bayer und zwei weitere führende Unternehmen der Chemischen Industrie wollten mich in einem persönlichen Gespräch näher kennen lernen.

Anfang April flog ich nach Deutschland. Bayer war damals meine erste Station. Der Tag begann sofort mit einem Gespräch mit der Ressortleitung, das vor allem auf das Ausloten meiner Persönlichkeit ausgerichtet war. Fachfragen spielten in diesem Gespräch nahezu keine Rolle. Stattdessen kam ein sehr anregendes und interessantes Gespräch zustande, bei dem auch mir die Gelegenheit gegeben wurde, gezielt Fragen zu stellen. Obgleich mir erwartungsgemäß auch Fragen gestellt wurden wie: Sind Sie teamfähig? Haben Sie in Ihrem Leben schon mal Verantwortung übernommen? Wo sehen Sie sich in fünf Jahren?, habe ich dieses Gespräch als sehr harmonisch, anregend und kurzweilig in Erinnerung. Im Nu waren anderthalb Stunden vergangen, und ein Abteilungsleiter holte mich zu einer weiteren Gesprächsrunde ab.

Es schlossen sich an diesem Tag eine ganze Reihe von Einzelgesprächen mit Abteilungs- und Ressortleitern an. Zunächst musste ich dabei in einem kurzen Vortrag einen Überblick über meine bisherigen Arbeiten und Erfahrungen präsentieren, bevor es in weiteren Gesprächen auch um detailliertere Fachfragen ging. Ein Ressortleiter begann beispielsweise mit dem Hinweis: „Alle, die wir in unserem Bereich bisher eingestellt haben, konnten mir ein anspruchvolles Syntheseproblem schildern, das sie während ihrer Promotion lösen konnten. Wie steht es mit Ihnen?" Nun, natürlich hatte auch ich eine geeignete Fragestellung aus meiner Promotion auf Lager. Als Tipp würde ich einem Bewerber empfehlen, seinen Gesprächspartner nicht als Gegner zu betrachten. Es geht vielmehr darum, die Eignung aber auch die Interessen des Bewerbers zu hinterfragen, um bei einer Einstellung dem zukünftigen Mitarbeiter auch langfristig eine Perspektive bieten zu können. Um das Einstellungsgehalt ging es übrigens bei keinem der Gespräche. Die Gehaltsvorstellungen spielten nur einmal eine Rolle: gleich morgens nach meiner Ankunft bat man mich, einen Personalbogen auszufüllen, bei dem unter anderem nach den Gehaltsvorstellungen gefragt wurde. Ich habe mich damals am Tarifvertrag orientiert. Dabei ist zu berücksichtigen, dass große Unternehmen in der Regel ein Postdoktorat als Berufsjahr anerkennen.

Ich hatte von Anfang an einen guten Eindruck von Bayer. Die Gespräche waren nicht nur fachlich anspruchsvoll, sondern ebenso locker und menschlich ansprechend. Auch das Mittagessen in etwas größerer Runde verlief in entspannter Atmosphäre. Ich hatte nie den Eindruck, aus den Augenwinkeln beobachtet zu werden. Auch hier gilt: Einfach so sein, wie man ist. Wer zum Beispiel meint, beim Mittagessen müsste er den Weinkenner vorgehen, begibt sich auf dünnes Eis. Ich habe bei dieser Gelegenheit dankend abgelehnt und Wasser getrunken.

Die Vorstellung bei den anderen Firmen verlief sehr ähnlich. Allerdings ging es in beiden Fällen um eine Position, die auf eine direkte Managementlaufbahn ausgerichtet sein sollte und daher nur noch mittelbar mit Chemie zu tun hatte. Aufgrund meiner persönlichen Interessen und dem hervorragenden Gesamteindruck, den ich gewonnen hatte, war Bayer für mich allerdings nach wie vor der Favorit.

Überaus interessant war mein drittes Gespräch. Hier hatte ich die Gelegenheit, an einer Auswahl zu einem Assessment-Center teilzunehmen. Das Gespräch berührte neben einigen fachlichen vor allem auch private Dinge und wurde teilweise auch recht provokant geführt. Wie sich schnell herausstellte, ging es in erster Linie darum, die Kandidaten unter Druck zu setzen und damit Stressmomente zu erzeugen. Meine Empfehlung dazu: nicht provozieren lassen, gut zuhören und sich ausreichend Zeit für die Antworten nehmen. Sehr gut fand ich, dass ich direkt im Anschluss an das Gespräch ein recht offenes Feedback bekam.

Dann kam von Bayer die Einladung zu einem zweiten Gespräch. Nun ging es verstärkt um fachliche Aspekte und synthetische Fragestellungen. Dabei kam jedoch in keinem Moment der Hauch eines Prüfungsklimas auf. Während dieses zweiten Treffens wurde mir dann auch ganz offen ein Angebot unterbreitet.

Weitere Einladungen zu Zweitgesprächen habe ich zu diesem Zeitpunkt bewusst abgelehnt, da ich mich an diesem Tag für Bayer entschieden hatte. Hier sah ich für mich aufgrund meiner persönlichen Interessen bessere Entwicklungsmöglichkeiten, und vor allem würde es von Beginn an um Wirkstoffforschung gehen.

Schnell viel Verantwortung

Im August 1998 begann ich meine berufliche Tätigkeit in der Zentralen Forschung/Wirkstoffforschung der Bayer AG in Leverkusen und beschäftigte mich mit der Synthese neuartiger Verbindungen mit herbizider Wirkung für den Geschäftsbereich Pflanzenschutz. Vieles war natürlich neu. Zum Beispiel die Personalverantwortung, die ich immer angestrebt hatte. Jetzt bekam ich sie - zunächst für zwei Mitarbeiter. Das war gerade in den ersten Wochen sehr ungewohnt - selbst dann, wenn man schon an der Uni als Assistent im Praktikum erste Erfahrungen sammeln konnte. Bayer hilft jungen Führungskräften in dieser Situation beispielsweise mit Seminaren zur Mitarbeiterführung, Konfliktlösung und Motivation.

Zu Anfang ist die Fülle an Informationen sicher enorm. In dieser Zeit fühlte ich mich hin und wieder an meine Anfangszeit am Scripps-Institut erinnert. Für Bayer hat die rasche fachliche Einarbeitung und vor allem die soziale Integration neuer Mitarbeiter höchste Priorität. Besonders hilfreich ist das innerhalb von Bayer existierende Tutorenprogramm. Es beinhaltet die unmittelbare Zuordnung eines erfahrenen Mitarbeiters, so dass Berufseinsteiger jederzeit schnelle und kompetente Hilfe erhalten. In der Zentralen Forschung ist der Anteil an jungen Wissenschaftlern enorm hoch, die daraus resultierende Institutsatmosphäre trägt darüber hinaus zur raschen Einarbeitung bei. Manche Berufseinsteiger, die zuvor nur den Uni-Alltag kannten, lassen sich von der so genannten Kleiderfrage verunsichern. Eine Frage, die sich für mich, aber auch für meine Kollegen bei Bayer nie gestellt hat. Ich habe bei Bayer keinerlei explizite Vorgaben kennen gelernt. In gewissen Grenzen ist hier einiges erlaubt und ich habe durchaus viele Freiheiten. Auch hier erscheint mir vor allem die Authentizität wichtig. Verkleiden sollte sich sicher keiner. Für den Fall, dass ein geschäftlicher Besuch angekündigt ist, sollte man eben berücksichtigen, dass es in erster Linie nicht um die Darstellung der eigenen Person, sondern um das Unternehmen geht und man dementsprechend auftreten sollte. Ich war überrascht, wie schnell ich bei Bayer die Möglichkeit erhalten habe, Verantwortung zu übernehmen. So kamen für mich schnell einige Sonderaufgaben hinzu.

Zum Januar 2000 veränderte sich auch meine Hauptaufgabe grundlegend. Innerhalb des Ressorts Wirkstoffforschung wechselte ich als künftiger Laborleiter in ein Sonderlabor für organische Synthesen. Dieses - ebenfalls zur Zentralen Forschung gehörende - Kompetenzzentrum erhält seine Aufträge aufgrund der interdisziplinären Ausrichtung der Projekte aus allen Teilen der „Life-Science"-Forschung. Wenn sich beispielsweise die Kollegen der Pharmaforschung im Rahmen eines Projekts den Aufbau eines vielversprechenden Moleküls überlegt haben, kann es sein, dass sie auf mich zukommen, um für weitere Arbeiten ein paar Gramm oder auch Kilogramm zu bestellen. Ich arbeite dann gemeinsam mit den Kollegen einen Syntheseweg aus und muss dabei auch marktwirtschaftliche Gesichtspunkte mit berücksichtigen.

Das ist eine äußerst abwechslungsreiche Aufgabe. Praktisch jede Woche liegt ein anderes Syntheseproblem auf meinem Schreibtisch. Da die Auftraggeber aus nahezu allen Bereichen kommen, lerne ich zugleich einen Großteil der Bayer-Forschung kennen. Interessant war in diesem Zusammenhang die Erfahrung, nicht mehr selbst im Labor zu stehen. Heute ist es meine Hauptaufgabe, die Arbeit für meine inzwischen zehn Mitarbeiter optimal vorzubereiten. Im Dialog mit Kollegen anderer Geschäftsbereiche muss ich die Aufgaben definieren und Problemstellungen gezielt priorisieren. Das birgt zweifellos eine große Verantwortung. Falls ich mich im Rahmen einer Bearbeitung beispielsweise für einen untauglichen Syntheseweg entscheide, gibt es im Labor die entsprechenden Misserfolge. Das ist nicht nur doppelte Arbeit, sondern insbesondere auch für meine Mitarbeiter demotivierend. Gleichzeitig wartet ein Kollege meistens unter Zeitdruck auf das von ihm bestellte Produkt, das er für seine eigenen Forschungsarbeiten dringend benötigt. Die zielgerichtete Organisation meiner Arbeiten, die Motivation meiner Mitarbeiter und die transparente Darstellung der Ergebnisse gegenüber meinen Kollegen gehören heute zu meinen Hauptaufgaben.

Seit Januar 2001 hat sich mein Verantwortungsbereich weiter ausgedehnt. Seit diesem Zeitpunkt habe ich zusätzlich die Leitung von zwei interdisziplinären Projekten übernommen, die in enger Zusammenarbeit mit Kollegen der „Life-Science"-Bereiche bearbeitet werden. Hieraus ergeben sich neue Herausforderungen, die weit über den Laboralltag hinausgehen. So ist die Leitung der Projektteams ebenso bedeutsam wie die rasche Einarbeitung in die neue Thematik. Damit verbunden ist auch die Integration neuer Projektmitglieder. Eine lebendige Projektleitung bedeutet für mich, Impulse aufzunehmen, Tendenzen zu erkennen und notwendige Kompromisse gemeinschaftlich zu vertreten.

Resümee

Wenn ich zurückblicke, bin ich sehr zufrieden, wie sich die Dinge für mich in den letzten Jahren entwickelt haben. Es stellt sich natürlich die Frage, ob es ein generelles Rezept gibt, wie sich persönliche Interessen und Ziele realisieren lassen? Wenn ich einen Tipp geben sollte, dann würde der lauten: *Sein statt scheinen und sich nicht auf Grund strategischer Überlegungen verbiegen, sondern geradlinig und zielgerichtet seine Meinung formulieren und Interessen definieren.* Eine weitere grundlegende Überlegung, die jeder anstellen sollte, ist die frühzeitige Definition persönlicher Fähigkeiten und Defizite. Durch eine derartige Analyse kann auch das Selbstvertrauen gestärkt werden. Nur wer sich selbst kennt und einzuschätzen weiß, wird auch in der Lage sein, andere Menschen von sich und seinen Bedürfnissen zu überzeugen und letztlich seine Ziele verwirklichen.

Dr. Ralf Wischnat heute:

Im Juni 2002 wechselte ich in die Chemische Entwicklung des Geschäftsbereiches Pharma, um mich dort auf die Aufgaben eines Betriebsleiters vorzubereiten. Seit November 2002 bin ich Betriebsleiter eines Vielstoffbetriebes bei Bayer Health Care und somit verantwortlich für die Produktion von pharmazeutischen Wirkstoffen. In dieser abwechslungsreichen Aufgabe lässt sich mein derzeitiges Interesse an chemischen-, organisatorischen- und technischen Fragestellungen ideal vereinigen.

Bericht

Dr. Wolfgang Wirtz

Biochemiker im Account Management

Zur Person

Jahrgang 1967

1987-1993 Chemiestudium an der Universität Köln, Schwerpunkt Biochemie, Diplomarbeit am Max-Planck-Institut für Züchtungsforschung in Köln

1993-1997 Promotion auf dem Gebiet der Biochemie am Max-Planck-Institut für Züchtungsforschung, Köln und Leibniz-Institut für Pflanzenbiochemie, Halle/Saale

10-12/99 Landesinitiative Bio- und Gentechnik NRW e.V., Köln, Projektkoordination Biochip-Initiative

seit 1/00 Amersham Pharmacia Biotech Europe GmbH, Freiburg, Account Manager Forschungsprodukte

„Ein Problem des Kunden zu seiner Zufriedenheit gelöst zu haben, ist ein gutes Gefühl"

Schon bevor ich Chemieunterricht in der Schule bekam, hat mich die Faszination für diese Naturwissenschaft gepackt. Ganz klar hatte dieses Interesse auch mit der Feuerwerkerei zu tun, die damit verbunden war. Aber es steckte doch mehr die Neugier dahinter, wie die Natur zu verstehen ist und welche Grundlagen sich dahinter verbergen. Einem besonders faszinierenden Aspekt dabei bin ich im Biologieunterricht in der Oberstufe begegnet: der Molekularbiologie. Da mir aber die Chemie als Basiswissenschaft ein weiteres Spektrum von Berufsmöglichkeiten zu bieten schien, eingeschlossen einer sehr guten Chance, einen Arbeitsplatz in der Industrie zu bekommen, habe ich nach dem Wehrdienst den Diplomstudiengang Chemie an der Universität Köln aufgenommen.

Zielstrebig in die Biochemie

Das Studium war sehr verschult, was einerseits die Kenntnisse der Studenten auf eine gemeinsame Basis gebracht hat und die Organisation des Vorlesungs- und Praktikumsplans vereinfachte, andererseits aber die Spezialisierung bzw. individuelle Planung des Studienziels komplizierter machte. Schon im Grundstudium habe ich mit einem Grundpraktikum den Weg in die Biochemie eingeschlagen und ihn dann durch Belegung als Wahlpflichtfach weiterverfolgt. Ein zusätzliches Praktikum ermöglichte mir die Anfertigung der Diplomarbeit in der Abteilung Biochemie am Max-Planck-Institut für Züchtungsforschung, in der ich dann auch mein Promotionsprojekt begann.

Grundsätzlich möchte ich jedem empfehlen, jede Möglichkeit für externe Praktika oder Werkstudentenjobs zu nutzen. Die hierbei gewonnenen Erfahrungen sind nach dem Studium sehr wertvoll. Diese Initiativen geben dem Bewerbungskandidaten das Profil, das ihn oder sie später von Mitbewerbern abhebt. Hierbei ist es nicht unbedingt wichtig, dass die Tätigkeiten einen unmittelbaren Bezug zur entsprechenden Stelle hat, sondern die Tatsache, dass Initiative gezeigt wurde. Diese Aktivitäten sind weiterhin sehr hilfreich bei der Entwicklung von Vorstellungen, wie es nach dem Studium weitergehen könnte. Ich habe beispielsweise einmal in den Semesterferien bei der Bayer AG in der Dralonproduktion gearbeitet. Neben dem für einen Studenten guten Verdienst habe ich hierbei einen sehr intensiven Einblick in die industrielle Umsetzung chemischer Prozesse und die Auswirkungen auf das Arbeitsleben im Schichtbetrieb gewonnen. Ein anderes Mal habe ich ein Praktikum in einem Labor für Umweltanalysen gemacht, in dem ich meine praktischen Kenntnisse aus dem Studium einsetzen konnte und den Betrieb in einem sehr kleinen Unternehmen kennen gelernt habe.

Nach der Diplomarbeit war mir klar, dass ich noch weiter in der Grundlagenforschung in der Form weiterarbeiten wollte, die ich am Max-Planck-Institut für Züchtungsforschung kennen gelernt hatte. Die Arbeit in internationaler Atmosphäre unter weitaus besseren Bedingungen, als ich sie an der Uni vorgefunden hatte, wollte ich nicht schon wieder aufgeben, so dass ein Wechsel für mich nicht in Frage kam. Zudem sah es Mitte der 90er so aus, als ob ohne Promotion überhaupt keine Stelle zu finden gewesen wäre, da in dieser Zeit die geburtenstarken Jahrgänge von den Universitäten abgingen.

Im Laufe meiner Doktorarbeit habe ich dann einmal aus wissenschaftlichen Gründen das Thema und einmal den Standort gewechselt. Mein Gruppenleiter hatte nach seiner Habilitation einen Ruf als Abteilungsleiter an ein ehemaliges Institut der Akademie der Wissenschaften in den neuen Bundesländern angenommen. Dort habe ich dann meine Arbeit mit den üblichen Hochs und Tiefs angefertigt. Nachdem ich meine Abschlussprüfung gemacht hatte, war ich erst einmal arbeitslos. Das heißt: Arbeitslosengeld habe ich, nachdem meine halbe BATII-Ost-Stelle ausgelaufen war schon während der vier Monate bekommen, in denen ich meine Arbeit zu Papier gebracht habe. In dieser Zeit hatte ich bereits mein erstes Bewerbungsgespräch für eine Stelle als technischer Berater bei einer europäischen Organisation in Brüssel. Leider musste diese Position sofort besetzt werden, so dass ich nicht in Frage kam.

Stellensuche und Kindererziehung

Ich hatte schon etwa ein Jahr vor dem geplanten Termin der Abschlussprüfung begonnen, mich zu bewerben. Diesen scheinbar frühen Zeitpunkt kann ich jedem empfehlen, da es einige Versuche braucht, bevor man mit der Gestaltung seiner Bewerbungsunterlagen zufrieden ist und einige Unternehmen ihre Neueinstellungen sehr weit im Voraus planen. In diesem Zusammenhang ist es auch wichtig zu wissen, dass man sich 6 Monate bevor ein befristeter Vertrag ausläuft, beim Arbeitsamt arbeitsuchend melden kann und dann in einem bestimmten Rahmen die Bewerbungskosten für Fotos, Bewerbungsmappen, Porti, Kopien, Umschläge, etc. ersetzt bekommen kann.

Meine private Situation sah so aus, dass meine Tochter zu diesem Zeitpunkt gerade ein Jahr alt geworden war und meine Frau bereits wieder begonnen hatte, 10 Stunden pro Woche zu arbeiten, während ich an meiner Dissertation schrieb. Da ich nach meiner Prüfung nicht nahtlos in einen Job wechseln konnte, erhöhte sie die Stundenzahl auf die maximal während des Erziehungsurlaubs mögliche Zeit von 19 Stunden. In dieser Zeit war ich alleine für die Versorgung unserer Tochter zuständig und habe mich während der übrigen Zeit um Bewerbungen gekümmert, begonnen Spanisch zu lernen und einen Kurs in Betriebswirtschaftslehre an der Volkshochschule belegt.

In den folgenden sieben Monaten der Arbeitslosigkeit hatte ich weitere Bewerbungsgespräche verschiedenster Art. Obwohl mein primäres Ziel war, eine Stelle im Bereich Forschung und Entwicklung in der Industrie zu bekommen, hatte ich mich auch auf andere Stellenangebote beworben. Nahezu die Hälfte meiner insgesamt 122 Bewerbungen bezog sich auf F&E-Stellen (58). Danach folgten Stellen als wissenschaftlich-technischer Redakteur bzw. in der Öffentlichkeitsarbeit (15), als Applikationsspezialist oder Supportingenieur (14) sowie im Produktmanagement (14) oder im wissenschaftlich-technischen Verkauf (7). Bei vielen dieser

Angebote überschneiden sich die Stellenbeschreibungen. Weitere Bereiche waren Beraterjobs (8), Pharmareferentenstellen (4), Verwaltung (1), aber auch eine Ausbildung zum Patentanwalt oder zum Programmierer. Ich habe mich auch nicht regional eingeschränkt, sondern mich in ganz Deutschland und auch im benachbarten Ausland beworben. Hierfür war es wichtig, auch englischsprachige Anschreiben und Lebensläufe zu formulieren.

Neben Initiativbewerbungen (20 von 122) waren die ergiebigsten Quellen für Stellenangebote die Frankfurter Allgemeine Zeitung (70), der Stellen-Informationsservice (SIS) des Arbeitsamts (11), die ZEIT (8), der Online-Stellenmarkt jobs&adverts (jetzt jobpilot.de) (4) und der GDCh-Stellenmarkt (2). Der Absolventenkongress in Köln stellte sich für mich als uninteressant heraus, da hier offenbar fast ausschließlich nach wirtschaftswissenschaftlichen Absolventen gesucht wurde. Die von der Biotechnologischen Studenteninitiative (BTS) veranstaltete ScieCon in Bochum war zwar sehr klein, aber insofern umso interessanter, als dass sich dort die Biotech-Branche konzentrierte. Auch auf den großen Messen wie der MEDICA in Düsseldorf, der ANALYTICA in München und der BIOTECHNICA in Hannover erhält man einen Überblick über die jeweilige Zielbranche und es ergeben sich viele Möglichkeiten für interessante Gespräche.

Die Einladungen zu Bewerbungsgesprächen kamen auf ganz unterschiedliche Bewerbungen. Besonders erfolgreich waren die Bewerbungen auf Pharmareferentenstellen. Aus vier Bewerbungen folgten drei Gespräche und daraus ein Angebot. Das spiegelt offenbar den aus einer sehr hohen Fluktuation resultierenden Bedarf der Branche wieder. Die übrigen Gesprächseinladungen bezogen sich auf das gesamte Spektrum der Bewerbungen, von F&E über Applikationsspezialisten bis zum Produktmanagement.

Die Bewerbungsgespräche verliefen im Grunde alle sehr ähnlich. Drei Unternehmen hatten sich bereits durch sehr ausführliche Telefoninterviews einen ersten persönlichen Eindruck von mir gemacht. Aus diesen drei Telefonaten resultierte ein Bewerbungsgespräch im Unternehmen selbst. Bei den Gesprächen, bei denen es um F&E-Stellen ging, gehörte ein Vortrag zum Programm. Einmal wurde ich gebeten, über meine eigenen Arbeiten zu referieren, das andere Mal wurde mir in der Einladung zum Gespräch mitgeteilt, dass ich in einem Kurzvortrag Ansätze zur Bearbeitung des entsprechenden F&E-Projektes vorstellen sollte. Bei Vorstellungen in großen Unternehmen war jeweils noch ein Vertreter der Personalabteilungen anwesend, in den kleineren Unternehmen herrschte eine eher informelle Atmosphäre vor.

Sehr unterschiedlich waren die Wartezeiten auf Reaktionen der Unternehmen. Zwar schickten die meisten postwendend eine Eingangsbestätigung, weitere Entscheidungen ließen aber mitunter bis zu sechs Monate auf sich warten. Zwischenzeitliche Anrufe nach dem Stand der Dinge hatten nach meiner Erfahrung zwar keinen Einfluss (weder positiv noch negativ) auf die Bearbeitung, ich würde aber dennoch jedem empfehlen, den Bewerbungen hinterher zu telefonieren und damit ein starkes Interesse an der Stelle zu bekunden. Es wurden keine Unterlagen ungefragt einbehalten, und in den Fällen, in denen zwar keine Einladung erfolgte, das Unternehmen aber die Unterlagen behalten wollte, sah ich keinen Grund, diesem Wunsch nicht nachzugeben. Bei Bewerbungen über Personalberatungsfirmen ist es sicher vorteilhaft, die Unterlagen dort für spätere Stellenangebote zu belassen.

Vom Praktikum zum Zeitjob zur Dauerstelle

Inzwischen hatte ich nach sieben Monaten Arbeitslosigkeit die Gelegenheit wahrgenommen, ein Praktikum in der Projektkoordination der Bio-Gen-Tec-NRW in Köln zu machen. Durch die zahlreichen Kontakte dieser Organisation zu den biotechnologischen Unternehmen in Nordrhein-Westfalen erhoffte ich mir neue Chancen für die Stellensuche. Nach einem Monat konnte ich dort bereits als befristet Angestellter (6 Monate, BATIIa) ein Projekt übernehmen, bei dem es um die Organisation einer vom Wissenschafts- und Wirtschaftsministerium des Landes NRW ausgeschriebenen Biochip-Initiative ging. Diese Aufgabe beinhaltete die Beratung der Bewerber um die zur Verfügung gestellten Fördermittel, sowie die Zusammensetzung einer Expertenjury, die über die Verteilung der Gelder zu entscheiden hatte. Aufgrund der Befristung dieses Projekts liefen meine Bewerbungsbemühungen selbstverständlich weiter.

Ich hatte mich inzwischen auf eine Stelle im technischen Support bei Amersham Pharmacia Biotech in Freiburg beworben. Telefonisch wurde mir mitgeteilt, dass diese Stelle intern vergeben worden sei, aber eine Position als Account Manager zu besetzen sei, für die ich aufgrund meiner Ausbildung und Kenntnisse in Frage käme. Obwohl eine Position im Verkauf nicht ganz oben auf der Liste meiner Jobwünsche stand, fuhr ich zu einem ersten Gespräch mit der Gruppenleiterin und einer Mitarbeiterin aus der Personalabteilung nach Freiburg. Ich konnte auch mit einer Mitarbeiterin der Gruppe sprechen, die mir aus erster Hand berichten konnte, worum es bei diesem Job im Einzelnen geht. Die Stellenbeschreibung klang interessant, das Unternehmen und seine Produkte waren mir aus meiner Laborzeit gut bekannt, so dass ich mein Interesse bekräftigte. Zwei Wochen darauf folgte ein zweites Gespräch mit einem weiteren Vorgesetzten, woraufhin mir ein unbefristeter Vertrag angeboten wurde. Ich kündigte das befristete Arbeitsverhältnis und trat meine neue Stelle an. Für die erste Zeit stellte mir die Firma ein möbliertes Appartment zur Verfügung und bezahlte die Familienheimfahrten am Wochenende.

Immer wieder neue Herausforderungen

Der Einarbeitungsplan für die ersten Wochen beinhaltete unter anderem eine zweiwöchige Produktschulung und eine Woche, in der ich einer Kollegin bei der alltäglichen Arbeit über die Schulter schauen konnte. Außerdem hatte ich nach drei Wochen die Gelegenheit beim Europäischen Sales Meeting meine übrigen deutschen und europäischen Kollegen kennen zu lernen. Danach wurde ich von einer Außendienstmitarbeiterin mit meinem Gebiet vertraut gemacht und vielen meiner Kunden an Hochschulen, Forschungsinstituten, Kliniken und Unternehmen vorgestellt. Zwischendurch habe ich an einer Verkaufsschulung teilgenommen, in der die grundlegenden Fertigkeiten des Verkaufs vermittelt wurden und wurde zunehmend in die tägliche Arbeit eingebunden. Diese besteht im Wesentlichen aus Telefongesprächen mit Kunden, dem Erstellen von Angeboten, der Klärung von Fehlern bei Bestellungen und Rechnungen. Nebenher machte ich mich mit den unterschiedlichen Computerprogrammen vertraut. Sehr hilfreich hierbei waren alle meine Kollegen, von denen ich viel lernen konnte.

Wie der Job aber wirklich zu machen ist, lernte ich hauptsächlich durch die tägliche Arbeit, die immer noch Spaß macht, auch, oder gerade weil es immer neue Probleme gibt, die es zu lösen gilt. Und wenn es wieder gelungen ist, eine Kundenanfrage zur Zufriedenheit zu bearbeiten, oder nach einer guten Beratung eine Bestellung zu bekommen, gibt es mir ein gutes Gefühl. Es dauert einige Zeit bis man sein Gebiet und seine Kunden kennt und einschätzen kann. Diese Sicherheit ist dann aber wieder die Grundlage für ein professionelles Account Management.

Wichtigste Arbeitsmittel: Telefon und E-Mail

Nun besteht mein Arbeitsalltag im Büro zum großen Teil aus Kundenkontakten am Telefon. Zuerst habe ich bereits bestehenden Angeboten hinterhertelefoniert und mich bei dieser Gelegenheit den Kunden vorgestellt, oder die Kundenanrufe wurden aus der Bestell- oder Angebotsabteilung oder aus dem Technischen Support durchgestellt. Nach den ersten Außendiensten, bei denen ich fleißig Visitenkarten verteilt habe, kommen nun immer mehr Kundenanfragen unmittelbar bei mir an. Als Folge dieser Kontakte sind Angebote zu erstellen, Bestellungen weiterzugeben, Rabattvereinbarungen zu aktualisieren, die Adressdatenbank zu pflegen und vieles mehr. Zum Außendienst gehört neben den Kundenbesuchen auch die Präsenz auf Messen und Kongressen.

Sehr wichtig ist auch die Kommunikation mit den Arbeitskollegen. Neben den Gesprächen im Haus wird der Kontakt zu den Kollegen außer Haus per Telefon oder E-mail gehalten. Daneben gibt es etwa vierteljährliche Meetings mit den Regionalleitern, den Außendienstmitarbeitern und den Produktspezialisten. Auf diesen Treffen wird über die Verkaufssituation berichtet, neue Produkte vorgestellt und gelegentlich finden auch technische Trainings mit den Produkten oder Verkaufsschulungen statt. Ein schöner Nebeneffekt hierbei ist der nette, persönliche Kontakt zu den Kollegen, mit denen man sonst nur elektronisch oder telefonisch kommuniziert. Nicht zuletzt gehört auch das Reporting zu den regelmäßigen Vorgängen. Monatlich geht ein Bericht über alle wesentlichen Tätigkeiten zum jeweiligen Vorgesetzten.

Der große Unterschied zur Doktorarbeit ist, dass es um ganz andere Zielsetzungen geht. Ich bearbeite nun viele kleine Projekte und nicht ein oder zwei große. Auf diese Weise sind Vorgänge schneller vom Tisch. Es folgen zwar neue, aber die Häufigkeit der kleinen Erfolge macht die Arbeit sehr angenehm. Ein weiterer, sehr wichtiger Aspekt ist der Kundenkontakt. Ich habe nun täglich mit sehr vielen verschiedenen Menschen zu tun, berate sie, verhandele mit ihnen, und versuche ihre Interessen mit den Produkten und Dienstleistungen der Firma in Verbindung zu bringen. Dieses kommunikative Element spielte bei meiner früheren Arbeit im Labor eigentlich keine Rolle und ist nun für mich ein wesentlicher Faktor für den Spaß an der Arbeit. Ein weiterer Vorteil des Jobs ist, dass der Kontakt zur Wissenschaft nicht abgerissen ist. Der Verkauf der aktuellen wissenschaftlichen Technologien und der persönliche Kontakt mit den Anwendern erfordert häufig das Wissen aus dem Studium und die Erfahrungen der eigenen wissenschaftlichen Arbeit.

Im Vergleich zu den bisherigen Zeitverträgen ist das unbefristete Angestelltenverhältnis nun eine beruhigende Basis für private Planungen. Eine befristete Postdoktorandenstelle, oder ein darauffolgender Zeitvertrag zur Habilitation stellen in meinen Augen keine gute Voraussetzung für ein Familienleben dar. Zwar kann es auch außerhalb der Hochschule und auch gerade in der Großindustrie immer wieder Ortsveränderungen geben (das war auch ein Thema bei einigen Bewerbungsgesprächen!), aber das Wissen, wann ein Vertrag ausläuft, birgt doch einen immensen Stress, wenn es darum geht, eine einigermaßen sichere wirtschaftliche Grundlage für eine Familie zu gewährleisten, falls nicht der Lebenspartner eine „richtige" Arbeit hat!

Zusammenfassend bin ich mit meinem Job sehr zufrieden. Er ist sehr abwechslungsreich, ich komme gut mit meinen Kollegen und meinen Vorgesetzten aus und er stellt mich täglich vor neue Herausforderungen, von denen ich viele aufgrund meiner Kenntnisse und Erfahrungen meistern kann. Sicher gibt es auch gelegentlich Situationen, in denen die Zusammenarbeit nicht optimal ist, oder gegebene Strukturen die Arbeit eher erschweren als vereinfachen. Aber genau hier sind die Kompetenz, Kreativität und Erfahrung des Account Managers gefragt, um die Arbeitsabläufe mitzugestalten.

Abschließend noch einige Tipps für Bewerber:

- Vor der schriftlichen Bewerbung mit dem Empfänger telefonisch Kontakt aufnehmen und so viele Informationen wie möglich in Erfahrung bringen. Manchmal kann man sich die Bewerbung dann schon sparen, weil der Job sich doch nicht mit den eigenen Interessen oder Qualifikationen deckt. Auf der anderen Seite kann man die Bewerbung viel besser auf den Punkt bringen und möglicherweise erinnert sich der Gesprächspartner bei der Durchsicht der Unterlagen an das Telefonat. Und nicht zuletzt ist jedes Gespräch eine gute Kommunikationsübung.

- In Fachzeitschriften, überregionalen Zeitungen und im Internet finden sich nicht nur Stellenanzeigen, sondern auch viele aktuelle Brancheninformationen, die sehr wertvoll in der Bewerbungssituation sind, in der man zeigen sollte, dass man sich nicht nur auf seinem Gebiet auskennt, sondern auch über den Tellerrand hinausblickt.

- Nicht vergessen, dass im Falle der Arbeitslosigkeit (und bis zu sechs Monate vorher) Bewerbungskosten vom Arbeitsamt ersetzt werden können!

Dr. Wolfgang Wirtz heute:

Mein Tätigkeitsfeld hat sich in den vergangenen dreieinhalb Jahren nicht wesentlich geändert. Durch Strukturveränderungen in der Vertriebsorganisation habe ich die Verkaufsregion und somit den Kundenstamm gewechselt. Dadurch war es notwendig, Kundenbeziehungen neu aufzubauen, aber leider auch die Beziehung zu den Kunden aus dem ehemaligen Gebiet abzubrechen und zu hoffen, dass sie von den Nachfolgern entsprechend aufgenommen werden.

Die Erfahrungen des ersten Jahres haben die wesentlichen Tätigkeiten und die Nutzung der EDV und der internen Prozeduren zur Routine werden lassen. Auch der Aufbau meines firmeninternen Netzwerks für Informationen und Unterstützung vereinfacht das tägliche Leben. Diese Routine und Kontinuität ermöglichen es mir, mich auf das wesentliche zu konzentrieren - den Kundenkontakt und den Verkauf. Dadurch, dass es regelmäßig neue, interessante Produkte für aktuelle Bereiche der Life-Science-Forschung gibt, werden auch meine wissenschaftlichen Erfahrungen genutzt und die Kenntnisse auf den neuesten Stand gebracht. Diese Punkte zusammengefasst führen bei mir zu einer sehr hohen Zufriedenheit mit meinem Job. Ich halte zwar immer die Augen offen nach neuen Möglichkeiten, es ist mir aber bis jetzt noch kein Job aufgefallen, den ich gegen meine derzeitige Tätigkeit hätte eintauschen wollen.

Rückblickend bin ich nun nicht mehr so unglücklich über einige Absagen auf meine Bewerbungen nach der Promotion, da einige der Unternehmen, von denen ich kein Jobangebot bekommen habe, inzwischen der Konsolidierung im Biotech-Markt zum Opfer gefallen sind. Auch den Ausstieg aus der akademischen Laufbahn bereue ich nicht. Die akademische Freiheit und die unmittelbare Forschungsarbeit wiegen für mich nicht die Unplanbarkeit der Aneinanderreihung von verschiedenen Zeitverträgen als PostDoc und Habilitand mit der anschließenden Ungewissheit eine permanente Stelle zu bekommen auf.

Bericht

Dr. Karsten Jung

Marketing in der Pharmaindustrie

Zur Person

Jahrgang 1968

Herbst 1988 Chemiestudium an der Universität Freiburg

Sommer 1991 bis Sommer 1992 Austauschjahr an der University of Massachusetts at Amherst
Ende 1993 Diplomabschluss Chemie an der Universität Freiburg im Fach Makromolekulare Chemie
Januar bis Juni 1994 – Pinguin Tierschutzprojekt in Punta Arenas Chile

Juli 1994 bis Dez. 1996 Promotion an der Universität Mainz in Makromolekularer Chemie

Im Rahmen der Promotion 6 Monate Forschungsaufenthalt in Sao Paulo, Brasilien.
Parallel dazu Zusatzstudium Betriebswirtschaftlehre an der Fernuniversität Hagen zum Diplom Wirtschaftschemiker; Abschluss März 1997

1997 Postdoc bei Elf Atochem in Lacq, Frankreich

seit 1998 kaufmännischer Angestellter in Marketing und Vertrieb bei Procter&Gamble Pharmaceuticals, z. Z. tätig als Regionalleiter Außendienst

Parallel dazu Zweitstudium Betriebswirtschaft an der Fernuni Hagen zum Diplomkaufmann, Abschluss Herbst 2000

Arbeitsfeld Gesundheitswesen - komplexe Rahmenbedingungen und immer wieder etwas Neues

Aus meinem Lebenslauf können Sie ersehen, dass die Chemie nicht das einzige Fachgebiet war, das ich während meiner Ausbildung betrachtet habe. Je tiefer ich mich in die chemische Forschung eingearbeitet hatte – Diplomarbeit, Promotion, Postdoc – umso klarer wurde für mich, dass der Beruf des Chemikers in der forschenden Industrie nicht deckungsgleich mit meinem gewünschten Berufsbild war. Aus diesem Grunde fing ich an, mir Firmen zu suchen, für die eine Mischung aus Betriebswirtschaft und Chemie interessant sein könnte. Als Resultat dieser Suche kamen für mich große Chemiefirmen und Unternehmensberatungen infrage.

Die Bewerbungsphase

Nachdem ich die für mich interessanten Firmen herausgesucht hatte, ermittelte ich die Ansprechpartner in den entsprechenden Unternehmen (über Internet, Zeitungen etc.) und sprach mit den Personalabteilungen bzw. Personalchefs, ob mein Profil für sie interessant sein könnte und ob ihr Unternehmen Interesse an einem promovierten Chemiker außerhalb der klassischen Karriereschiene hätte. Diejenigen Unternehmen, die Interesse bekundet haben, erhielten dann von mir innerhalb der nächsten Woche eine Bewerbungsmappe.

Nun zeigte sich eine starke Streuung der Antwortfristen, ganz in Abhängigkeit vom jeweiligen Unternehmen. Die schnellste Antwort war nach vier Tagen im Briefkasten. Die langsamste Einladung benötigte immerhin fast 4 Monate. Da ich mich auch bei verschiedenen Unternehmenstypen (Unternehmensberatung, klassische forschende chemische Industrie etc.) beworben hatte, waren die Vorstellungsgespräche natürlich sehr unterschiedlich.

Der Inhalt der Vorstellungsgespräche, meist mit einem, manchmal auch mit zwei Interviewpartnern überstrich den ganzen Horizont vom Inhalt meiner Promotion bis hin zur Anzahl der Haarföns in Europa. Manche Firmen schienen kein Konzept in ihren Gesprächen zu haben, andere Firmen schienen mich auf ganz spezielle Eigenschaften hin zu prüfen. Zusätzlich zu diesen Interviews kamen dann noch alle möglichen weiteren Hürden hinzu, die von Unternehmen zu Unternehmen unterschiedlich waren.

Einige Male musste ich einen Vortrag über das Thema meiner Promotion und auch meines Postdoc Aufenthaltes halten. Ein anderes Mal musste ich einen Intelligenztest unter Zeitdruck durchführen. Ein anderes Unternehmen setzte auf die Hilfe eines Psychologen, der dann ein sehr intensives Gespräch durchführte und dabei versuchte, durch die Ermittlung eines kompletten Profils die Tauglichkeit abzuprüfen. Wieder andere Unternehmen schworen auf Assessment Center und sperrten acht Kandidaten einen ganzen Tag zusammen ein und ließen diese unter Druck Prüfungen, Vorträge und Aufgaben bewältigen.

Zusammenfassend lässt sich sagen: Es gab keine Gemeinsamkeiten zwischen den einzelnen Terminen. Wichtig ist, sich nicht zu verstellen, denn ein erfahrener Interviewprofi durchschaut dieses sofort. In dem, was man als Fachgebiet angegeben hat, sollte man sehr routiniert sein. Alle anderen Aufgaben und Herausforderungen sollte man auf sich zukommen lassen und dann entsprechend bewältigen.

Die Auswahl

Nach mehreren Monaten Bewerbungsinterviews hatte ich eine Reihe von Zusagen und Absagen. Ich hatte Angebote von diversen Unternehmen, angefangen vom reinen forschenden Chemieunternehmen mit der Option, mittelfristig ins technische Marketing zu gelangen, über ein Nachwuchsprogramm bei einem Pharmaunternehmen bis hin zu einer Unternehmensberatung. Letztendlich habe ich mich für Procter&Gamble Pharmaceuticals entschieden, da es dieser Firma gelungen war, ein rundes vielversprechendes und durchdachtes Bild der Zukunft im Unternehmen zu vermitteln. Es wurden sowohl mittel- und langfristige Zukunftsperspektiven als auch die kurzfristige Ausbildung angesprochen. Außerdem ist Procter&Gamble als Unternehmen bekannt, das seinen Nachwuchs gut ausbildet und schnell in verantwortungsvolle Positionen setzt, in denen diese sich beweisen können.

Das Angebot von Procter&Gamble Pharmaceuticals war das folgende:

1. Einstieg in die Verkaufsorganisation über den Pharmaaußendienst.

2. Je nach Erfolg sollte dann eine schnelle Einbindung in regionale bzw. nationale Projekte erfolgen.

3. Als nächster Schritt käme dann eine Funktion im Innendienst oder Trainingsbereich in Frage.

Da mir dieses Angebot als sehr interessant vorkam, habe ich mich dafür entschieden, die Herausforderung anzunehmen und als ersten Schritt meiner Berufskarriere eine Aufgabe als Pharmareferent anzunehmen.

Die ersten Monate im Job

Der Beruf des Pharmaberaters ist anders als alles, was man im Studium und Promotionsleben erlebt hat. Bedingt durch die Ausbildung zum Chemiker und das Gesetz hat jeder Chemiker die nötige Befähigung, als Pharmaberater arbeiten zu dürfen. Soviel zur Theorie.

In der Praxis steht an erster Stelle eine komplette neue Ausbildung, denn was weiß der promovierte Spezialist für polymere Werkstoffe von Herz-Kreislauf oder

Knochenstoffwechsel? Die ersten vier Wochen im Job waren also bestimmt durch Lernen: Fachwissen, Verkaufstechniken und neue Software - all das muss verstanden und gelernt werden. Als ersten Einstieg in das neue Berufsbild wurde ich mit erfahrenen Mitarbeitern mitgeschickt, die mir vermitteln sollten, wie das theoretische Fachwissen in der Praxis umzusetzen ist.

Nach dieser ganzen Vorbereitung kam dann der große Tag - mein erster Arzt im Alleingang. Dieser war nett, freundlich und zuvorkommend, aber nach dem Besuch erkannte ich die Realität des Pharmaberaterlebens. Erfolg benötigt Zeit.

Der Beruf des Pharmaberaters

Nun ist ja gemeinhin der Beruf des Pharmaberaters bei Chemikern und auch bei den Ärzten negativ angesehen. Das geht so weit, dass Ärzte über Vertreter des Berufsstandes als „Chronophagen", also Zeitfresser lästern. Bei Chemikern wird die Berufswahl des Pharmaberaters oft als die letzte Alternative vor dem Arbeitsamt gehandelt. Nachdem ich diesen Beruf selbst ausgeübt habe, ist mir diese Einschätzung ein absolutes Rätsel. Natürlich ist die Arbeit eines Pharmaberaters anders als die eines Laborchemikers, aber das liegt in der Natur der Sache. In dem Jahr, in dem ich als Pharmaberater gearbeitet habe, habe ich ganz andere Aspekte des Berufs kennen gelernt:

Eigenständigkeit: Man ist ab dem ersten Tag komplett für sein Gebiet verantwortlich und entscheidet selbständig über das regionale Marketing und die Schwerpunkte. Zeiteinteilung, Wahl der Mittel, Wahl der Ansprechpartner und Kunden - all das muss eigenständig entschieden, koordiniert und gepflegt werden.

Abwechslung: Kein Tag ist wie der andere. Kein Kunde (Arzt) ist wie der andere. Es gibt Höhen und Tiefen wie in jedem anderen Beruf, aber so abwechslungsreich kann das Zwiegespräch mit Kolben und Spateln gar nicht sein.

Viel neues Wissen: Als Polymerchemiker war mir die Medizin ein Buch mit sieben Siegeln. Durch die tägliche Beschäftigung mit Ärzten und dem Gesundheitswesen habe ich viele neue Dinge in dieser Hinsicht gelernt und kann mich auch in manchen Fachbereichen gegenüber Medizinern behaupten.

Der Volksglaube von den Pharmavertretern, die schubkarrenweise Bargeld in die Arztpraxen fahren und sich damit Rezepte kaufen, ist nicht wahr. Vielmehr sind erfolgreiche Pharmaberater solche, die es schaffen, als Partner ihrer Kunden zu agieren und anerkannt zu werden.

Die weitere Entwicklung im Beruf

Im ersten Jahr meiner Pharmakarriere lag ein weiterer Schwerpunkt der Arbeit in verschiedenen kleinen Projekten. So übernahm ich unter anderem Trainings auf regionaler und nationaler Ebene oder entlastete meinen Regionalleiter bei Gebietsanalysen und Computerproblemen. Nach einem Jahr erfolgte dann der erste große Wechsel. In der Zentrale wurde ein Projektmanager im Customer Marketing - der Schnittstelle zwischen Außendienst und Marketing - benötigt.

In der neuen Funktion war ich nun verantwortlich für alle Informationen und Materialien, die für eines unserer Produkte an den Außendienst gegeben wurden. Dies beinhaltete das Konzept, die Gestaltung und Umsetzung neuer Werbematerialien (Abgabeartikel, Broschüren, Informationen für den Arzt etc.). Diese Aufgabe stellte mich vor völlig neue Herausforderungen. Statt wie bisher im Eins-zu-eins-Gespräch das Gegenüber zu überzeugen, war es nun nötig, im Teamwork die Vorstellungen von Marketing, der medizinischen Abteilung, der rechtlichen Abteilung und anderen unter einem Konzept zu vereinigen, das dann auch noch umgesetzt werden konnte. Zusätzlich war ich auch damit automatisch der Hauptansprechpartner für den Außendienst für Fragen und Anregungen bezüglich dieses Produktes. Im weiteren Zeitverlauf kamen dann neue Verantwortungen hinzu.

So war ich u.a. als Projektmanager für den Internet Auftritt der Firma zuständig, was in Anbetracht der schnellen Entwicklung auf diesem Gebiet sehr interessant war. Gleichzeitig wurde ich auch schon sehr stark in die Vorbereitung der Ausbietung eines neuen Präparates integriert. (Unter „Ausbietung" versteht man die Markteinführung, d. h. die Werbung und den Verkauf eines neuen Präparates.)

Nach einem sehr turbulenten Jahr, in dem ich viele Projekte erfolgreich abgeschlossen habe und wir die Produkteinführung erstklassig vorbereitet und über die Bühne gebracht haben, ergab sich wiederum eine neue Chance: einer unserer Regionalleiter zog sich altersbedingt von seinem Posten zurück und ich konnte seine Gruppe mit 12 Mitarbeitern übernehmen. Wieder ein völliges Neuland, was den Inhalt der Arbeit betraf. Weg vom Projektmanagement, hin zum Personalmanagement.

Es galt nun zu beweisen, dass ich auch in der Lage bin, andere zu motivieren, einen guten oder hervorragenden Job zu machen und zum Erfolg der Gruppe beizutragen. Hier sind dann die sogenannten soft skills gefragt; Personalführung und soziale Kompetenz. Die Funktion des Regionalleiters umfasst außerdem die Aufgaben der Koordination, der Ressourcenzuteilung und der strategischen Vorgehensweise innerhalb des Gebietes.

Fazit

Die Arbeit in Marketing und im Vertrieb in der pharmazeutischen Industrie ist eine völlig andere Welt als die Welt der chemischen Forschung. Ein Berufsstart als Pharmaberater bedeutet fast immer ein Ende der wissenschaftlich forschenden Karriere, dessen muss man sich bewusst sein.

Auf der anderen Seite ist der Beruf so spannend und vielseitig, das Gesundheitswesen so facettenreich und verworren, dass es Spaß macht, sich innerhalb dieses Systems zu bewegen und zu arbeiten. Für all die, die etwas anderes suchen als die forschende chemische Industrie und sich zutrauen, in einem komplexen Umfeld, das sich bedingt durch Gesundheitspolitik laufend ändert, die aber gleichzeitig kommunikativ sind, eignet sich der Berufseinstieg und die Karriere in der Pharmaindustrie hervorragend.

Dr. Karsten Jung heute:

Bei Erscheinen der 1. Auflage war ich bei Procter&Gamble Pharmaceuticals als Regionalleiter in Hessen beschäftigt. Nach 2 Jahren in dieser Tätigkeit, wurde ich auf die Position des Customer Planning & Support Managers befördert. Diese ist die Schnittstelle zwischen allen Innendienstfunktionen und dem Außendienst und ist vergleichbar mit der Position als Abteilungsleiter. Man könnte sich diese Funktion als Verkehrspolizist zwischen den einzelnen Abteilungen vorstellen. Alle wollen etwas vom Außendienst, der Außendienst hat viele Bedürfnisse die erfüllt werden müssen – all das wird über die Funktion Customer Planning & Support abgewickelt.

Das war vor 13 Monaten. Vor 4 Monaten habe ich – bedingt durch persönliche Gründe und gelockt von einem großartigen Angebot das Unternehmen gewechselt und arbeite nun bei der Novo Nordisk Pharma GmbH, einer dänischen Pharmafirma. Novo Nordisk ist selektiv auf einige Fachgebiete spezialisiert, so z. B. Diabetes oder Wachstumshormone. Bei Novo Nordisk bin ich als Leiter Marketing und Vertrieb Gynäkologie für die Geschäftseinheit Hormonersatz Therapie der deutschsprachigen Länder (Deutschland, Österreich, Schweiz) verantwortlich. In dieser Funktion steckt das komplette Management einer Geschäftseinheit, angefangen von allen Marketingaufgaben, Marktforschung, Außendienststeuerung und Außendienstleitung.

Ich hoffe ich konnte Ihnen mit diesem kurzen Anhang zeigen. Die Karriere mit Ausgangspunkt Pharmaberater kann sehr lang und vielversprechend sein.

2 Strategie und Informationen

Welche Strategie führt zum Erfolg?

Die Frage nach der richtigen Strategie lässt sich nicht allgemeingültig beantworten, denn so unterschiedlich wie die Voraussetzungen der Bewerber sind, so unterschiedlich müssen auch ihre Strategien sein. Erst wenn man sich über die eigenen Ziele und Wünsche Klarheit verschafft hat und weiß, wo man hin will (Kapitel 1), kann man die individuelle Bewerbungsstrategie festlegen. Auf jeden Fall sollten Sie verschiedene Wege nutzen und sich nicht auf einen Weg der Stellensuche beschränken.

2.1 Initiativbewerbung

Nach langjähriger Erfahrung der GDCh, die Bewerber befragt, die sich als nicht mehr stellensuchend aus der Bewerberdatenbank abmelden (s. Kap. 2.5), ist die Initiativbewerbung neben der Bewerbung auf Stellenanzeigen in Tageszeitungen der wichtigste Weg, um eine Anstellung zu finden. Vor allem für Berufsanfänger direkt nach Diplom, Promotion oder Postdocaufenthalt sind Initiativbewerbungen von großer Bedeutung. Viele der großen Chemie- und Pharmaunternehmen decken ihren Bedarf an Berufsanfängern fast ausschließlich auf diese Weise, so dass Stellen für Berufseinsteiger nur selten ausgeschrieben werden müssen. Über Stellenanzeigen laufen bei diesen Firmen nur Ausschreibungen mit einem besonderen Anforderungsprofil (siehe Bericht von Katharina Voigt).

Bei der Initiativbewerbung reicht es nicht aus, die Firmenadressen aus Büchern oder dem Internet herauszusuchen. Bewerber sollten sich fundiert über den potenziellen Arbeitgeber informieren. Fast alle großen Unternehmen haben in ihrem Internet-Angebot eigene Seiten für Stellensuchende eingerichtet. Sie geben dort ausführliche Hinweise, was sie von Bewerbern erwarten und wie die Bewerbung erfolgen soll. Neben einem Ansprechpartner für das Anschreiben findet man häufig auch Informationen darüber, wie der Berufseinstieg bei der entsprechenden Firma abläuft und welche Arbeitsgebiete es für Chemiker dort gibt.

Diese Anhaltspunkte und natürlich die spezifischen Tätigkeitsfelder der Unternehmen sollten Sie bei Ihrer Bewerbung berücksichtigen und nicht einfach die

Adressen und Firmennahmen austauschen. Da die großen und bekannten Firmen sehr viele Initiativbewerbungen erhalten, spielen Faktoren wie Studiendauer und Zensuren eine große Rolle. Daher ist diese Strategie bei großen Chemiefirmen besonders für schnelle und gute Absolventen geeignet. Natürlich sollten sich auch Absolventen bewerben, die auf einem Gebiet gearbeitet haben, das für eine Firma von besonderem Interesse ist. Auch Zusatzqualifikationen, Sprachkenntnisse, Auslandsaufenthalte, mitunter auch ungewöhnliche Hobbys sind für Unternehmen interessant. Wenn sie aus den Unterlagen den Eindruck einer interessanten Persönlichkeit gewinnen, hat eine Bewerbung in jedem Fall eine Chance.

2.1.1 Informationen über Firmen und Arbeitgeber im öffentlichen Dienst

Bei mehr als 1000 Chemie- und Pharmaunternehmen allein in Deutschland gibt es keinen Grund, sich auf die „Großen" der Branche zu beschränken. Es gibt eine Reihe von Möglichkeiten, Informationen über kleine und mittlere Firmen zu sammeln, bei denen man sich bewerben kann.

Die bequemste Möglichkeit ist das Internet, das die früher unumgänglichen gedruckten Nachschlagewerke abgelöst hat. Ist der Firmenname bekannt, führt häufig der direkte Versuch (http://www.firmenname.de oder http://www.firmenname.com) zum Erfolg. Andernfalls erfolgt die Suche über eine Suchmaschine (z.B. www.yahoo.de oder www.google.de). Eine Alternative sind Adressenlisten, wie man sie unter http://www.e-business.iao.fhg.de, http://www.chemcompass.de oder unter http://www.vci.de finden kann.

Unter e-business.iao.fhg verbirgt sich die Firmensuchmaschine des Fraunhofer Instituts für Arbeitsorganisation. Sie verfügt nach eigenen Angaben über mehr als 100.000 Homepageeinträge von Firmen aus dem deutschsprachigen Raum, ist aber nicht auf Chemiefirmen spezialisiert. Unter chemcompass findet man eine chemiespezifische Datenbank mit 2300 Firmen. Es handelt sich dabei um den elektronischen Nachfolger des *Firmenhandbuchs der Chemischen Industrie*. Es lassen sich mit dieser Datenbank die Firmenadressen heraussuchen, doch liegt der besondere Wert wie bei dem gedruckten Vorbild in der Möglichkeit, auch nach Produkten und Produktgruppen suchen zu können. Über vci.de, dem Service des Verbandes der Chemischen Industrie (VCI) kommt man zu zahlreichen Links von Mitgliedsfirmen, unter anderem aber auch zu einer Datenbank mit den Mitgliedsfirmen der Deutschen Industrievereinigung Biotechnologie (DIB). Neben den großen Chemiekonzernen sind hier auch eine Reihe sehr junger, kleiner Unternehmen Mitglied. Gerade für Chemiker, die an dem Bereich Biotechnologie interessiert sind, bietet diese Liste, die weitgehend mit Links versehen ist, einen guten Zugang zu wichtigen Informationen einer ganzen Branche. Über Biotech-Unternehmen kann man sich auch bei der Dechema, der Gesellschaft für Chemische Technik und Biotechnologie (www.dechema.de) informieren, die unter dem Stichwort „Firmenatlas Biotechnologie" eine umfangreiche Firmenliste publiziert.

Der Verband Deutscher Biologen (vdbiol) stellt im Internet (http://www.vdbiol.de/firmen) einen umfangreichen „Biofirmen-Internet-Gateway" zur Verfügung. Bei den Links zu mehreren tausend Firmen, die nach Namen, Region oder Branchen gesucht werden können, ist auch für (Bio-)Chemiker eine Menge Interessantes dabei.

Über Firmen, die sich noch nicht im Internet präsentieren, findet man die wichtigsten Informationen in gängigen Nachschlagewerken, etwa dem „Firmenhandbuch Chemische Industrie" oder den „Hoppenstedt-Handbüchern" ([4] - [6]). Diese sind in der Regel in Universitätsbibliotheken einsehbar.

Wer im öffentlichen Dienst tätig werden möchte, wird unter http://www.bund.de fündig. Unter dem Stichwort „Arbeit und Beruf" gibt es eine Fülle von Informationen und einen Link zu Stellenangeboten der verschiedenen Einrichtungen (s. auch Kap. 2.3.1)

2.2 Tageszeitungen

Anzeigen in Tages- oder Fachzeitschriften sind vor allem für berufserfahrene Bewerber wichtig. Für den Chemiker-Arbeitsmarkt hat die Samstagsausgabe der „Frankfurter Allgemeinen Zeitung" FAZ die größte Bedeutung, besonders wenn man sich auch für Stellenangebote für Pharmareferenten interessiert. Die Wochenzeitung „Die ZEIT" hat ihren Schwerpunkt auf Angeboten von Hochschulen und Forschungsinstituten, besonders Ausschreibungen von Professuren. Auch die „Süddeutsche Zeitung" veröffentlicht samstags eine Vielzahl von Stellenangeboten.

Wie schon erwähnt, ist für Berufseinsteiger die Initiativbewerbung der wichtigere Weg. Trotzdem ist die Lektüre der gängigen Stellenmärkte auch für Berufsanfänger wichtig, nicht nur, weil sich auch dort Stellen für sie finden. Für viele Experten ist die Anzahl der Stellenausschreibungen in der Samstagsausgabe der FAZ gleichbedeutend mit der Situation des gesamten Arbeitsmarktes. Manche behaupten, dass das Gewicht des FAZ-Stellenmarktes ein quantitatives Maß für den Zustand der Wirtschaft ist.

Die Anzahl an Bewerber, die auf eine Anzeige in einer überregionalen Zeitung antworten, kann bei weit über 100 liegen. Voraussetzung für eine realistische Chance auf ein Vorstellungsgespräch ist in einem solchen Fall, dass der Bewerber dem Anforderungsprofil genau entspricht. Vielversprechender wenn auch seltener sind daher Anzeigen in Lokalzeitungen, da in diesem Fall die Anzahl der Mitbewerber nicht sehr groß ist. Einige Firmen stellen bewusst gerne Bewerber aus der eigenen Region ein. Diese regional begrenzte Konkurrenz zum eigenen Vorteil auszunutzen, ist sicherlich sinnvoll und erfolgversprechend.

Selbstverständlich sollten Stellensuchende auch die Stellenmärkte der für sie interessanten Fachzeitschriften durchsehen. Obligatorisch für Chemiker sind die monatlich erscheinenden „Nachrichten aus der Chemie".

2.3 Stellenanzeigen im Internet

Die Bedeutung des Internets als Plattform, auf der man Stellenanzeigen findet, wird in den nächsten Jahren noch zunehmen. Dieses wird vermutlich zu Lasten der Initiativbewerbungen und der Zeitungsanzeigen gehen. Fast alle Unternehmen nutzen den firmeneigenen Internet-Auftritt, um freie Positionen auszuschreiben. Viele inserieren darüber hinaus in Internet-Stellenmärkten, denn sie schätzen im Vergleich zum geduckten Medium die schnellere und meist kostengünstigere Veröffentlichung ihrer Anzeige. Die Anzahl der Stellenangebote im Internet ist so groß, dass es schwer fällt, den Überblick zu behalten. Außerdem tauchen ständig neue Stellenmärkte auf, andere verschwinden wieder. Daher erhebt die folgende Aufstellung keinen Anspruch auf Vollständigkeit.

2.3.1 Stellenmärkte für Chemiker

Stellenmarkt der Gesellschaft Deutscher Chemiker (GDCh)
http://www.gdch.de/stellen

Die GDCh veröffentlicht Stellenangebote aus allen Bereichen der Chemie. Neben dem schon erwähnten Stellenmarkt der „Nachrichten aus der Chemie" werden im Internet verschiedene Stellenlisten veröffentlicht. Die Wichtigste, „Industrie und öffentlicher Dienst", bündelt Stellen für Anfänger und Berufserfahrene aus allen Branchen und Bereichen. In „Hochschulen und Forschungsinstitute" werden Doktoranden- und Postdocstellen ausgeschrieben. „Professuren" veröffentlicht Stellen für Hochschullehrer und in „Praktikantenstellen" können Unternehmen Praktika ausschreiben.

http://www.chemiekarriere.net

Auch in diesem von Chemie.de angebotenen Forum werden Stellenangebote für Chemiker und Chemielaboranten veröffentlicht. Allerdings sind auch eine Reihe von Stellen dabei, die zwar in der chemischen Industrie angesiedelt, aber für Chemiker nicht interessant sind.

http://www.monster.de,   http://www.stepstone.de,   http://www.jobpilot.de, http://www.jobscout24.de

Die vier „Großen" in Deutschland werden meist in einem Atemzug genannt. Alle bieten Stellenangebote für alle Berufe, für Anfänger und Berufserfahrene, Vollzeit und Teilzeitstellen an. Dies bedeutet, dass Bewerber unter vielen tausend Stellen zunächst über Suchfunktionen die für sie interessanten Angebote raussuchen müssen. Die Schwierigkeit ist dabei, die Suchfunktionen so geschickt zu wählen, dass die richtigen Stellen dabei rauskommen. Meist muss man etwas rumprobieren, bis die passenden Suchkriterien gefunden wurden, man keine interessanten Stellen übersieht und nicht eine Vielzahl von uninteressanten Anzeigen durchsehen muss. Daher ist die Recherche in diesen Stellenmärkten deutlich zeitaufwändiger als in branchenspezifischen Jobbörsen. Allerdings bieten die meisten Jobbörsen die Möglichkeit, die gewählten Suchkriterien abzuspeichern, so dass man sie nicht bei jeder Recherche neu eingeben muss. Auf jeden Fall sollte man die Suche nicht auf die Chemie/Pharma-Branche beschränken, da auch andere Branchen Stellen für Chemiker ausschreiben. Alle Stellenmärkte bieten neben Stellenangeboten auch Firmenprofile sowie Tipps und Infos zu Bewerbungen.

http://www.jobware.de

Auch Jobware, nach eigener Angabe das Karriere-Portal für Fach- und Führungskräfte, gehört zu den Stellenmärkten, die eine Vielzahl von Berufsgruppen abdecken. Auch hier gilt, dass zunächst Suchekriterien ausgewählt werden müssen. Wie die anderen bietet er neben den Stellenangeboten Informationen zu Bewerbung und Beruf.

http://www.wwj.de

World Wide Jobs heißt dieser Anbieter und er bietet an, was die anderen auch anbieten – Stellenangebote, die über ein Abfrageformular gesucht werden können und Bewerbungsinfos.

http://www.karriere.de

Dahinter verbirgt sich ein Service der Verlagsgruppe Handelsblatt. Über eine Suchmaschine kann man hier mit einer Abfrage in 21 Stellenmärkten gleichzeitig suchen.

http://www.jungekarriere.com

Auch dieses Portal wird von der Verlagsgruppe Handelsblatt angeboten. Neben dem Verweis auf die Suchmaschine (es ist dieselbe wie bei www.karriere.de) gibt es viele Informationen zu Studium, Bewerbung, Recruiting-Veranstaltungen, Berufseinstieg, Gehalt und mehr.

http://www.jobs.zeit.de

Eine nahezu identische Suchmaschine, die nicht ganz so viele Stellenmärkte durchsucht, bietet auch die Wochenzeitung DIE ZEIT an. Hilfreich ist der Job-Newsletter, den man dort kostenlos abbonieren kann.

http://www.akademiker-online.de

Speziell an Berufseinsteiger richtet sich *Akademiker-online*. Neben „normalen" Stellen lässt sich hier auch nach Praktika und Diplomarbeiten suchen. Hinter den meisten Einträgen verbirgt sich allerdings kein konkretes Angebot, sondern die Information, dass die betreffenden Firmen einen kontinuierlichen Bedarf an Absolventen haben. Zudem sind viele für Chemieabsolventen wichtige Firmen nicht vertreten. Trotzdem erhält man über die Unternehmen, die dort aufgelistet sind, brauchbare Informationen und die Adressen der Ansprechpartner.

http://www.berufsstart.de

Auch *Berufsstart.de* konzentriert seine Angebote auf Absolventen und bietet ein ähnliches, jedoch nicht so umfangreiches Angebot wie Akademiker-online. Dafür gibt es, wie auch bei den meisten anderen Jobbörsen Tipps und Informationen zu Bewerbung und Berufseinstieg.

http://www.jobs.uni-hd.de

Science-Jobs-de bietet unter der obigen Internetadresse Stellenausschreibungen von Wissenschaftlern für die Wissenschaft. Damit richtet sich *Science-Jobs-de* eher an Diplomanden, die eine Doktorandenstelle suchen, als an Chemiker nach der Promotion.

Fraunhofer-Gesellschaft und Helmholtz-Gemeinschaft

Die beiden großen wissenschaftlichen Organisationen, die insgesamt 47 Institute der Fraunhofer-Gesellschaft und die 16 Forschungszentren der Hermann-von-Helmholtz-Gemeinschaft, schreiben ihre vakanten Stellen zum großen Teil ebenfalls im Internet aus. Unter www.fhg.de/german/jobs bzw. www.helmholtz.de lassen sich die Stellenausschreibungen der beiden Organisationen finden. Auch viele Universitätsinstitute schreiben ihre Jobangebote im Internet aus. Links zu weiteren Stellemärkten wissenschaftlicher Einrichtungen bietet der GDCh-Karriereservice unter http://www.gdch.de/ks/service/links_arbeitsmarkt.htm an.

http://www.bund.de/Gut-zu-Wissen/Arbeit-und-Beruf/Stellenangebote-im-Oeffentlichen-Dienst-.7238.htm

Unter dieser etwas sperrigen Adresse findet man eine Linksammlung zu Stellen-
börsen, die von verschiedenen Einrichtungen des öffentlichen Dienstes betrieben
werden. Die übergeordnete Adresse *www.bund.de*, herausgegeben vom Bundes-
verwaltungsamt enthält eine umfangreiche und informative Zusammenstellung
von Behörden und anderen Organisationen des öffentlichen Dienstes

Internationale Stellenmärkte

Die weltumspannende Verfügbarkeit des Internets ermöglicht es, sich von
Deutschland aus über Stellenangebote in jedem Land der Welt zu informieren.
Besonders für Großbritannien, Frankreich und die USA gibt es einige interessante
Stellenmärkte. Internet-Adressen mit Hinweisen zu Stipendien im Ausland und
allgemeine Informationen zu Auslandsaufenthalten wurden in Kap. 1.2.2 vorge-
stellt.

http://www.acs.org/careers/ und
http://www.acs.org/careers/empres/pubs01.html

Die Career-Seiten der American Chemical Society (ACS) bietet umfangreiches
Material rund um die Stellensuche in Amerika. Die zweite Adresse beinhaltet eine
Zusammenstellung von Veröffentlichungen der ACS für Stellensuchende. Wer in
den USA arbeiten möchte, findet hier wertvolle Informationen zur Abfassung von
Anschreiben und Lebensläufen etc.

http://www.chim.ucl.ac.be/CHIM/ECS

Das Online Jobcenter der European Chemical Society (ECS) enthält europaweit
Stellenangebote, unterteilt nach Commercials, Academics, Postdocs, MSc oder
PhD.

http://www.chemsoc.org/careers/careers.htm

Careers and job centre heißt der von der *Chemsoc* (Chemistry Societies Network)
und der *Royal Society of Chemistry* (RSC) veröffentlichte Bewerberservice. Man
findet hier in erster Linie Stellenangebote aus Großbritannien. Interessant für alle,
die sich im englischsprachigen Ausland bewerben möchten, ist das umfangreiche
Informationsangebot, angefangen vom Nachdenken über die persönliche Bewerbungsstrategie sowie dem Erstellen einer Bewerbungsmappe bis zur Vorbereitung
auf ein Vorstellungsgespräch. Unter „Careers on the web" findet man Links zu
vielen weiteren Stellenmärkten.

http://www.nature.com/naturejobs/

Auf den www-Seiten der Wissenschaftszeitschrift *Nature* werden Stellen aus aller Welt für Naturwissenschaftler angeboten. Daneben gibt es Firmenprofile, eine Datenbank für Veranstaltungen und weitere Informationen.

http://recruit.sciencemag.org

Science-Career heißt der entsprechende Service des Magazins *Science* im Internet. Auch dieser Stellenmarkt bietet weltweit Stellen aus allen Bereichen der Naturwissenschaften. Unter „Career Advice" gibt es Beispiele für Lebensläufe und Anschreiben.

http://www.abg-jobs.com

Die französische Association Bernard Gregory (AGB) betreibt eine Stellendatenbank im Internet. Die Angebote richten sich an promovierte Absolventen aller Fachrichtungen. Stellenangebote gibt es nicht nur aus Frankreich, sondern auch aus anderen Ländern.

http://www.cadresonline.com

Cadres Online ist ein französischer Service, der neben Stellenausschreibungen in Frankreich auch umfangreiche Hinweise zu Bewerbungen, dem Verfassen von Anschreiben, Lebensläufen etc. auf den www-Seiten publiziert.

2.4 Stellengesuche

Es gibt verschiedene Möglichkeiten, ein Stellengesuch im Internet zu publizieren. Bei seriösen Anbietern werden die Daten so präsentiert, dass zwar Fachkenntnisse und andere wichtige Daten, nicht aber Name und Anschrift des Bewerbers veröffentlicht werden. Außerdem ist dieser Service für Bewerber kostenlos. Neben der Bundesagentur für Arbeit bieten die großen Jobbörsen (Monster, Stepstone, Jobware) und auch chemiekarriere.net diesen Service an. Die Resonanz ist allerdings häufig gering, da im Moment kaum eine Personalabteilung die aktive Recherche nach Bewerbern in Internet-Datenbanken betreibt.

Selbstverständlich kann man auch in Zeitschriften ein Stellengesuch veröffentlichen. Der große Vorteil dieses Weges liegt in der kleineren Konkurrenz. Wenn man auf diesem Wege die Aufmerksamkeit einer Person gewonnen hat, die einen Arbeitsplatz zu vergeben hat, so ist man nicht mehr einer von 100, sondern kann erwarten, dass die Bewerbungsunterlagen mit der notwendigen Aufmerksamkeit bedacht werden. Ein Stellengesuch in einer der großen Zeitungen wie der FAZ ist allerdings eher für berufserfahrene Bewerber zu empfehlen.

2.5 GDCh-Karriereservice

Den Karriereservice der GDCh sollte jeder stellensuchende Chemiker in Anspruch nehmen. Neben den Stellenangeboten im Internet und den „Nachrichten aus der Chemie" (s. Kapitel 2.2 und 2.3) stellt die GDCh auf ihren Internet-Seiten (http://www.gdch.de/karriere) eine Vielzahl von Informationen zur Verfügung. Sie führt außerdem bei Messen oder Tagungen Sonderveranstaltungen wie Jobbörsen oder Informationsveranstaltungen durch.

Außerdem betreibt die GDCh eine Arbeitsvermittlung, bei der sich Chemiker und andere Naturwissenschaftler in eine Bewerberdatenbank eintragen können (http://www.gdch.de/ks/bewerber/online.htm). Dieser Eintrag enthält die für eine Bewerbung relevanten Daten wie Ausbildung, Berufserfahrung, Zusatzqualifikationen und Tätigkeitswünsche. Alle Daten werden vertraulich behandelt. Die Aufnahme ist nicht an eine Mitgliedschaft in der Gesellschaft Deutscher Chemiker gebunden. Unternehmen, die Chemiker suchen, wenden sich mit einem Anforderungsprofil der zu besetzenden Stelle an die GDCh, worauf in der Datenbank nach Bewerbern mit den gesuchten Qualifikationen recherchiert wird. Die Bewerberprofile geeigneter Kandidaten werden anschließend unter Chiffre-Nummer an das suchende Unternehmen gegeben. Zeigt ein Unternehmen aufgrund des vorgelegten Bewerberprofils grundsätzliches Interesse, werden die Bewerber direkt über die vakante Position informiert und um die vollständigen Bewerbungsunterlagen gebeten. Es werden also immer diejenigen Kandidaten angeschrieben, die genau zur ausgeschriebenen Stelle „passen". Die Kunden der GDCh sind häufig kleine und mittelständische Firmen, die genau definierte Fachkenntnisse oder Qualifikationen erwarten. Aber auch die „Großen" der Branche suchen neue Mitarbeiter über die GDCh-Bewerberdatenbank oder die Internet-Stellenliste, vor allem, wenn sie Bedarf an Mitarbeitern mit speziellen Methodenkenntnissen oder ungewöhnlichen Qualifikationen haben, die sie nicht über Initiativbewerbungen finden.

2.6 Bundesagentur (ehemals Bundesanstalt) für Arbeit

Im Dezember 2003 hat sich die Bundesanstalt für Arbeit in „Bundesagentur für Arbeit" umbenannt und den bisherigen Stellen-Informations-Service (SIS) und Arbeitgeber-Informationsservice (AIS) gegen einen neuen Internet-Auftritt ausgetauscht. Auch unter https://www.arbeitsagentur.de können Stellensuchende nach Stellenangeboten suchen und sich in eine Bewerberdatenbank eintragen. Daneben bietet das Forum viele Informationen und die Weiterbildungsdatenbank „Kurs".

Mit dem neuen „virtuellen Arbeitsmarkt" (VAM) hat sich die Bundesagentur für Arbeit ein ehrgeiziges Ziel gesteckt. Denn nicht nur die bisher im SIS veröffentlichten Stellen, sondern auch die in anderen Internet-Jobbörsen publizierten Stellenangebote sollen künftig kostenlos für Arbeitgeber in die Datenbank des VAM eingespeist werden. Ob die kommerziellen Jobbörsen dabei mitmachen und ihre mühsam eingeworbenen Stellenanzeigen kostenlos zur Verfügung stellen werden, ist mehr als fraglich. Zwei Monate nach seinem Start zumindest bietet die Recherche zwar einige freie Stellen für Chemiker, aber die Suche ist nicht weniger umständlich als im SIS-System.

2.7 Absolventenmessen und Jobbörsen

Erste Kontakte zu einem Arbeitgeber über Absolventenmessen und Jobbörsen zu knüpfen, ist ein Weg, der in den letzten Jahren an Bedeutung gewonnen hat. Viele Firmen nutzen diese Gelegenheit, um sich darzustellen und interessante Bewerber für ihr Unternehmen zu interessieren. Stellensuchende erhalten durch diese Gespräche einen Ansprechpartner für das Anschreiben und können sich in der Bewerbung darauf beziehen, was dem Anschreiben eine persönlichere Note gibt. Bewerber können außerdem in kurzer Zeit mit vielen Firmenvertretern sprechen. Die beteiligten Firmen der Kontaktbörsen werden häufig vorher im Internet angekündigt, so dass man sich vor dem Besuch einer Jobbörse über die Unternehmen informieren kann, um dann gut vorbereitet ins Gespräch zu gehen. Wie in Kap. 1.2.1 erwähnt, ist der Besuch von Jobbörsen auch dann sinnvoll, wenn man noch nicht aktiv auf Stellensuche ist, da man nicht nur viele Informationen erhält, sondern schon einmal den Auftritt als Bewerber trainieren kann. Termine von Jobbörsen für Chemiker lassen sich bei der GDCh unter http://www.gdch.de/ks/ service/absolventenmessen.htm finden.

2.8 Persönliche Kontakte

Die Möglichkeit, über persönliche Kontakte einen neuen Arbeitsplatz zu finden, sollte nicht unterschätzt werden. Ehemalige oder aktuelle Kollegen, Kommilitonen, Hochschullehrer, Freunde oder Bekannte können Sie über Stellen informieren, die nicht in Tageszeitungen oder dergleichen ausgeschrieben sind. Bei Stellenbesetzungen im chemischen Bereich wenden sich Unternehmen häufig an Hochschullehrer, die das gesuchte Fachgebiet vertreten und ihrerseits ihre Doktoranden ansprechen. Der Vorteil liegt für beide Seiten auf der Hand: der Arbeitgeber muss keine Stellenanzeige schalten und eine Vielzahl von Bewerbungsunterlagen sichten, sondern hat nur eine kleine Anzahl von Bewerbern. Noch größer ist der Vorteil für den Bewerber, denn die Konkurrenz ist viel kleiner. Im Idealfall erfährt er von einer offenen Stelle, die nicht öffentlich ausgeschrieben wird, aber schnell besetzt werden soll. Dann kann es vom ersten Kontakt bis zum Vertragsabschluss sehr schnell gehen.

Bewerber sollten nicht nur darauf warten, dass sie angesprochen werden, sondern sich auch selbst überlegen, wen man ansprechen könnte, um nach einer freien Stelle zu fragen. Dazu sollten Sie sich frühzeitig bemühen, ein persönliches Netzwerk zu schaffen. Das kann beispielsweise über die Zusammenarbeit mit Industriepartnern geschehen, über den Kontakt zu ehemaligen Kollegen, die einen Job gefunden haben, aber auch über Bekannte, die in einer interessanten Firma arbeiten. Allerdings sollte man immer daran denken, dass ein Netzwerk auf Gegenseitigkeit beruht. Wer nur von anderen profitieren möchte, ohne selbst gelegentlich anderen mit Informationen oder anderen Gefälligkeiten zu helfen, wird sein Netzwerk auf Dauer zerstören.

Bericht

Prof. Dr. Petra Mischnick

Professorin an der Hochschule

Zur Person

Petra Mischnick, geboren 1957, 3 Töchter

Studium der Lebensmittelchemie an der TU Braunschweig und Teilstudium Chemie an der Universität Hamburg

Promotion in Organischer Chemie, 1987 in Hamburg

Habilitation in Organischer Chemie, 1996 in Hamburg

Seit 1998 Professorin am Institut für Lebensmittelchemie der TU Braunschweig

Rücke vor auf Cx

Der Berufseinstieg bei der Professorenlaufbahn vollzieht sich in Deutschland bis heute in der Regel auf einer steilen Steigung (genannt Habilitation), an dessen Ende dann gute Aussichten winken, aber auch der Abgrund liegen kann. Eine C3-Professur, wie ich sie erreicht habe, ist immerhin eine Lichtung, auf der man sich einrichten und arbeiten kann. Ob man dann noch die Anhöhe zur C4-Würde erklimmt, hängt von vielen Faktoren ab.

Blick zurück

Wie bin ich dazu gekommen, das Wagnis Habilitation einzugehen? Es mag Menschen geben, die dieses Ziel schon bei Studienbeginn klar vor Augen haben, bei mir haben sich die Pläne schrittweise entwickelt: Erst einmal Abitur, dann Studi um, erst dann bin ich auf die Idee gekommen zu promovieren, ja, und dann kam der entscheidende Anstoß von außen, mein Forschungsgebiet an der Uni weiter zu entwickeln. Damit nahm das Ziel Habilitation Gestalt an. Ich darf gleich anmerken, dass ich kein besonders typisches Beispiel für eine Professorenlaufbahn bin. Schon als Frau stelle ich nach wie vor eine Exotin dar: Der Anteil der Professorinnen in der Chemie lag nach Angaben des Statistischen Bundesamtes 1997 bei 3% (C3 + C4). Daran wird sich seitdem nicht viel geändert haben, wenn auch die Zahl der Habilitandinnen deutlich zugenommen hat. Dies registriert man auch auf den jährlichen Chemiedozententagungen, auf denen sich der akademische Nachwuchs präsentiert, 1993 noch von einem offiziellen Redner als „Bullenschau" bezeichnet. Damals lag der Anteil der weiblichen Vortragenden bei 3% [a], 1997 bei 8% [b] und im Jahr 2000 in Regensburg bereits bei 12% [c].

Im Gegensatz zu vielen meiner Kolleginnen und Kollegen entstamme ich sogenannten kleinen Verhältnissen. Ein anständiger Haupt- oder Realschulabschluss wäre meinen Eltern auch Recht gewesen, zumal für ein Mädchen. Natürlich waren sie durchaus stolz, dass ihre Tochter ein ausgezeichnetes Abi (es war die harte NC-Phase) gemacht hatte, sodass ein Studium sich geradezu aufdrängte. Überdurchschnittliche Leistungen brauchte ich schon deshalb, um hochgesteckte Ziele - auch vor mir selbst - zu rechtfertigen.

Ist es sinnvoll, eine Professur anzustreben?

Leserinnen und Leser dieses Buches wird sicherlich interessieren, ob es zur Zeit geraten ist, eine Professur anzustreben oder nicht. Darauf gibt es natürlich nicht nur die eine Antwort. Sie werden sicher die aktuelle oder permanente Diskussion um Wohl und Wehe der Habilitation verfolgt haben. Bleibt sie? Fällt sie? Meiner Einschätzung nach wird sie mit der Verjüngung von Berufungskommissionen weniger wichtig werden. Das Hochschulgesetz lässt ja schon lange habilitationsäquivalente Leistungen zu. Kommt die Dienstrechtreform, die Frau Bulmahn, Bundesministerin für Bildung und Forschung, kürzlich vorgestellt hat, werden Habilitand(inn)en alter Art zu Juniorprofessor(inn)en und die Habilitation entfällt [d]. Forscherehrgeiz, die Bereitschaft, viel Zeit und Idealismus in die Arbeit zu investieren, aber auch für die Universität und das Fach zu wirken, Freude an der Arbeit mit jungen Studierenden, denen man fachlich wie persönlich etwas mit auf den Weg geben will, das alles halte ich für wichtige Kriterien, wenn es um die Frage geht, ob man seinen beruflichen Weg an der Hochschule suchen soll.

Aber wie steht es mit der Nachfrage? - Vom „Professorenloch" wird schon seit Anfang der 80iger Jahre geredet. Sicher ist die Altersstruktur der Professorenschaft aufgrund der expandierenden Einstellungspolitik in den 70iger Jahren so, dass in den kommenden Jahren viele Pensionierungen anstehen, aber wie wir alle wissen, sind die Studierendenzahlen in der Chemie stark gesunken - zum WS 2000 allerdings erstmals wieder im Aufwind und gespart wird überall. Da hat manche Stelle schon lange einen kw-Vermerk (kann wegfallen).

Habilitation

Bleibt man im Lande bzw. kommt nach einem Post-Doc-Aufenthalt dorthin zurück, ist es gut, die Uni zu wechseln. Ein Schnitt nach der Promotion, Abgrenzung von allem, was war, wird gern gesehen, „von wegen der Eigenständigkeit". Auch für die persönliche Entwicklung halte ich es für vorteilhaft, wenn man seinen Radius erweitert. Aber dies kann nicht das einzige Kriterium sein, das über den Wirkungsort entscheidet. Es gibt noch andere: Man muss einen Laborplatz finden, ein geeignetes Umfeld für die eigenen Forschungspläne, die Finanzierung sichern. Ich hatte in meiner Dissertation ein neues Thema etabliert, das im Arbeitskreis vorher nicht existent war. Die Weiterführung dieser Thematik war also kein Zeichen mangelnder Eigenständigkeit, sondern forschungspolitisch gefordert und damit auch gefördert. Und ohne Ressourcen keine Forschung. Abnabeln und unabhängig publizieren ist aber unbedingt erforderlich. Steht der Mentor auf den Veröffentlichungen oder ist offiziell Projektleiter, kann man die Aktivität nicht mehr für sich verbuchen.

Auslandserfahrung ist ebenfalls wichtig. Ich selbst war allerdings nur zwei Monate zu einem Forschungsaufenthalt in den USA. Meine Tochter war bei Abschluss der Promotion sechs Jahre alt und stand unmittelbar vor der Einschulung, ein Jahr Ausland um jeden Preis wollte ich nicht. - Gut und nützlich ja, aber nicht essentiell. Das sehen Berufungskommissionen mit ihrer checklistenartigen Beurteilung der Bewerbungsunterlagen häufig anders. Aber gerade Frauenbiographien folgen - wissenschaftlich wie privat - oft nicht dem männlich geprägten Schema.

Die Finanzierung während der Habilitation oder demnächst auf einer Juniorprofessur ist eine andere wichtige Frage. Cl-Stellen der Universitäten oder Nachwuchsförderstellen in besonderen Programmen (z.B. Lise-Meitner-Programm in NRW, Dorothea-Erxleben-Programm in Niedersachsen, Hochschulsonderprogramme) sowie entsprechende Stipendien (z.B. Liebig-Stipendium, Habilitandenstipendium der DFG) sind auf die Habilphase zugeschnitten. Drittmittelstellen oder Dauerstellen an der Universität, z.B. als Akademischer Rat, bringen häufig eine Fülle von Verpflichtungen mit sich, z.B. im Service-Bereich oder der Praktikumsbetreuung. Professoren ziehen sich gern einen verlässlichen Assistenten oder eine Assistentin heran, die sie im Alltagsbetrieb entlasten und „den Laden am Laufen halten", wenn sie selbst auf Reisen sind. Diese Funktionen im Mittelbau sind ausgesprochen wichtig. Es kann dann aber leicht passieren, dass man am Ende im wahrsten Sinne des Wortes alt aussieht und den Absprung nicht mehr schafft. Dafür ist man wenigstens „versorgt", während Privatdozenten mit Zeitvertrag befürchten müssen, ihrem Titel fragwürdige Ehre zu machen.

Berufungsverfahren

Ist eine Professur zu besetzen, wird an der Universität eine Berufungskommission gebildet. In dieser sind alle Statusgruppen vertreten, die Gruppe der Professoren hat die Mehrheit, Mitarbeiterinnen aus Technik und Verwaltung haben nur beratende Stimme, ebenso wie die Frauenbeauftragte. Zuerst einmal müssen aus der Fülle der Bewerbungen etwa 5-8 Kandidatinnen und Kandidaten ausgewählt werden, die zu einem Vortrag eingeladen werden sollen. Dabei spielt natürlich eine Rolle, ob das Arbeitsgebiet, die Erfahrungen in Forschung und Lehre die Anforderungen der Stellenausschreibung erfüllen.

Die Qualität der Lehre hat in den vergangenen Jahren einen immer höheren Stellenwert erhalten. Entscheidend für Anerkennung und Fortkommen ist aber zuerst einmal die Qualität und Originalität der Forschung. Publikationen von Originalarbeiten in angesehenen Fachzeitschriften, Auslandserfahrung, Einladungen zu Vorträgen, Einwerben von Drittmitteln und ggf. Forschungspreise sind die wichtigsten Kriterien. Auch findet Beachtung, mit welchen Namen und Persönlichkeiten die Stationen in der wissenschaftlichen Entwicklung verknüpft sind.

Hat man diese erste Hürde des Auswahlverfahrens genommen, gilt es, die Kommissionsmitglieder in Vortrag und Diskussion hinsichtlich Kompetenz, Souveränität und Präsentationsfähigkeit zu überzeugen. Für das anschließende Gespräch ist zu bedenken, dass die meisten Kommissionsmitglieder nicht direkt vom Fach sind, also eher allgemeine Fragen stellen, etwa, mit wem man denn in der Region Berührungspunkte sehe oder welche neuen Inhalte man in die Ausbildung einbringen wolle. Kooperationsinteresse und -bereitschaft sind gefragt. Und eine Perspektive für das Wirken auf der begehrten Stelle sollte man haben, vielleicht auch eine Vision.

Auch das Private bleibt nicht immer ausgespart. Ob man am bisherigen Wirkungsort gebunden sei, wie schnell man kommen könne, ob man noch andere Eisen im Feuer habe, insbesondere einen Listenplatz in einem anderen Verfahren - Fragen, die der Sorge entspringen, lange Verhandlungen könnten eine Liste letztlich zum Platzen bringen oder die Präsenz der/des Neuberufenen würde gegebenenfalls zu mager ausfallen. Auf Grundlage von Vorträgen und Gesprächen einigt sich die Kommission dann auf einen Kreis von 3 - 4 Personen, die -meist vergleichend - von etwa drei auswärtigen Kollegen begutachtet werden. Bei deren Auswahl bestimmen die fachkompetenten Kommissionsmitglieder naturgemäß maßgeblich die Entscheidung, so dass hier auch Weichen gestellt werden können. An die Reihung der Gutachter ist die Kommission nicht gebunden, fällt das Votum jedoch einheitlich aus, wird man kaum davon abweichen. Es wird eine Liste aufgestellt, die abgestimmt wird und die Gremien der Universität durchlaufen muss (Fakultät, Senat), bevor sie an das Ministerium geht. Das Ministerium erteilt letztlich den Ruf, die Verhandlungen über personelle, räumliche und materielle Ausstattung der Stelle wird dann mit der Universität geführt.

Bei einer C3-Stelle ist der Verhandlungsspielraum bei der heutigen Lage der öffentlichen Finanzen gering, bei einer C4-Position deutlich größer. Sicher ist es von Vorteil, sich bei Insidern über die Situation und Möglichkeiten der betreffenden Hochschule zu informieren. Auf Grundlage des Verhandlungsergebnisses nimmt man dann den Ruf an oder lehnt ihn ab. Aus meiner Sicht gibt es dafür leider keine Fristen, was mitunter zu endlosen Verhandlungen und letztlich dem Scheitern von Berufungsverfahren führt, zum Schaden der Universität bzw. des Faches.

Persönliche Erfahrungen

Nach der Promotion habe ich mich auch außerhalb der Universität beworben, hatte auch schon ein konkretes Angebot, ein weiteres greifbar nah. Die Bewilligung eines Drittmittelprojektes, mit dem ich mich und meine Forschung finanzieren konnte, gab aber den Ausschlag, an der Universität zu bleiben, dann aber auch die Habilitation anzustreben, weil ein Verbleiben in der Nestwärme der Alma Mater ohne klare Zielsetzung lediglich einen Nachteil auf dem Arbeitsmarkt bedeutet hätte.

Ich war begeistert von meinem Arbeitsgebiet und ging sehr idealistisch, im Rückblick könnte man auch meinen naiv an die Sache heran. Ich war überzeugt, ich müsse nur erfolgreich forschen und lehren, dann würde ich die Habilitation und die „Venia Legendi" auch erreichen. So war es bisher immer gewesen: Ich musste mich anstrengen und sehr gut sein, dann erhielt ich auch irgendwann die entsprechende Urkunde. So war ich auch auf den ominösen Gegenwind einiger Kollegen nicht vorbereitet, als ich lediglich den Antrag stellte, Lehrveranstaltungen anbieten zu dürfen.

Ich wollte möglichst früh anfangen, Erfahrung zu sammeln und hielt meine damalige zweite Schwangerschaft für die passenden Umstände, hier vorübergehend einen Schwerpunkt zu setzen. Es bestand aber wohl die Befürchtung, dass grünes Licht für die Lehre von mir als grünes Licht für's Habilitieren gewertet werden könnte. Diese kleine Episode steht für dreierlei: Man muss die Machtstrukturen einer Universität im Blick haben. Man braucht möglichst einen erfahrenen Mentor, der die Sensibilität für die Eigengesetzlichkeit des Wissenschaftsbetriebs weckt. Und man soll sich nicht entmutigen lassen, wenn man von seiner Sache überzeugt ist. Letzteres ist sicher nicht immer ganz einfach.

Forschung liegt nahe bei Frustration, die das Selbstvertrauen schon einmal ins Wanken bringen kann. Für mich war in solchen Situationen das Gespräch mit kompetenten Menschen mit klarem analytischem Verstand hilfreich, die mich gut kannten und mir den Rücken stärkten. Das zur Zeit viel diskutierte und vor allem in großen Firmen auch schon praktizierte Mentoring mit dem Ziel, das Potenzial von Frauen für Führungsaufgaben zu erschließen, erscheint mir vor diesem Hintergrund auch für den akademischen Bereich ein nachahmenswertes Modell [e].

Nach anfänglicher Finanzierung durch Drittmittel habe ich mich erfolgreich um ein Habilitandenstipendium der DFG beworben und schließlich eine C1 -Stelle an der Universität Hamburg erhalten.

Was ich an meinem Beruf besonders schätze

Was ich an meinem Beruf besonders schätze, ist die Möglichkeit, im Rahmen meiner personellen und materiellen Möglichkeiten meine Arbeit frei zu gestalten, ebenso im Rahmen von Prüfungs- und Studienordnungen, den Lehrstoff selbst auszuwählen. Allerdings muss ich hier gleich ein „aber" anfügen. Ich bedaure, dass geschrumpfte Universitätsetats und die Forschungsförderpolitik Kreativität eher erschweren. Sicher, in mein Arbeitsgebiet, die Polysaccharidchemie und -analytik im Bereich Nachwachsender Rohstoffe redet mir niemand hinein. Aber, wie die meisten meiner Zunft, bin ich auf das Requirieren von Drittmitteln angewiesen.

Projektideen sind aber am ehesten erfolgreich, wenn ich in dem Zusammenhang bereits Ergebnisse präsentieren kann oder anerkanntes Know-how vorzuweisen habe. Gutachter sind auch nur Menschen und selbst bei besten Vorsätzen nicht frei von Voreingenommenheit. Bei BML- und BMBF-geförderten Projekten finden darüber hinaus die Interessen der Industrie starke Berücksichtigung. Forschung lebt aber auch von „verrückten" Ideen, deren Erfolgsaussichten sich nicht abschätzen lassen. Man muss auch spinnen können, wenn auch nicht gerade Stroh zu Gold. Und selbst wenn das Ziel nicht erreichbar ist, so gewinnt man auch auf dem Weg manch neue Erkenntnis. So fühle ich mich manchmal eher wie die Chefin eines kleinen Unternehmens, die ständig auf Trab sein muss, um für ihre Leute (= Doktoranden) die Aufträge (= Projekte) und damit die Gehälter (= Drittmittel) einzuwerben.

Ein weiteres Standbein gründet sich auf direkte Kooperationen mit der Industrie oder außeruniversitären Forschungseinrichtungen, die durchaus interessant sein können. Anfragen kann man nicht einfach ablehnen. Mit dem so eingenommenen Geld kann ich Reparaturen bezahlen, Bücher kaufen, meine Mitarbeiterinnen und Mitarbeiter auf Tagungen schicken (mich auch), sie besser ausstatten usw. - Mittel für Grundausstattung kann man nicht in Projekten einwerben und die geschrumpften Universitätsetats geben dies auch nicht her.

Auch die Zeitautonomie meines Berufes begrüße ich sehr. Es gibt eigentlich keine Trennung von Arbeit und Freizeit. Aufgrund meiner privaten Situation mit drei Töchtern bin ich es von jeher gewohnt, viel zu Hause zu arbeiten: am Abend, am Wochenende. Eine 40-Stunden Woche reicht nie. Aber es ist schön, dass ich das gar nicht so genau rechne. Diese Flexibilität hat mir trotz der im Vergleich zu einem geregelten Job höheren Arbeitsbelastung durchaus dabei geholfen, Beruf und Familie unter einen Hut zu bringen.

Heute ermöglicht es mir mein gutes und sicheres Einkommen, mir Entlastung durch Einstellung einer Halbtagskraft für Kinder und Haushalt zu leisten. Als Doktorandin hatte ich für solchen Luxus natürlich kein Geld, dafür aber mehr Kraft - und ja auch erst ein Kind. Ich erwähne dies, weil ich aus Gesprächen mit Wissenschaftlerinnen weiß, dass sie mitunter vor einer wissenschaftlichen Karriere zurückschrecken, weil die Familienplanung nach der Promotion mehr ins Blickfeld gerät und sie die Doppelbelastung durch ein kleines Kind und den hohen Qualifikationsdruck scheuen. Aus meiner Sicht gibt es kein Patentrezept, wann die beste Zeit für Kinder ist. Früh anzufangen, halte ich aber nicht für verkehrt, weil die beruflichen Aufgaben und Pflichten immer vielfältiger werden, im Gegensatz zur physischen Belastbarkeit. Mit dieser Thematik setzt sich übrigens auch der Arbeitskreis *Chancengleichheit in der Chemie* (AKCC) der GDCh auseinander. Und gerade auf diesem Feld lohnt sich ein Blick über die Grenzen, z.B. nach Schweden, das uns hinsichtlich Vereinbarkeit von Beruf und Familie weit voraus ist [f].

Ja, und natürlich sind es gerade die menschlichen Kontakte, die die Lebendigkeit des Berufes ausmachen. Ich habe durch meine Arbeit wissenschaftlich wie persönlich interessante Gesprächspartnerinnen und Freunde im In- und Ausland gewonnen, was ich als große Bereicherung empfinde. Ohne den Disput und den Austausch mit anderen ist auch in der Wissenschaft alles nichts.

Was macht nun eine Professorin?

Wie sieht mein Arbeitstag aus? In den Naturwissenschaften ist eine hohe Präsenz üblich und erforderlich. Der stetige Kontakt zu meinen Mitarbeiterinnen und

Mitarbeitern ist mir wichtig. Im Semester nimmt die Lehre viel Zeit in Anspruch, vor allem die Vorbereitung. Ich bin für ein Praktikum verantwortlich, das zwar von einer Assistentin betreut wird, um das ich mich aber auch inhaltlich kümmere, ebenso um Kolloquien und Protokolle.

Die Forschung ist das spannendste. Aber um diese voranzubringen, hin und wieder ein Gerät anschaffen zu können, die Finanzierung meiner Doktorandinnen und Doktoranden sicher zu stellen, muss ich manches mehr oder weniger Spannendes tun, wie z.B. Projektanträge ausarbeiten, Berichte und Zwischenberichte schreiben, zu Berichttreffen und Tagungen fahren, Ergebnisse präsentieren, Kontakte knüpfen. Dazu kommen Anfragen von anderen Forschungsinstitutionen oder der Industrie: Mal geht es den Vertretern der Wirtschaft nur um eine Beratung, aber auch Auftragsforschung bis hin zu Service ist gefragt. Das ist ein gerade für die Mitarbeiter häufig interessanter Kontakt, weil sie ihre Ergebnisse dann einmal in einer Firma präsentieren können und erfahren, wie bedeutend ihre Arbeiten für diese sind. Das Tagesgeschäft - Diskussionen mit den Doktorandinnen und Doktoranden, Telefonate (es gibt so unglaublich viel zu regeln), E-Mails und Post beantworten und andere Schreibarbeiten, Sitzungen und Lehrveranstaltungen - sorgt häufig dafür, dass der so wichtige Besuch in der Bibliothek mal wieder verschoben wird. Lange Bahnfahrten zu irgendwelchen Terminen oder Wartezeiten auf Flughäfen werden dann endlich zum Lesen von z.B. zu begutachtenden Manuskripten, von Doktorarbeiten oder interessanten Veröffentlichungen genutzt, die man schneller kopieren als verarbeiten kann. Die Universität bietet ein vielfältiges Programm von Vorträgen, so dass der Abend - bei Bedarf inklusive Nachsitzung - gesichert ist.

Die Gremienuniversität verlangt natürlich Mitarbeit in Fachbereich oder Fakultät, in Berufungs- und Senatskommissionen. Dazu gibt es auch außerplanmäßige Initiativen: das Schreiben von Strukturplänen oder die Diskussion zur Profilbildung. Zurzeit habe ich die geschäftsführende Leitung unseres Institutes inne und lerne wieder dazu. Da geht es dann z.B. um Fragen der Sicherheit, nicht nur vor den Gefahren des Laboralltags, sondern auch vor ungebetenen Gästen, die in der Universität immer mal wieder Rechner samt Daten davontragen, um Inventarisierung, um neue Buchungssysteme, um bauliche Maßnahmen u.a.

Neben den rein universitären Aufgaben gibt es fast unbegrenzte Möglichkeiten, sich in Arbeitskreisen, Fachgruppen und Gesellschaften ehrenamtlich zu engagieren. Bei mir ist das seit März 2000 insbesondere der *Arbeitskreis Chancengleichheit in der Chemie* der GDCh, dessen Vorsitzende ich bin. Mit einem gewissen Unbehagen habe ich mich auf dieses Amt eingelassen, weil ich mich auch ohne solche Zusatzaufgaben gut ausgelastet fühlte. Aber da ist dann doch der Reiz des Gestaltens, das Gefühl der Verpflichtung, in einer Demokratie nicht immer nur die anderen machen zu lassen und sich auf die persönlichen Interessen zu beschränken. Trotz der Zeit, die ich in diese Aufgabe investiere, und die vielleicht auf Kosten einiger ungeschriebener Veröffentlichungen und auch auf Kosten gemeinsamer Aktivitäten mit meinen Kindern geht, bereue ich es nicht, „Ja" gesagt zu haben. Es ist eine neue und etwas andere Herausforderung - und neue Herausforderungen haben immer etwas Belebendes, ich komme mit anderen Menschen zusammen und befasse mich gründlicher mit Themen, die ich bisher nur sporadisch beachtet habe.

Schon vor Jahren habe ich mich für das experimentelle Arbeiten mit Grundschulkindern begeistert und bin überzeugt, dass man die Einstellung zu den Naturwissenschaften und insbesondere zur Chemie im positiven Sinne verändern und das Interesse an diesen Themen früh wecken und festigen kann, wenn man nicht erst in der 9. Klasse mit diesem Fach beginnt. Und hier wäre vor allem für die Mädchen etwas zu gewinnen, die, wie Untersuchungen zeigen, aufgrund der immer noch tradierten klassischen Rollenbilder mit der Pubertät ein stetig abnehmendes Interesse an Naturwissenschaften zeigen [g]. Dies ist ein Feld, dem sich unsere AG Schule und Hochschule widmen will. Die Universität mit all ihren Fachbereichen bietet auch die Möglichkeit zu fachübergreifenden Kontakten und Aktivitäten. So bin ich durch unseren Arbeitskreis *Wissenschaftlerinnen* zu einer gemeinsamen Lehrveranstaltung mit Kolleginnen aus der Geschichte der Naturwissenschaften, der Psychologie, der Pädagogik und der Chemiedidaktik gekommen, bei der ich selbst auch neue Einblicke gewinne.

Resümee

Mein Leben war bisher bestimmt von Wechseln und neuen Herausforderungen. Trotz angesammelter Erfahrung ist - zum Glück - noch keine Routine eingekehrt. In Phasen starker Belastung, hart an der Grenze des Machbaren, wünsche ich mir mehr Ruhe, stellt sich diese nur ansatzweise ein, werde ich unruhig. Und so wird es wohl bleiben.

Literatur

[a] Programm der Chemiedozententagung, Dresden 1993.

[b] Programm der Chemiedozententagung, Berlin 1997.

[c] Programm der Chemiedozententagung, Regensburg 2000.

[d] Nachrichten aus der Chemie, 48 (2000), 1332.

[e] Mentoring für Frauen in Europa, Deutsches Jugendinstitut e. V., München, 3. Auflage 1998.

[f] G. Fürst, Gleichstellungspolitik - der schwedische Weg, Schwedisches Institut, Stockholm, 1999.

[g] K. Höner und T. Greiwe, Chimica Didactica, 26 (2000) 25-5 5.

Prof. Petra Mischnick heute:

Was hat sich in der Zwischenzeit verändert? - Der Anteil der Frauen unter den Professorinnen ist nach wie vor gering und beträgt in der Chemie 5% [1]. Bei den Habilitandinnen sieht es mit 15% in 2001 etwas besser aus [1]. Die Juniorprofessur ist eingeführt und wird vor allem dort nachgefragt, wo sie mit Tenure track verbunden ist. Im math.-naturwiss. Bereich haben Frauen hier 20% der Positionen besetzt [1]. Viele halten vorerst an der alten Habilitation fest, wollen diese „mitnehmen", so lange es sie noch gibt. Natürlich führt das Etikett „Juniorprofessur" nicht automatisch zu anderen Arbeitsbedingungen an den zunehmend gebeutelten Hochschulen. Aus meiner Mitarbeit in Berufungskommissionen gewinne ich den Eindruck, dass der Anteil der Frauen unter den Bewerberinnen nach wie vor sehr gering ist, und dass es bei einer Überzahl männlicher Bewerber schon aus statistischen Gründen unwahrscheinlich ist, dass gerade eine Frau nun nicht nur eine Spitzenwissenschaftlerin ist, sondern auch vom Arbeitsgebiet und den genutzten Methoden die optimale Besetzung darstellt. Soweit meine persönliche Erfahrung.

Die bundesweite Statistik der Bund-Länder-Kommission sagt, dass Frauen im Mittel entsprechend ihrem Anteil unter den Bewerbern berufen werden [2]. Es stellt sich in der aktuellen Situation massiver Kürzungen im Bildungs- und Wissenschaftsbereich ganz generell die Frage, ob die deutsche Universität noch ein attraktiver Arbeitsplatz ist. Darauf kann ich hier nicht umfassend eingehen, gewinne aber aus der derzeitigen Diskussion den Eindruck, dass sich - gesteuert von der Politik - forschungs- und lehrintensive Universitäten entwickeln werden und dass es zunehmend schwieriger werden wird, mit langem Atem Grundlagenforschung zu betreiben, da in zunehmendem Maße nach Anwendungspotenzial und wirtschaftlichem Nutzen gefragt wird, aus meiner Sicht eine fatale Entwicklung. Die überall Einzug haltende formelgebundene Mittelzuweisung mag mit ihrem Anspruch, Leistung zu belohnen, auf den ersten Blick überzeugen. Aber diese, die sich doch sehr komplex zusammensetzt, wird letztlich mit sehr groben Instrumenten gemessen und kann daher die individuellen Unterschiede nur sehr rudimentär abbilden. Es besteht auch die Gefahr, dass sich nicht rechnendes Engagement dadurch leiden wird.

Was hat sich bei mir persönlich geändert? Meine Kinder sind älter und selbstständiger geworden. Das verführt dazu, noch mehr Aufgaben zu übernehmen. Insgesamt empfinde ich es als eine große Befriedigung, dass meine Töchter trotz aller Belastungen durch meinen Beruf doch letztlich in ihrer Persönlichkeitsentwicklung davon profitiert haben und das Verhältnis trotz meiner intensiven Arbeit ein sehr verbindliches ist. Ich erwähne diese mehr privaten Aspekte deshalb, weil das Gefühl, wegen der Verantwortung für die Kinder kein Recht auf eigene berufliche Ambitionen zu haben, für Frauen nach wie vor eine Karrierebremse darstellt. Das muss nicht sein.

In der Forschung befinde ich mich in einer Phase der Neuorientierung. Aufbauend auf die in der analytischen Methodenentwicklung gewonnenen Erfahrungen, stellen wir gezielt neue funktionalisierte Polysaccharide her, die uns interessante interdisziplinäre Kooperationen im Bereich Oberflächenfunktionalisierung, z.B. in der Implantattechnik oder der Bioanalytik eröffnen. Auch ein Fach entwickelt sich. Die Lebensmittelchemie als traditionell auf amtliche Überwachung von Lebensmittel- und Bedarfsgegenständen ausgerichteter Studiengang ist zum einen stärker mit ernährungsphysiologischen Fragestellungen konfrontiert, die auf molekularer Ebene betrachtet werden und für die eine Datengrundlage geschaffen werden sollen, zum anderen müssen wir unseren Studierenden einen erweiterten Blick auf die Aufgabenfelder vermitteln, auf die das moderne analytische Instrumentarium etwa in den Bereichen der Naturstoffchemie, der Molekularbiologie oder der Materialwissenschaften angewandt werden kann. Ich habe mich in den letzten drei Jahren sehr eingesetzt für die Einführung eines Lebensmittelchemie-Diploms in Niedersachsen. Nachdem dies erreicht ist, stehen nun Bachelor und Master auf der Tagesordnung, wobei ich der Überzeugung bin, dass der Bachelor auch für die Studierenden der Lebensmittelchemie nur einer in Chemie sein kann.

Neben Forschung, Lehre und Gremienarbeit engagiere ich mich in der LehrerInnen- und ErzieherInnenfortbildung, habe das Agnes-Pockels-SchülerInnenlabor an der TU Braunschweig gegründet [3], wo wir schon Grundschulkindern die Möglichkeit bieten zu experimentieren, bin seit 2004 Mitglied im Vorstand der GDCh und weiterhin aktiv im Arbeitskreis Chancengleichheit (AKCC) [4].

Vieles, was man beginnt, entwickelt eine Eigendynamik und ist schwer in den Grenzen des Machbaren zu halten. Die Kontakte zu anderen Menschen im In- und Ausland sind mir immer noch besonders wichtig und erfahren gerade durch die ehrenamtliche Tätigkeit manche Bereicherung. An meiner TU Braunschweig fühle ich mich nach fünf Jahren zunehmend integriert und wohl, kooperiere mit verschiedenen Kollegen, freue mich immer wieder über die jungen Menschen, die bei mir wissenschaftlich arbeiten und doch auch zurückmelden, dass sie in diesen Jahren mehr als nur Chemie gelernt haben.

Literatur

[1] Kompetenzzentrum Bielefeld:
www.kompetenzz.de/article/thema/127?NavItemID=196&NavCatID=4

[2] Frauen in Führungspositionen an Hochschulen und außerhochschulischen Forschungseinrichtungen, Hrsg: BLK für Bildungsplanung und Forschungsförderung, Heft 109, Bonn 2003

[3] www.agnespockelslabor.de

[4] www.gdch.de/strukturen/fg/akcc.htm

Bericht

Dr. Birgitt Pläsier

Berufsschullehrerin für Chemietechnik

Zur Person

Geboren 1966, verheiratet, 1 Kind

1986 - 1991 Studium Diplom Chemie an der Universität Hannover

1994 Promotion in Technischer Chemie, Universität Hannover

1995 - 1998 Wissenschaftliche Mitarbeiterin in der *Wisstrans Umwelt GmbH* in Göttingen

1998 - 1999 Wissenschaftliche Mitarbeiterin am Institut für Chemical Engineering, University of Birmingham, UK

Seit 1999 Studienrätin z. A. an der BBS 22 in Hannover

Studium und Promotion

Mein Interessenschwerpunkt lag und liegt im Bereich der Biotechnologie. Die Universität Hannover bot sich von daher als Studienort an, denn der damalige Leiter des Lehrstuhls für Technische Chemie, Herr Professor Karl Schügerl, ist ein Mitbegründer der biotechnologischen Forschung in Deutschland. Meine Doktorarbeit schrieb ich an diesem Institut in der Arbeitsgruppe von Herrn Professor Thomas Scheper, dem jetzigen Leiter des Institutes für Technische Chemie. Für seine Unterstützung in meinem Werdegang möchte ich ihm an dieser Stelle danken. Da Anfang der Neunziger Jahre nicht nur Stellenangebote sondern auch die Finanzierung von Forschung einer gewissen Limitierung unterlag, reihten sich meine Arbeitsverträge nicht ganz lückenlos aneinander. Daher entschloss ich mich, am Clementinenstift Krankenschwestern und -pfleger in Chemie, Physik und Biologie zu unterrichten. Diese zunächst aus rein finanziellen Aspekten gestartete Tätigkeit gestaltete sich als eine äußerst fruchtbare Zusammenarbeit zwischen den Schülerinnen und Schülern und meiner Person, denn unterrichten machte mir Spaß!

Als sich meine Promotion dem Ende zuneigte, stellte sich mir mehr und mehr die Frage: Was nun? Durch meine Industriekontakte zu Thomae (jetzt: Boehringer Ingelheim), die mein Forschungsprojekt finanziert hatten, ergab sich leider keine Anstellungsmöglichkeit. Ich hatte jedoch die Möglichkeit, im Anschluss an meine Promotion im Sommer 1994 noch einige Monate an diesem Projekt zu arbeiten.

Erste Berufstätigkeit

Im Anschluss an meine Universitätstätigkeit entschied ich mich, im Bereich der Biotechnologie zu bleiben und nahm eine Position in einem mittelständischen Unternehmen an, der Wisstrans Umwelt GmbH in Göttingen. Der Geschäftsführer des Unternehmens war ein bekannter Göttinger Mikrobiologe, Herr Professor Gerhard Gottschalk. Ich arbeitete an einem Projekt zur Förderung der Biotechnologie des Landes Niedersachsen mit. Wir waren in beratender Funktion für das Wirtschaftsministerium tätig, organisierten Workshops zu biotechnologischen Themen, waren unterstützend tätig bei der Akquise von Fördermitteln für Projekte sowie bei Unternehmensgründungen und noch viele Dinge mehr.

Meinen Arbeitsplatz im Labor hatte ich gegen eine büroorientierte Tätigkeit eingetauscht. Ich arbeitete mich in die Bereiche Forschungsfinanzierung und Förderung von Existenzgründern und kleinen mittelständischen Unternehmen ein, wodurch ich Erfahrungen in Gesprächsführung und Kommunikation sammelte. Wir waren bei dem niedersächsischen Beitrag für den bundesweiten BioRegio-Wettbewerb federführend tätig. Diese vielfältige Tätigkeit vermittelte mir einen anderen Blickwinkel auf die Biotechnologie, nämlich den aus der Sicht von Politik und Verwaltung.

Der einzige Wermutstropfen war für mich, dass die Finanzierung des Projektes von einem zum nächsten Jahr immer wieder neu verabschiedet werden musste, und die Laufzeit der Arbeitsverträge 12 Monate nicht überschritt. Da ich zudem gern Berufserfahrung im europäischen Ausland sammeln wollte, habe ich mich über Annoncen in *Nature* und im Internet auf Stellenanzeigen in Großbritannien und Frankreich beworben. Mein Englisch war verhandlungssicher und im Französischen hatte ich mich am *Institut Francais d'Hannovre* in Kursen und Einzelstunden fit gemacht. Parallel dazu hatte ich einen Forschungsantrag bei der Europäischen Union für ein Projekt an der University of Birmingham, UK, gestellt. Nach einigen Vorstellungsgesprächen in England, habe ich mich letztlich, nachdem ich grünes Licht aus Brüssel für meinen Antrag bekam, für das EU-Forschungsvorhaben in Birmingham entschieden. Als zeitlicher Vorlauf für ein EU-Projekt ist ca. ein Jahr anzusetzen. Die Voraussetzungen sind in den einzelnen

Programmen ganz unterschiedlich. Ein großer Wert wird auf wissenschaftliche Publikationen gelegt.

Auslandsaufenthalt in Großbritannien

In Großbritannien habe ich im Arbeitskreis von Dr. Mohamed AI-Rubeai am Institut für Chemical Engineering gearbeitet. Meine Arbeit beschäftigte sich mit dem Nachweis apoptotischer Zellen in der Tierzellkulturtechnik mittels automatischer Bildanalyse. Ich habe meine Tätigkeit in Großbritannien sehr genossen. Nicht nur, weil ich den britischen Humor sehr mag, sondern auch wegen der Forschungstätigkeit in einem jungen Team. Wer glaubt, überall auf der Welt wären bürokratische Wege einfacher zu handhaben als in Deutschland, den muss ich enttäuschen. Auch die Briten stehen uns da in keiner Weise nach. Nur meiner Beharrlichkeit auf der Suche nach Unterlagen aus und für Brüssel in den Tiefen der englischen Bürokratie sorgten dafür, dass die EU-Forschungsgelder den Weg nach Birmingham fanden. Die Briten klagen nicht so laut über die Unsäglichkeiten des Alltags wie wir Deutschen. Sie stehen ihnen vielmehr mit einer größeren Nonchalance gegenüber. So lernte ich mich an die Tücken des britischen Alltags zu gewöhnen, zu denen morgendliche Duschvorgänge auf Kniehöhe genauso gehörten wie die Heizungsausfälle im Winter - kalt duschen und kalt schlafen ist schließlich gesund! Ich gewöhnte mich an die Vielzahl der Varianten des englischen Regens und an die winterliche Grippeepidemie.

Betonen möchte ich, dass ich von dem Forschungsteam in Birmingham sehr nett aufgenommen worden bin und mir dort jede nur erdenkliche Unterstützung zukam. Ich möchte mich dafür stellvertretend bei Mohamed, David und Lee bedanken. Große Unterschiede im wissenschaftlichen Arbeiten an einer britischen und einer deutschen Universität sind mir nicht aufgefallen.

Berufsschullehrerin für Chemietechnik

Weil auch meine Anstellung über das EU-Vorhaben zeitlich befristet war, habe ich konsequenterweise immer die Augen offengehalten, was sich auf dem Arbeitsmarkt bietet. So habe ich im Internet eine Ausschreibung der Bezirksregierung Hannover gesehen, bei der es um Berufsschullehrer für Chemietechnik am Standort Hannover ging. Aufgrund der bereits erwähnten ersten positiven Unterrichtserfahrungen während meiner Promotionszeit war ich von der Idee, hauptberuflich an einer berufsbildenden Schule zu arbeiten, sehr überzeugt. Die Position war auch für Diplom-Chemiker ausgeschrieben und ich habe mich von Birmingham aus darauf beworben.

Das Bewerbungsverfahren ging positiv für mich aus, so dass ich 1999 an einer berufsbildenden Schule in Hannover zu unterrichten begann. Für Akademiker, die nicht Pädagogik studiert haben, gelten besondere Einstellungsvoraussetzungen (dazu gehört in Niedersachsen die vierjährige Berufserfahrung). Eingestellt werden können Diplom-Absolventen für Berufsfachschulen. Das sind Schulen, an denen zum Beispiel zur/zum chemisch-technischen Assistenten/in ausgebildet wird. Die Einstellung erfolgt als Beamter auf Probe für zunächst maximal 3 Jahre. Begleitend findet eine pädagogische Ausbildung in einer Arbeitsgemeinschaft statt. Die Probezeit endet mit einer Prüfung, die sich aus zwei Unterrichtsbesuchen und einer theoretischen Prüfung zusammensetzt. Bei einer Verbeamtung wird anders als bei einer Anstellung in einem Unternehmen kein Arbeitsvertrag unterschrieben, sondern dem Kandidaten wird eine Urkunde überreicht.

Leider kam bei meiner Urkundenüberreichung eine Konkurrentenklage dazwischen. Der Ausdruck war mir damals ganz neu. Er besagte, dass ein Mitbewerber um meine Stelle beim Verwaltungsgericht Klage erhoben hatte gegen die Entscheidung der Bezirksregierung, mich einzustellen. Damit war meine Verbeamtung zunächst gestoppt und ich wurde im Angestelltenverhältnis beschäftigt. Ich durfte solange nicht an der pädagogischen Ausbildung teilnehmen, bis eine Entscheidung des Verwaltungsgerichtes vorlag. Das fand ich damals sehr deprimierend. Meine Rückkehr aus England hatte ich mir anders vorgestellt. Doch die Mitarbeiter der Bezirksregierung haben sich sehr für mich eingesetzt und nach nur 6 Wochen stand meiner Verbeamtung auf Probe nichts weiter im Wege.

Resümee

Über meine Entscheidung, an einer berufsbildenden Schule zu arbeiten, bin ich nach wie vor sehr froh. Ich arbeite mit jungen Menschen zusammen, die dem Leben in der Regel positiv gegenüberstehen. Dinge, die den Schülerinnen und Schülern quer liegen, werden meist offen und ehrlich geäußert. Mein berufliches Leben dreht sich immer noch um Chemie und Biotechnologie. Jedoch liegt der Schwerpunkt nun auf der Zusammenarbeit mit jungen Menschen und diesen beruflichen Schritt würde ich wieder tun.

Würde ich heute mit meinem Abitur in der Hand stehen und mir die Frage stellen, welche Fachrichtung ich studieren sollte, würde ich mich immer wieder für ein Chemiestudium entscheiden, denn mit einem Chemiestudium als Basis kann man sich in nahezu jede naturwissenschaftliche Richtung orientieren. Selbst Tätigkeitsschwerpunkte in Betriebswirtschaft lassen sich für Chemiker durch Zusatzqualifikationen realisieren.

Bericht

Stephen Pickrahn

Leben und Arbeiten in den USA

Zur Person

10/1998 - 10/2002: Studium der Lebensmittelchemie an der Bayerischen Julius-Maximilians-Universität, Würzburg

12/2002 – 01/2003: Praktikum bei Labor Hemmrich, Lauda

Validierung einer DEV-Methode zur Bestimmung von polyzyklischen aromatischen Kohlenwasserstoffen (PAK's) in Trinkwasser

seit 7/2003: QA-Lab-Technologist bei der Vanlab Corporation in Rochester, New York (Kontrolle der Rohwaren und der fertigen Produkte, Flavor-Matching in Forschung und Entwicklung)

Auswandern in die Vereinigten Staaten

Wie kommt man zu einem Job in den USA? Diese Frage stellen sich nicht viele Absolventen deutscher Hochschulen, für alle Interessierten hier ist meine Story.

Der Grund für mein Auswandern war meine bessere Hälfte. Sie ist Amerikanerin und wir wollten (und taten es auch) heiraten. Die Formalitäten wie Aufenthalts- und Arbeitserlaubnis waren über alles gesehen bei einer Hochzeit in den USA einfacher und die Aussicht, in einem anderen Land zu leben, reizte mich. Trotzdem fällt man so eine Entscheidung nicht über Nacht. Erst nach langem Überlegen und Informieren entschied ich mich, diesen Weg zu gehen. Der Hauptgrund, gleich nach dem Examen den Sprung zu wagen, war, dass die Umstellung auf anderes Land mit zunehmenden Alter nicht leichter wird, klingt spießig - es ist aber so.

Das Land der unbegrenzten Möglichkeiten

Mit der Erleichterung, endlich zu einer Entscheidung gekommen zu sein, fing ich zu Beginn meines letzten Semesters an, konkret zu überlegen, was ich drüben machen wollte. Wichtig für mich war es, zunächst einmal den Überblick zu erhalten und nicht von all den Möglichkeiten überfordert zu werden. In welchen Bereichen arbeiten Leute mit meinem Abschluss? Sehr hilfreich sind hier Organisationen wie die GDCh, Bund der Lebensmittelchemiker (BLC) usw.

In den USA promovieren wollte ich aus zweierlei Gründen nicht. Ich habe zwar nicht alles probiert, aber mein Eindruck war, dass man auch mit Forschungserfahrung vor der dreijährigen Promotion zwei Jahre lang einen Master-Abschluss machen muss. Das bedeutet erstens Zeitverlust und zweitens horrende Studiengebühren, Beträge von 20.000 Dollar und mehr sind normal. Vielleicht ist es möglich mit Hilfe ehemaliger Professoren da was zu bewegen, ein Versuch ist es wert.

Als Forschungsassistent wollte ich auch nicht arbeiten, insofern startete ich die Jobsuche. Schnell fiel mir auf, dass so ziemlich jedes Stellenangebot nach berufsrelevanter Erfahrung und Supermann-Charakterzügen verlangt. Wie bei vielen anderen Lebenssituationen ist es auch hier hilfreich, die Sache langsam angehen zu lassen. Häufig sind die Anforderungen in Stellenausschreibungen total überzogen. Es rentiert sich durchaus, auch in weniger viel versprechende Angebote Energie zu stecken. Erstens könnte es ja doch was werden und zweitens wird man nur durch Übung im Schreiben von Begleitbriefen und maßgeschneiderten Lebensläufen besser. Oftmals hat man mehr berufsrelevante Erfahrung als es im ersten Augenblick scheint. Was hat man denn im Studium gemacht? Als Lebensmittelchemiker z.B. habe ich analytische Laborerfahrung und kenne mich im Fach Lebensmittelchemie aus (so sehr man sich nach nur vier Jahren auskennen kann). Auch Seminararbeiten, einzelne Praktika und manche Vorlesungen sind relevant! Bis zu einem gewissen Grad muss man sich auch verkaufen können, im richtigen Licht sieht jeder Supermann (-frau) ähnlicher.

Die Bearbeitung meines Visumantrages dauerte wesentlich länger als erwartet und daher suchte ich nach einem Praktikum in Deutschland. Dazu will ich mich hier kurz fassen, es waren ja auch nur zwei Monate. Wichtig für mich war eine relative Nähe zum Elternhaus (Geld fürs Flugticket sparen) und wenn möglich analytisch ausgerichtet. Telefonische Anfragen sind im Vergleich zu E-Mail und Post direkter und man hat gleich einen ersten Eindruck vom Betrieb. Noch ein letztes (positiv gemeintes) Wort: jede Arbeitserfahrung ist eine gute Erfahrung.

Mein Hauptkriterium bei meiner Jobsuche in den USA war zunächst, dass nur Rochester und Umgebung als Arbeitsort in Frage kamen. Also suchte ich nach Lebensmittel-Herstellen, Laboren etc. Dann sammelte ich Informationen, etwa über die Art des Betriebes, Adresse, Internetseite, wird der Name an anderer Stelle genannt (z.B. Mitglied einer Organisation etc.). Dabei helfen u.a. gelbe Seiten, Handelsverzeichnisse (Chambers of Commerce), Websiten von Organisationen (z.B. International Organisation of the Flavor Industry) und allgemeinere Seiten zur jeweiligen Industrie (z.B. American Institute of Baking) die World Trade Organization (WTO) usw.

Dann fragte ich im Bekanntenkreis nach weiteren Informationen (zu Neudeutsch wohl Networking). Leider kannte niemand jemanden, der jemanden kennt, der dort arbeitet. Ich war also auf mich allein gestellt. In der Folge engte ich mögliche Kandidaten ein und fing an Bewerbungen zu schreiben, und zwar sowohl für ausgeschriebene Stellen als auch unverbindliche Anfragen. Wichtig ist es, sicher zu stellen, dass die Bewerbung in die richtigen Hände kommt. Der einfachste Weg ist, bei der Kundenbetreuung oder bei der Nummer, die man eben hat, anzurufen und nach dem Personalleiter (human resources manager) oder der Person, die Lebensläufe bearbeitet, zu fragen. Die meisten Leute sind bei solchen Anfragen recht freundlich und hilfreich. Wichtig dabei ist den korrekten Namen, genaue Adresse (inkl. Abteilungsname) und Titel aufzuschreiben. Es kann passieren, dass man weiterverbunden wird und dann sollte man im voraus wissen was man denn sagt, wenn man den Personalleiter persönlich dran hat! Ein letztes Wort zur Bewerbung - sie vermittelt dem möglichen Arbeitgeber einen ersten Eindruck, perfekt ist also gerade gut genug. Bevor der Frust über Formulierungen und die äußere Form der Bewerbung zu groß wird ein auflockernder Spruch: „writing resumes is not a science, it is an art".

Mit der Jobsuche per Internet war ich weniger erfolgreich. Ich hatte meinen Lebenslauf auf 7 verschiedenen Seiten, regionalen und nationalen. Das Fazit nach 3 Monaten war viel Spam, ein Anruf und zwei E-Mails, wobei Nr.1 nicht zurückschrieb und Nr. 2 ein Angebot für American Express als Finanzberater zu arbeiten war (wegen meiner „analytischen Fähigkeiten"). Auf zwei Stellenangebote habe ich mich per E-Mail beworben, aber nichts weiter gehört.

Meine Erfahrungen mit Arbeitsvermittlungen waren gemischt. Bereits einen Tag nachdem ich meinen Lebenslauf bei careerbuilder.com ins Netz gestellt hatte, rief mich ein Headhunter an und bot mir ein Vorstellungsgespräch für einen Job bei einer Brauerei in Connecticut an. Ich erklärte ihm, dass ich nicht wegziehen wollte, worauf er mir Name und Telefonnummer eines Mitarbeiters der Zweigstelle in Rochester gab. Nach mehreren Anläufen erreichte ich Mike dann auch, und nachdem ich ihm einen Lebenslauf geschickt hatte, lud er mich zum Kennenlernen ein. Ich sah es als gute Übung für zukünftige Vorstellungsgespräche, und außerdem kann man jede Hilfe bei der Arbeitssuche brauchen. Das Gespräch verlief gut, und es sah viel versprechend aus. Leider kam in der Folge nichts für mich dabei heraus. Regelmäßig hörte ich (wenn ich anrief) Aussagen wie „…Lebenslauf geht bei jedem Meeting herum…", „nenne Ihren Namen…". Als ich selbst was gefunden hatte, wurde Mike ganz freundlich und wollte die Namen meiner Kontaktperson haben.

Ich will hier nicht alle Arbeitsvermittler als unfähig hinstellen, manche leisten sicher hervorragende Arbeit, mein Eindruck ist aber eher negativ (ich hatte noch mit mehreren zu tun). Deshalb würde ich im Zweifelsfall auf solche Dienstleistungen, wenn zahlungspflichtig, verzichten.

Der Weg zur Vanlab Corporation

Vanlab steht für Vanilla Laboratories. Es ist ein mittelständisches Unternehmen, welches neben Vanilleextrakten auch weitere Aromen produziert. Aroma hat mich schon während der Uni-Zeit interessiert, und es war ein Pluspunkt in meiner Bewerbung dass die Uni Würzburg, insbesondere Prof. Schreier, weltweit für Aromenforschung bekannt ist. Nachdem ich die zuständige Person ausfindig gemacht hatte, verschickte ich meinen Lebenslauf mit passendem Begleitbrief. Es dauerte zwei Wochen, bis ich auf einmal einen Anruf bekam. Am Telefon war meine jetzige Chefin, die mich zum Vorstellungsgespräch einlud. Neben Zeit und Ort fragte ich auch nach Details, z.B. ob noch andere Leute zugegen sein werden. Ich hatte unter anderem eine Liste meiner Referenzen dabei, übersetzte Infos über den Aufbau des Studiums und mein Praktikumszeugnis. Vanlab war mein erstes Vorstellungsgespräch, und natürlich war ich anfangs nervös. Die Fragen waren zunächst allgemein (zum auflockern), seit wann ich in den USA bin, was mich dorthin verschlagen hat etc. Wenig später kamen aber konkrete Fragen nach Studium, Praktikum und Persönlichkeit. Das Wichtigste bei einem Vorstellungsgespräch ist die Vorbereitung. Meine bestand unter anderem aus den folgenden Punkten:

Was für Fragen will ich Arbeitgeber xy stellen?

Details der Position, Zuständigkeiten, Arbeitszeiten, Ziele der Organisation, Firmenkultur, Beförderungspolitik, Krankenversicherung, Schulungen usw.

Was für Erwartungen werden gestellt?

Wissen über die Firma (Geschichte, Produktlinien, Namen etc.), Erwartete Qualifikationen, Was im Studium gemacht - Was daraus gelernt?

Standardfragenkatalog Vorstellungsgespräch

Z.B. Wo sehen Sie sich in 5/10 Jahren, Warum bewerben Sie sich bei uns, Inwiefern halten Sie sich für qualifiziert, Was können Sie zum Erfolg der Firma beitragen?

Innere Einstellung

Ein Vorstellungsgespräch ist ein recht einschüchterndes Erlebnis, da wird man geprüft ob man denn gut genug ist. Wer die Sache so angeht dem wünsche ich viel Glück, meine Einstellung ist eine andere. Es ist eine Unterhaltung zwischen zwei Leuten und ein Test für beide Seiten. Will ich den Job auch, wenn die Firma mir äußerst unsympathisch ist? Immer gefallen eine positive Einstellung, Verantwortungsbewusstsein, natürliches Selbstbewusstsein und „ich kann das" Attitüde.

Zum „Troubleshooting" übte ich Folgendes (Beispiele):

- ruhig bleiben bei unbequemen Fragen, Zeit gewinnen, z.B. nachfragen, in eine andere Richtung als gewünscht antworten

- verschiedene Erfolgsstories ausformulieren, z.B. zum Thema Teamgeist, Vorträge

- intellektuellen Eindruck machen, z.B. Brille richten, wichtige Handbewegungen

- sofort nachfragen wenn etwas unklar ist

- auf die Sprachweise des Gegenüber einstellen

- niemals Konfrontation suchen, auf die Uhr schauen, Hand vor dem Mund

Körpersprache

Interessantes Thema und wert, ein Buch darüber zu lesen. Die nonverbale Kommunikation ist ungemein wichtig, das Gesagte und die Körpersprache sollten miteinander übereinstimmen. Ein Beispiel: „können Sie es sich vorstellen, längere Zeit bei uns zu bleiben?" Wer mit Ja antwortet, dabei aber die Arme verschränkt, Beine überkreuzt und die Stirn runzelt, ist offensichtlich nicht an einer langfristigen Anstellung interessiert.

Aussehen

Der erste optische Eindruck kann entscheiden ob ein Vorstellungsgespräch erfolgreich verläuft! Ein toller Lebenslauf/Begleitbrief hat das Einstellungsgespräch gebracht aber jetzt kommt es auf den persönlichen Eindruck an. Die beste Kleidung (die Form sollte dem Anlass entsprechen) und Körperpflege, zusätzliche Accessoires wie z.B. Unterlagentasche machen einen professionellen (und vorbereiteten) Eindruck.

Planung des Tages des Vorstellungsgesprächs

Eine gute Vorbereitung reduziert mögliche Stresssituationen ungemein. Wichtig für mich waren z.B. am Tag davor den Weg (plus eine Alternative) abzufahren, den Anzug bereit zu legen, noch einmal ein Übungsinterview zu machen und Sport zu treiben.

Zusätzlich zu meinem ersten Interview wurde ich zu einem zweiten Termin eingeladen. Dabei unterhielt ich mich unter anderem mit dem General Manager und dem Präsidenten von Vanlab. Danach ging ich mit meiner jetzigen Chefin zum Mittagessen, wo sie mich nach meinem Eindruck der Organisation fragte und wir uns über Details der Anstellung und das Gehalt unterhielten. Was natürlich einfacher ist wenn man konkrete (recherchierte) Gehaltsvorstellungen hat. Einer der wesentlichen Gründe, warum ich mich für die Vanlab Corporation entschied war die Größe des Betriebes. Wir sind nur 6 Leute im Labor, man arbeitet täglich mit verschiedenen Personen zusammen. Dies ermöglicht es wesentlich schneller als in einer großen Firma von anderen Leuten zu lernen.

Arbeitsleben

Mein Vorgänger wechselte in eine Schreibtischposition und wir hatten einen Monat Zeit für den Übergang, was nicht sehr viel war. Die Einarbeitung beschränkte sich im Wesentlichen auf die unmittelbaren Aufgaben, d.h. ich bekam zu Beginn recht wenig davon mit, wie der Betrieb funktioniert. Konkret habe ich zugeschaut, Notizen gemacht und dann selber losgelegt. Literatur gab es zu ca. einem Drittel des Arbeitsfeldes in Form von SOP's (Standard Operating Procedures) für den Analytischen Bereich, Informationsbroschüren und Schemata.

Die Arbeitsweise in der Industrie ist weit enger gefasst als an der Uni. Das Ziel ist nicht wie beim wissenschaftlichen Arbeiten, möglichst nah an die Wahrheit heran zu kommen, sondern meist nur eine Antwort auf die Frage, ob ein Produkt in vorgegebenen Spezifikationsgrenzen liegende Eigenschaften aufweist. Wenn man darüber nachdenkt, ist es eigentlich (wie bei so vielen Dingen) logisch. Um das beste Ergebnis zu erzielen, braucht es (Arbeits-) Zeit und geeignete Mittel. Beide kosten Geld. Firmen wollen aber möglichst wenig Geld ausgeben, ihr Zweck besteht darin, Profit zu machen und nicht in der Suche nach der Wahrheit. Diese Erkenntnis half mir sehr, mich an die Routine des alltäglichen Betriebs zu gewöhnen.

Gewöhnungsbedürftig war auch die Umgangsweise innerhalb des Betriebs. Bei meinem zweiten Vorstellungsgespräch fasste der Präsident die Firmenpolitik wie folgt zusammen: „make money, have fun". Tatsächlich ist der Umgangston recht locker aber trotzdem jederzeit professionell. Es ist erstaunlich, wie schnell man von einem Alltagsgespräch zurück zur Arbeit kommt. Diese geistige Flexibilität wird an der Uni nicht wirklich erlernt, Kurse und Praktika sind im allgemeinen sehr linear ausgerichtet, und man denkt die meiste Zeit nur in eine Richtung. Ein Stundenplan verkörpert diesen Umstand recht deutlich.

Mein Arbeitstag enthält viele Routineaufgaben, ein Zeitrahmen ist aber nur bei Dringlichkeiten vorgegeben. Diese Flexibilität ist recht angenehm, denn man kann den Tag nach eigenem Gusto planen. Wie eingangs gesagt, arbeite ich in der Qualitätssicherung sowie Forschung und Entwicklung, was meinen Aufgabenbereich sehr vielschichtig gestaltet. Der Teil der Qualitätssicherung lässt sich in drei Teile gliedern:

Der wichtigste Teil, weil meine Verantwortung, ist die Kontrolle der eingehenden Rohwaren. Zuerst kommt die Dokumentation. Ist alles richtig geliefert worden, wurden die korrekten Begleitpapiere mitgesendet (z.B. Analysenzertifikate, Koscher-Beglaubigungen etc.)? Darauf folgen praktische Tests (spezifische Dichte, Wassergehalt u.a.), wobei neben der Analytik für einen Aromenhersteller im Wesentlichen der sensorische Eindruck entscheidet. Der sensorische Teil obliegt nicht mir allein. Zweimal täglich werden in einem Testpanel alle ausgehenden Waren, Rohwaren und manchmal Projekte in Dreieckstests verkostet. Entspricht die gelieferte Ware den Ansprüchen, akzeptiere ich sie und die Unterlagen gehen ihren Weg in die Rechnungsabteilung. Besondere Aufmerksamkeit genießen die eingehenden Vanillebohnen, was bei einem Preis von teilweise 500 US Dollar pro Kilogramm verständlich ist. Bei Lieferungen von mehreren Tonnen sind das mehrere Millionen Dollar (!).

Ein weiterer Aspekt ist die routinemäßige Kontrolle der erzeugten Waren. Routine ist das richtige Wort. Findet sich allerdings ein „Ausreißer" so muss nachgeforscht werden, welche Inhaltsstoffe drin sind, ob es früher schon einmal Probleme gab etc.

Den letzten Teil der QS bilden seltenere Aufgaben, wie die analytische Bewertung zugesandter Warenproben; z.B.: Ein anderer Zulieferer als der derzeitige bietet Farbstoffe günstiger an, ist die Qualität vergleichbar? Ab und zu führe ich auch bakteriologische Untersuchungen aus, ebenso wie andere Aufgaben. Jeder kennt in etwa die Arbeit des anderen, was auch nötig ist, wenn jemand mal krank ist oder Urlaub hat und man einspringen muss.

Flavor Matching bedeutet auf deutsch in etwa Aromen kopieren. Sinn der Sache ist, die Aromen anderer Hersteller möglichst genau zu imitieren, zu besserem Preis anzubieten und so Wettbewerbsvorteile zu sichern.

Die praktische Vorgehensweise ist abwechselnd analytisch und sensorisch. Leider steht nur ein GC mit FID Detektor und kein GC/MS zur Verfügung, was der Sensorik größere Bedeutung zukommen lässt, als mir als Analytiker lieb ist. Es ist aber erstaunlich, wie weit man den Mangel an analytischer Information mit Literaturrecherche (Flavoristen mit Erfahrung) und eben Sensorik wettmachen kann. Zu sehen und zu riechen wie sich nach und nach aus Einzelkomponenten ein Gesamteindruck bildet, verblüfft mich immer wieder.

Fazit

Meine Tätigkeit als QA-Lab-Technologist ist recht abwechslungsreich. In der Qualitätssicherung habe ich mit den Rohwaren meinen eigenen Zuständigkeitsbereich. Tägliche Aufgaben sind Prüfen der Begleitdokumente, Labortests, interne Dokumentation. Ebenso wichtig sind die Routinetests der hergestellten Produkte, u.a. die Bestimmung des Alkohol- und Wassergehaltes sowie der spezifischen Dichte. Regelmäßige Beteiligung an Projekten anderer Mitarbeiter geben Einblicke in andere Aktivitäten des Unternehmens. Beim Flavor Matching in Forschung und Entwicklung versuche ich mittels GC, Analytik und Sensorik die Aromen anderer Hersteller möglichst genau nachzuvollziehen.

Mein Interesse an Aromen hat sich erst während des Studiums entwickelt. Den Einstieg in die Welt der Aromenindustrie macht ein allgemeines Interesse am Zustandekommen von Gerüchen, Aromachemie und Spaß am Kochen sicherlich leichter. Schon während des Studiums sollte man sich möglichst viele verschiedene Vorträge und Berichte zu möglichen zukünftigen Arbeitsbereichen anschauen, je mehr man seine Möglichkeiten kennt, umso leichter fällt die spätere Entscheidung den einen oder anderen Weg einzuschlagen.

Auswanderungswilligen kann ich nachfolgende Literatur empfehlen:

Literatur

[1] Streiflichter aus Amerika, Bill Bryson, Goldmann Verlag (Land und Leute)

[2] Rochester Institute of Technology (Jobsuche) www.rit.edu/co-op/careers

[3] The Speed Reading Book, Tony Buzan, mehrere Verlage (Sprachverständnis)

[4] Mindworks, Anné Linden, Berkley Books, NY (Sprachverständnis)

[5] How to read a person like a book, Nierenberg and Calero, Metrobooks

[6] Langenscheids Fachwörterbuch Chemie & chemische Technik D/E E/D

[7] Fachwörterbuch Lebensmitteltechnologie: E/D, Rainer Bratfisch, Hatier Verlag

Bericht

Andrea Wickboldt

Chemiekarriere in der Schweiz

Zur Person

Okt. 1992- Mai 1998 Studium der Chemie an der Technischen Universität Braunschweig

1998 Diplomarbeit im Bereich anorganische Analytik am Institut für Ökologische Chemie

Okt. 1998- Apr. 1999 Praktikum in der Qualitätskontrolle der Fluka Chemie AG in der Schweiz (Buchs SG)

Seit Jun. 1999 beschäftigt als Projektchemikerin im Analytical Services bei Carbogen Laboratories AG in Aarau, Schweiz

Nach dem Diplom in die Schweiz? Warum nicht?

Nach der Diplomarbeit wollte ich nicht gleich promovieren, sondern zunächst ein wenig „Industrieluft" schnuppern. Außerdem war ich mir über meine Pläne betreffs der Zukunft noch nicht vollständig im Klaren. Daher habe ich mir zunächst ein wenig Zeit genommen, um zu überlegen. Kommt eine Doktorarbeit für mich in Frage oder nicht? Wenn ja, dann jetzt oder erst nach ein paar Jahren Berufserfahrung?

Folglich fing ich an, nach Stellenangeboten zu suchen. Das Internet war dabei recht ergiebig mit den unterschiedlichen Adressen für Jobmärkte (nationale und internationale: z. B. www.jobs.ch; www.GDCh.de; www.arbeitsamt.de; www.jobszeit.de). In der GDCh-Stellenliste fand ich eine kurze Anzeige für ein Praktikum in der Qualitätskontrolle bei der Fluka Chemie AG in Buchs SG in der Schweiz. Das Praktikum war genau das Richtige, um die Arbeit in der Industrie kennen zu lernen, Zeit zum Überlegen zu haben, wie es nach dem Praktikum weiter gehen sollte, und einen Sprung in die „Ferne" zu wagen. Ich bin in Braunschweig aufgewachsen und habe auch dort studiert, so dass ich nach der Diplomarbeit auf jeden Fall eine andere Stadt oder sogar ein anderes Land sehen wollte.

Die Bewerbung via e-mail (erster Kontakt) und Post (Bewerbungsschreiben, Zeugnisse, Passbild und Lebenslauf) für das Praktikum war erfolgreich. Es hat insgesamt nur zwei Wochen gedauert, bis ich den Praktikantenplatz über das Internet gefunden habe. Da das Praktikum aber erst im Oktober anfing, konnte ich noch Urlaub und einen Sprachkurs im Ausland machen.

So befand ich mich einige Zeit später in der Schweiz. Um in der Schweiz arbeiten zu dürfen, benötigt man eine Arbeits- und Aufenthaltsgenehmigung, die vom Arbeitgeber beantragt wird. Diese Arbeits- und Aufenthaltsgenehmigung ist an den Arbeitsplatz direkt gebunden. Sofern ein Bewerber keine Vorstrafen besitzt und die Firma nachweisen kann, dass sie keine qualifizierten Schweizer finden, ist es kein Problem, diese Genehmigung zu bekommen. Für das Praktikum erhielt ich eine Bewilligung für Kurzaufenthalter, die nur 1/2 Jahr gilt. Sofern man einen Vertrag über einen längeren Zeitraum hat, bekommt man eine Jahresaufenthalterbewilligung (B-Bewilligung). Diese muss jährlich verlängert werden und erlischt mit der Kündigung der Stelle, für die sie ausgegeben wurde. Nach fünf Jahren kann eine C-Bewilligung beantragt werden, die unabhängig vom Arbeitgeber ist, d.h. nach fünf Jahren kann man sich in der ganzen Schweiz bewerben, ohne dass der Arbeitgeber eine Bewilligung beantragen muss.

Die Arbeit während des Praktikums war auf bestimmte Analysen (Prüfung nach ACS, mittels UV, RFA, DC und DSC) bei den unterschiedlichsten Produkten (sicher kennt jeder den Katalog) beschränkt. Um einen Einblick in die Industrie zu bekommen und ein paar Kontakte zu knüpfen, war das Praktikum jedoch sehr hilfreich. So kannte z. B. ein Kollege bei Fluka jemanden bei der Firma Carbogen. Deshalb wusste er, dass diese Firma sehr stark expandiert und somit immer wieder neue Mitarbeiter sucht. Gleichzeitig entdeckte ich eine Stellenanzeige in der FAZ von Carbogen, in der sie einen Projektchemiker für die Analytik suchten. Der Kontakt war ganz gut, da ich ein wenig mehr über die Firma erfahren habe, als ich im Internet finden konnte. „Insiderwissen" kann aber auch wichtig sein, wenn man z. B. von einer Stelle hört, die noch nicht öffentlich ausgeschrieben ist.

Als Diplomchemikerin in der Schweiz arbeiten

Nach einer schriftlichen Bewerbung wurde ich zu einem Bewerbungsgespräch eingeladen. Dies fand in einer sehr lockeren und angenehmen Atmosphäre statt. Während des Bewerbungsgesprächs stellte mir mein zukünftiger Chef die Firma vor, wir machten einen Rundgang und schließlich wurden mir einige Fragen bezüglich meiner Ausbildung, bisherigen Berufserfahrung sowie persönlicher Interessen gestellt.

Die Entscheidung fiel auf beiden Seiten sehr schnell und einen Monat später fing ich in der Schweiz im Kanton Aarau an. Die Arbeits- und Aufenthaltsbewilligung besorgte die Firma. In den ersten Wochen erledigte ich dann die Formalitäten, die sich durch den Umzug und die Aufnahme einer Arbeit in einem Nicht-EU-Land ergaben. So benötigt man z.B. bei der Aufnahme einer Arbeit in der Schweiz eine Schweizer Krankenkasse, muss den Umzug durch den Zoll abfertigen und nach einem Jahr den Führerschein umschreiben lassen. Das alles ging ohne weitere Probleme.

Ein anfängliches Problem war für mich das „schwizerdütsch". Da ich aus einer Gegend komme, wo kein Dialekt gesprochen wird, hatte ich am Anfang meine liebe Mühe, etwas zu verstehen. So war mir nicht klar, was die Kapelle (der Abzug) mit Chemie zu tun hat, dass manche mit dem Töff (Moped) oder Velo (Fahrrad) zur Arbeit fahren und abends noch posten (einkaufen) gehen. Aber mit der Zeit habe ich mich ‚reingehört'. Anfangs haben die meisten mit mir „Schriftdeutsch" gesprochen, da sie wissen, dass man sie nicht gleich versteht und so gab es kein Problem bei der Verständigung. Jetzt kann ich es ganz gut verstehen, aber zum Sprechen wird es wohl nicht reichen.

Bei der Arbeit fand in den ersten Wochen eine Einarbeitungsphase statt, in der mir ein Kollege zur Seite stand. Wenn Fragen auftauchten, so war immer jemand da, der sie bereitwillig beantwortete. In der ersten Woche bekam ich auch gleich mein erstes Projekt, das ich analytisch betreuen sollte. Das hieß in diesem Fall schon bestehende Analysenmethoden verwenden und den Umgang mit den entsprechenden Analysengeräten (GC, HPLC) zu lernen. Bei den kommenden Projekten stand die Methodenentwicklung am Anfang. Die Projekte dauern in der Regel zwischen wenigen Wochen und mehreren Monaten. Für die Analytik stehen GC, HPLC, IR, NMR, Titratoren, GC-MS und LC-MS zur Verfügung, d.h. wir wurden auf allen Geräten geschult. Die meisten Substanzen werden mittels HPLC analysiert. Dabei gilt es, die einzelnen Stufen der Synthese und die entstandenen Nebenprodukte auf der HPLC- bzw. GC-Säule zu trennen und z. B. mittels LC- bzw. GC-MS zu identifizieren. Bei der Identifizierung der Nebenprodukte ist die Zusammenarbeit zwischen dem Analytiker und dem Synthesechemiker relativ eng.

Der Kontakt zu den Kunden, die die zu bearbeitenden Projekte vergeben, ist recht ausgeprägt. So finden z. B. wöchentlich Telefon- und/oder Videokonferenzen statt, in denen der Stand des Projektes und die jeweiligen Probleme besprochen werden. Je nach Kunde oder Projekt wird unter GMP (good manufacturing practise) gearbeitet, was für mich völliges Neuland war. Es gibt recht viele Arbeitsschritte, die in einer Standardarbeitsanweisung festgeschrieben sind und eingehalten werden müssen. Am Anfang sind relativ viele Dinge zu beachten, die einem im Laufe der Zeit aber selbstverständlich werden und über die dann nicht weiter nachgedacht werden muss.

Die Arbeit ist sehr abwechslungsreich, da die Projekte nicht sehr lange dauern und immer wieder „neue Chemie" beinhalten. Die Methoden von einem Projekt können meist nicht auf ein anderes Projekt übertragen werden. Die Arbeit macht Spaß und die Kollegen sind auch sehr nett.

Resümee

Alles in allem würde ich mich wieder so entscheiden und nach der Uni für ein paar Jahre in der Industrie arbeiten. Was ich jedem empfehlen kann, ist ein Praktikum während des Studiums, am besten in den Semesterferien. Bei mir hatte es während der Semesterferien leider nicht geklappt, so dass ich es erst im Anschluss an die Diplomarbeit einen Praktikumsplatz gesucht habe. Ein Praktikum kann eine wichtige Entscheidungshilfe sein, um einen für die eigene Person optimalen Arbeitsplatz zu finden. So konnte ich mir unter manchen Stellenbeschreibungen erst nach dem Praktikum etwas Genaueres vorstellen.

Bericht

Prof. Dr. Thies Thiemann

Leben und Arbeiten in Japan

Zur Person

Jahrgang 1960, verheiratet, 2 Kinder

1977 High School Abschluss (Conn., USA); 1978 A-
bitur

1980 – 1986 Studium der Chemie in Hamburg und in
Tübingen

1992 Promotion in Hamburg

1992 – 1993 Postdoktorand an der Kyushu Universität

1993 – 1994 Assistant Prof., Kyushu Universität

1994 – 1997 Forschungsaufenthalte in Portugal
(Coimbra) und Belgien (Brüssel)

seit 1997 Assoc. Prof., Kyushu Universität, Fukuoka,
Japan

Frühe internationale Ausrichtung

Bedingt durch den Beruf meines Vaters verbrachte ich in meiner Kindheit mehrfach eine Zeit im Ausland und absolvierte an internationalen, amerikanischen und
deutschen Schulen im Ausland die Klassen 2 (USA), 6 - 9 (Japan) und 10 - 12
(USA). Nach dem High School-Abschluss wollte ich eigentlich in den USA ein
Physik-Studium aufnehmen. Ich entschloss mich aber aus Kostengründen dann
doch, mit der Familie nach Deutschland zurückzukehren.

Studium

Ich schrieb mich in Hamburg für das Studienfach Chemie ein. Es stellte sich heraus, dass in jenem Jahr mehr Bewerber aufgenommen worden waren, als der Fachbereich bewältigen konnte, so dass die Hälfte der Studenten die ersten Semesterpraktika in der vorlesungsfreien Zeit absolvieren musste. Dieser Umstand ermöglichte mir die Teilnahme an Veranstaltungen anderer Fachbereiche, ein Angebot, das ich gerne nutzte. So schloss ich auch alle Pflichtvorlesungen und Übungen für das Physikstudium mit dem Nebenfach Philosophie mit den erforderlichen „Scheinen" bis zum Vordiplom ab. Im vierten Semester musste ich mich dann auf dringendes Anraten der Professoren entscheiden (Chemie oder Physik?). Ich entschied mich zugunsten der Chemie, wohl auch, weil der bis dahin getätigte Arbeitsaufwand (der ja dann verloren gegangen wäre) ganz klar auf der Seite der Chemie lag. Nach bestandenem Vordiplom der Chemie und erstem Praktikum des Hauptstudiums zog es mich in die Ferne. Wohlgeplant (?) nahmen ein Freund und ich auf einer kleinen Reise den Fachbereich Chemie an mehreren Universitäten persönlich in Augenschein, so an der LMU München, an der ETH Zürich sowie den Unis in Innsbruck und Tübingen. Wir entschieden uns für den Wechsel nach Tübingen. Das Chemiestudium in Hamburg und Tübingen war zu jener Zeit grundverschieden. Konnte man sich in Hamburg die Prüfer und den Termin für die Diplomprüfung frei wählen und war auch die Abfolge der Praktika einem selbst überlassen, waren diese Dinge in Tübingen klar vorgegeben. Zudem war in Hamburg im Hauptstudium eine Einbindung der Studenten in die jeweiligen Arbeitskreise des Hauses wesentlich stärker, als ich es jemals auch später an anderen Universitäten erlebt habe. Obgleich ein interessantes Angebot für eine Arbeit als studentische Hilfskraft in Tübingen vorlag, zog es mich somit nach einem Jahr und vollendetem OC-F Praktikum wieder zurück nach Hamburg.

Diplom und Promotion

Nach bestandener Diplomprüfung war die Frage nach dem Arbeitsbereich für die anstehende Diplom- und Doktorarbeit noch offen. Möglichkeiten gab es sowohl in der anorganischen, als auch in der organischen und physikalischen Chemie. Ausschlaggebend für die Wahl des Arbeitskreises war dann aber das persönliche Gespräch mit dem Arbeitskreisleiter – Finanzierung, Themenwahl, Möglichkeiten, Teile der Arbeit im Ausland zu absolvieren und die Begeisterungsfähigkeit des Professors.

Diplomarbeit und Promotion über Themen der organisch synthetischen Chemie verliefen dann eher ruhig, wobei ich die Arbeiten sehr eigenständig ausführen konnte. Dabei überließ der Arbeitskreisleiter mir große Freiheiten bei der Themenwahl und bei der Ausführung der Forschung. Dieser Umstand ist mir in späteren Jahren sehr zugute gekommen. Oftmals gewähre ich meinen Studenten heute selbst diese Freiheiten – nicht alle wissen diese jedoch immer zu nutzen. Interessanterweise habe ich aber letztendlich weder während meiner Diplomarbeit noch während meiner Promotion die Möglichkeit genutzt, einige Zeit im Ausland zu verbringen. Während des Grundstudiums war ich da noch initiativer gewesen und hatte zwei Aufenthalte als Trainee in der Erdölindustrie (Raffinerie) in Frankreich und in Großbritannien wahrgenommen.

Postdoktorandenzeit [1]

Schon frühzeitig während der Doktorarbeit war der Wunsch aufgekommen, ein Jahr als Postdoktorand im Ausland zu verbringen. Zum Ende der Promotion sondierte ich die Möglichkeiten. Durch den Bekanntheitsgrad des Doktorvaters kamen dem Arbeitskreis häufiger Angebote aus Amerika und Japan zu. Entschieden habe ich mich dann jedoch für eines von zwei Angeboten (von einer britischen und einer japanischen Arbeitsgruppe), die nach persönlichem Betreiben zustande gekommen waren - eines nach einem persönlichen Gespräch bei einer Konferenz. Im April 1992 ging ich nach Japan, an die Kyushu Universität nach Fukuoka. Es wird immer wieder gesagt, deutschen Postdocs in Japan gefällt es sehr gut oder überhaupt nicht. Ich hatte sehr großes Glück mit der Arbeitsgruppe und mit der Chemie. Wieder räumte der Arbeitskreisleiter mir große Freiheiten bei der Forschung ein. Dies ist im „Land der aufgehenden Sonne" eher die große Seltenheit. In Japan ist die Forschungsstruktur nach der „Kousa" (s. unten) ausgerichtet, die oftmals bis ins kleinste Detail vom „Full Professor" bestimmt wird. Dies lässt häufig der Kreativität der Postdoktoranden wenig Spielraum. Wichtig war für mich damals auch, dass ich sehr schnell die wissenschaftliche Verantwortung für einen Studenten übertragen bekam. Nach einem Jahr wurde ich von der Kyushu Universität als Research Associate/Assistant Professor (Josho) übernommen.

Einen schwerwiegenden Fehler beging ich damals insofern, als dass ich mich zu spät um eine Weiterbeschäftigung in Europa kümmerte. Die Idee, erst mal nach Deutschland zurückzukehren, um sich dann vor Ort zu bewerben, war sicherlich falsch. Häufiger bin ich vor allem in der Anfangsphase meines zweiten, d.h. jetzigen Aufenthalts in Japan deutschen Postdocs begegnet, die sich in der zweiten Hälfte ihres Postdocaufenthaltes direkt aus Japan beispielsweise bei der deutschen chemischen Industrie mit Erfolg beworben haben. Hier muss man sicherlich etwaige Vorstellungstermine zu bündeln suchen – das gilt natürlich auch für Postdocs in Amerika – um mit *einer* Reise zu einem erfolgreichen Abschluss zu kommen.

HCM- und CECA-Fellowships in Europa

Arbeit fand ich letztendlich über eine Annonce in der Zeitschrift *Nature*. Es wurden Wissenschaftler für ein *Human Capital and Mobility Network (HCM)* (Thema: Ultraschall in der Chemie) gesucht. Sechs Arbeitsgruppen in drei Ländern (Belgien, Portugal und Großbritannien) waren involviert. Ich bewarb mich für die Position in Portugal (Universität Coimbra), vor allem, weil mich das Thema „Selektive Reaktionen an Steroiden mit Hilfe von Ultraschall" interessierte. Rückblickend war für mich die Zeit im HCM-Verbund sehr wichtig. Zum ersten Mal erlebte ich, wie eine enge wissenschaftliche Zusammenarbeit über mehrere Länder hinweg bewerkstelligt wird. Die Wissenschaftler, obwohl jeweils einem Labor angehörig, hatten die Möglichkeit, in den anderen Laboren für eine Dauer von einigen Wochen zu arbeiten. Während der knapp 1,5 Jahre, die ich im Projekt verweilte, gab es auch drei Workshops, in denen alle Projektmitglieder zusammen kamen und sich austauschten. Da in dem Projekt Wissenschaftler sehr verschiedener Ausrichtung arbeiteten, d.h. Analytiker, Elektrochemiker, Physikochemiker, Polymerchemiker und Organiker, wurden aus unterschiedlichen Bereichen Erkenntnisse zusammengetragen und miteinander unterstützend und gewinnbringend verknüpft. Aus dieser Zeit datieren auch viele Freundschaften, die noch heute, also Jahre später, zu aktiven Forschungskollaborationen führen. Für mich stellt das von der European Community ins Leben gerufene und finanzierte *Human Capital and Mobility* Programm, das im darauffolgenden European Framework als *Training and Mobility of Researchers-Programm (TMR)* wieder aufgelegt wurde, ein sehr gelungenes Konzept dar, das ich schon häufig in Japan als Modell für ein potenziell ähnliches Programm im ostasiatischen Raum vorgestellt habe.

Vielleicht noch einige Worte zum Forschen in Portugal: Mit dem Beitritt Portugals zur European Community haben sich die Forschungsbedingungen dort sehr verbessert. An den Universitäten findet sich zumeist eine gute Forschungsinfrastruktur nebst allen üblichen analytischen Großgeräten. Portugal bemüht sich sehr, mit internationalen Chemie-Kongressen auf sich aufmerksam zu machen. In vielen Bereichen gibt es schon exzellente Arbeitsgruppen. Im allgemeinen ist heutzutage die Qualität der Forschung, mit Abstrichen natürlich, eher eine Frage der entsprechenden Arbeitsgruppe als ihrer geographischen Zugehörigkeit.

Mit dem Ende des HCM-Projekts wurde ich von einer der Forschungsgruppen im Verbund „übernommen" und arbeitete für ein knappes Jahr als CECA- (Communaute Europeenne du Charbon et de l'Acier) Fellow an der Université Libre in Brüssel. Es sollten in Zusammenarbeit mit einer spanischen Arbeitsgruppe neuartige deNOx-Katalysatoren aus nickel- und vanadiumhaltigen Altölresten und Kohle hergestellt, analysiert und auf ihre Funktion überprüft werden. Der Forschungsplatz war gut eingerichtet. So standen mir auch Techniker und ein

Laborant ganztägig zur Seite. Diese Stelle war verknüpft mit einer Assistententätigkeit im Bereich *Chimie Generale* für angehende Chemieingenieure. Diese Tätigkeit habe ich halb auf Englisch, halb auf Französisch wahrnehmen können. Zur gleichen Zeit erlaubte man mir, als „Consultant" an einem portugiesischen nationalen Projekt über Brustkrebsdiagnostika teilzunehmen, so dass ich in dieser Zeit auch von Brüssel nach Lissabon reisen musste. Nach einem halben Jahr fragte jedoch die Kyushu Universität, mein alter Arbeitgeber, an, ob ich nicht die Stelle eines Associate Professors an dem dortigen *Institute of Advanced Material Study* annehmen würde. Diese Stelle würde mich wieder in die organische Chemie zurückführen.

Associate Professor in Japan

Im Herbst 1997 kam ich somit das zweite Mal an die Kyushu Universität. Die Kyushu Universität, das sollte man vielleicht noch bemerken, ist eine der ehemaligen *Imperial Universities* und befindet sich in Fukuoka auf der südlichen Hauptinsel Japans (Kyushu). Fukuoka ist eine Einmillionenstadt und ist das wirtschaftliche und administrative Zentrum dieser großen Insel. Direkt am Meer gelegen mit bergigem Hinterland ist die Gegend um Fukuoka sehr reizvoll. Die Stadt Nagasaki und das Vulkangebiet Aso sind in Japan klangvolle Namen, die zu einer Reise ins Umland einladen.

Da ich die meisten der Kollegen von meinem früheren Aufenthalt kannte, gelang das Einleben rasch. Es brauchte jedoch eine gewisse Eingewöhnung, sich bei den unterschiedlichen Meetings innerhalb des Instituts und innerhalb der Graduate School zurechtzufinden. Dabei ist es wichtig, die japanische Sprache zu verstehen. In den letzten Jahren ist die Anzahl an Meetings etwas zurückgegangen, der elektronische Schriftverkehr jedoch gestiegen. Hierbei handelt es sich dann zumeist um interne Mitteilungen auf Japanisch in chinesischen Schriftzeichen (Kanji). Nach einer gewissen Zeit stellt sich schon Routine ein, Wichtiges von Unwichtigem unterscheiden zu können und das Wichtige dann gewissenhafter zu übersetzen. Förderlich ist auch, dass die Sekretärinnen, die für den administrativen und studentischen Bereich zuständig sind, über gute Englischkenntnisse verfügen.

Administrativ bestehen japanische Forschungseinheiten vielfach aus *Kouzas*. Zu einer Kouza in einer naturwissenschaftlichen Fakultät an einer großen japanischen staatlichen Universität gehören häufig ein Full Professor, ein Associate Professor und ein Assistant Professor sowie ein bis drei weitere Angestellte. (Der Associate Professor ist eine Stufe höher als der Assistant Professor.) In der Vergangenheit verfolgte eine solche Gruppierung zumeist ein einheitliches Forschungsziel, wobei der Full Professor richtungweisend war. In den letzten 10 Jahren ist diese Forschungsstruktur fließender geworden und hat sich ein wenig gewandelt, um dem Nachwuchs eine vermehrte Verantwortung zu geben, sowie die Möglichkeit, eigene Ziele zu verfolgen. So war es auch mir von Anfang an wichtig, in der Forschung eigene Richtungen zu gehen und meine Arbeitsgruppe von der Kouza zu lockern. Hilfreich waren natürlich die eingebrachten Erfahrungen und Kontakte aus meiner „Europazeit". In den ersten Monaten hatte ich selbst keine Mitarbeiter und betreute Mitarbeiter des Full Professors mit. Im April 1998 fingen die ersten beiden Diplomanden bei mir an. Mittlerweile sind so einige Diplomanden in den Jahren fertig geworden, in diesem Jahr promovieren die ersten Doktoranden. Auch thematisch hat sich die Gruppe sehr diversifiziert.

Die Sprache in meiner Arbeitsgruppe ist sowohl Japanisch als auch Englisch. Die Studenten haben die Wahl, ihre Arbeiten in den Seminaren entweder auf Japanisch oder Englisch vorzustellen. Häufiger sind Gäste aus dem Ausland, zumeist Doktoranden und auch Postdoktoranden aus Europa, für einige Monate zu Gast, so dass dann vermehrt Englisch gesprochen werden muss. Die Diplom- und Promotionsarbeiten werden bei mir auf Englisch geschrieben.

Auch meine Vorlesungen halte ich auf Englisch. Unsere Graduate School an der Kyushu Universität bietet einen vom Erziehungsministerium geförderten International Doctor's Course an. Eine Auflage, allerdings nicht immer ganz erfüllt, war, für die ausländischen und (fakultativ) für die japanischen Studenten ein vollständiges Curriculum auf Englisch anzubieten. So war es mir in diesem Rahmen möglich, neben den Pflichtvorlesungen ganz neue Vorlesungen aufzubauen und in das Programm zu integrieren.

Schwerer ist da schon, in einzelnen Komitees mitzuwirken. „Junk work" nennen viele japanische Kollegen diesen Teil der „Hochschularbeit", wohlwissend jedoch um die Wichtigkeit, bei Entscheidungen um die zukünftigen Aspekte des Universitätsbetriebs einen Beitrag leisten zu können. Hier behindert oftmals das unvollständige Beherrschen der Sprache weniger als das unterschiedliche Verständnis der Sachlagen. In der letzten Zeit jedoch habe ich mich erfolgreich um das Zustandebringen von Kooperationen auf Hochschulebene zwischen europäischen Universitäten einerseits und der Kyushu Universität andererseits bemüht.

Die Dichte an Lehrpersonal ist an japanischen Universitäten ungleich höher als an deutschen. Dafür gibt es kaum Assistentenstellen für Doktoranden. Zudem ist die Zahl der Praktika, die die Studenten im Grundstudium bis zum Erreichen des Bachelor Degree of Science (nach 4 Jahren, wobei das vierte Jahr im wesentlichen ein Forschungsjahr ist) absolvieren müssen, weitaus geringer als an deutschen Hochschulen. Dieses führt zu einer geringeren Lehrbelastung für den einzelnen Hochschulangestellten. Vor allem an staatlichen Universitäten, wie an der Kyushu Universität, steht die Forschung im Vordergrund. Die Forschungseinheiten werden jedes Jahr evaluiert. Dabei wechselt die Evaluierungsmethode von Jahr zu Jahr. Die Zahl der Veröffentlichungen und die Höhe der eingebrachten Drittmittel sind jedoch immer ein Bestandteil der Bewertung. Das Ergebnis der Bewertung, das an das Erziehungsministerium weitergereicht wird, hat bis zur jetzigen Zeit meist nur eine geringe Auswirkung und war nicht Maß für vom Staat zukünftig gewährte Gelder. Zum April 2004 ändert sich das japanische Hochschulsystem insofern, als dass die nationalen Universitäten einer Teilprivatisierung unterworfen werden. [2]. Die Auswirkungen dieses neuen Systems sind aber noch nicht abzusehen. Fest steht jedoch, dass Gelder für Forschung und Lehre viel stärker leistungsbetont vergeben werden und dass in der Zukunft die jeweiligen Universitäten mehr Eigenverantwortung bei der Geldvergabe an die unterschiedlichen Fakultäten erhalten. Eine andere weitreichende Auswirkung ist aber jetzt schon auszumachen: Die Universitätsangehörigen sind nicht länger Staatsdiener und somit kündbar. Die Arbeitsverträge werden nun so verstanden, dass es nach jeweils einem gewissen Zeitraum eine individuelle Beurteilung geben wird. Der Zeitabstand zwischen den Bewertungen richtet sich nach dem Rang des Beschäftigten (Assistant Prof., Lecturer, Associate Prof. oder Full Professor). So wurde an der Kyushu Universität beispielsweise ein Zeitabstand zwischen den Bewertungen von zehn Jahren für einen Full Professor diskutiert. Vormals wurden Nichtjapanern oft von den japanischen Universitäten lediglich 3-Jahresverträge angeboten, die allerdings in der Mehrzahl, aber durchaus nicht immer, erneuert werden. Auch ich habe damit zu kämpfen. Hatten die Ausländer jedoch an staatlichen Universitäten einen normalen Arbeitsvertrag (wenn auch auf drei Jahre beschränkt), so waren sie trotzdem im Staatsdienst beschäftigt und unterlagen den damit verbundenen Rechten und Pflichten. Ob es grundsätzlich neue Regelungen für die Anstellung von Nichtjapanern an japanischen Hochschulen geben wird, ist noch nicht ganz absehbar.

In regelmäßigen Abständen organisiert der Deutsche Akademische Austauschdienst (DAAD) Treffen von deutschen Hochschullehrern, die an japanischen Hochschulen beschäftigt sind. Obgleich traditionell nicht viele an diesen Treffen teilnehmen, ist es schon erstaunlich, festzustellen, dass sicherlich etwa 200 Deutsche an japanischen Hochschulen arbeiten. Sehr viele Chemiker oder andere Naturwissenschaftler sind jedoch nicht dabei.

Kleines Resümee

Insgesamt macht mir die Arbeit in „Fernost" viel Spaß. Infrastruktur und finanzielle Unterstützung für die wissenschaftliche Arbeit sind sehr gut. Für ein gutes

Gelingen und ein erfolgreiches Arbeiten muss jedoch für mich ein ständiger Kontakt mit Europa und vor allem mit Deutschland sowohl auf privater als auch beruflicher Basis bestehen bleiben.

So verschlungen mein Werdegang auch zu sein scheint, die Vielfalt an dabei gewonnenen Erfahrungen und Erlebnissen möchte ich nicht missen. Dies schlägt sich auch in der Chemie der Arbeitsgruppe nieder, bei der wir keine Technik, sei sie Elektro- oder Photochemie, Ultraschall oder Mikrowellentechnik, Festphasensynthese oder heterogene Katalyse scheuen - lediglich biochemische Arbeitsmethoden sind da etwas zu kurz gekommen - und für die wir viel Hilfe bei befreundeten Partnern und Weggefährten aus „vergangenen Zeiten" finden.

Wie arbeitet es sich an einer japanischen Hochschule – Worauf muss man achten? - Anmerkungen

Unterschiedlicher Kulturkreis: Kommt man nach Japan, so kommt man natürlich in einen anderen Kulturkreis. Unterschiede bestehen in vielen Bereichen. Ungewohnt für einen Europäer ist die räumliche Enge. Arbeitet man für einen japanischen Arbeitgeber, vor allem im Hochschulbereich, so ist man an gewisse Ferientage gebunden. Nehmen die Japaner im Durchschnitt weniger Ferientage als die Deutschen, ist die Anzahl an Ferientagen aufgrund der vielen nationalen Feiertage jedoch etwas höher als der US-amerikanische Durchschnitt. Probleme bereitet die Reglementierung der Ferientage, da zu der Zeit dann meist ganz Japan auf Reisen ist.

Aufgrund der geringen Lehrbelastung wird an den meisten Universitäten die Präsenz des Lehrpersonals nicht überprüft. Das wird in so manchem Fall ausgenutzt. Nichtsdestotrotz muss man für das Erhalten eines gut laufenden Arbeitskreises in Japan eine 70-Stunden Woche rechnen. Dieses wäre für die Familie sicherlich nicht tragbar, wenn Zuhause und Universität räumlich sehr weit getrennt sind. In unserem Fall ist es mir möglich, sowohl mittags als auch abends Zuhause zu essen, da unsere Wohnung in der Nähe der Universität liegt. Gegen 21 Uhr trete ich dann häufig noch einmal den Weg zum Institut an.

Ehepartner (vor allem, wenn Nichtjapaner): Ist der Arbeitgeber nicht in Tokyo-Yokohama (Kanto-Gegend) oder in Kyoto-Osaka-Kobe (Kansai-Gegend) angesiedelt, ist es wichtig, dass der Ehepartner sich im Alltag eingebunden fühlt. Oftmals möchte der Ehepartner auch einer eigenen Arbeit nachgehen. Dazu bestehen in vielen Gegenden Japans genügend Möglichkeiten. Entsprechend vorzunehmende Visaänderungen sind zumeist problemlos, da der eine Ehepartner ohnehin schon in Japan beschäftigt ist. In kleineren Städten hat sich häufig noch keine „foreign community" zusammengefunden, so dass der Ehepartner sich darauf einstellen muss, mit einem japanischen Freundeskreis zu leben. Einerseits ist ein Leben im Ausland nur mit dem vollen Einverständnis des Partners möglich, andererseits muss sich der Partner dort einer gesicherten Zukunft gewiss fühlen.

Kinder: Im Fall von schulpflichtigen Kindern ist zu berücksichtigen, dass es lediglich in den Einzugsbereichen Tokyo-Yokohama (Deutsche Schule Yokohama) und Kobe/Osaka (Kyoto) (Deutsche Schule Kobe) akkreditierte deutsche Schulen gibt. Internationale Schulen unterschiedlichster Qualität mit der Unterrichtssprache Englisch gibt es in den meisten japanischen Großstädten. Die Schulgebühren sind jedoch bei all den oben aufgeführten Schulen sehr hoch. In unserem Fall sind beide Kinder in Japan geboren und besuchen einen japanischen Kindergarten. Zu Hause wird sowohl deutsch als auch japanisch gesprochen. Unser älterer Sohn wird in diesem Frühjahr auf eine japanische Grundschule kommen. Wir werden aber nicht umhin kommen, den Kindern zu Hause Deutschunterricht zu geben, uns über das Pensum an den deutschen Schulen zu unterrichten und uns daran zu orientieren.

Postdoktoranden: [1]: Ein großer Teil der europäischen Postdoktoranden in dem Bereich Naturwissenschaften wird über Stipendien der halbstaatlichen Japanese Society for the Promotion of Science (JSPS: http://www.jsps-bonn.de) finanziert. Der Kontakt zur anvisierten Arbeitsgruppe sollte vor der Bewerbung aufgenommen werden. Zudem finden sich in der letzten Zeit immer wieder Inserate in den Zeitschriften *Nature* und *Science*, in denen Postdoktoranden für sogenannte *Centers of Excellence* (COEs) gesucht werden. Bei den Centers of Excellence handelt es sich um besondere, vom Erziehungsministerium in freien Bewerbungsrunden ausgesuchte und speziell finanzierte Arbeitsgruppenverbände, die nach Plan des Ministeriums von Weltniveau sein oder an dieses herangeführt werden sollen. In jedem Falle, auch bei einem Stipendium einer privaten Stiftung, ist darauf zu achten, dass die jeweilige Gastgeberinstitution sich um eine „Card of Eligibility" für den angehenden Postdoc kümmern muss, mit der dann bei der japanischen Botschaft oder dem japanischen Konsulat in Deutschland ein Visum beantragt wird. Dieser Prozess kann bis zu drei Monate dauern.

Das Zurechtfinden im japanischen Alltag ist so schwierig nicht, vor allem da einem die Einheimischen zumeist und vor allem am Anfang überall hilfreich zur Seite stehen. Das geht von den anfänglichen Behördengängen bis zum Erforschen der Einkaufsmöglichkeiten. Die Wohnung wird häufig von der Universität oder direkt über den Arbeitskreis organisiert. Wenn Klagen von Postdoktoranden kommen, so betreffen diese häufig die zu starke Gängelung durch den Arbeitsgruppenleiter (siehe oben) und die langen Präsenzzeit am Arbeitsplatz, die nicht immer mit effektiver Arbeit in Einklang gebracht werden kann. Man sollte sich daher vorab über den Arbeitskreis informieren. Es ist nicht immer einfach, sich von Japan aufgrund seiner geographischen Lage während der Postdoczeit in anderen Ländern erfolgreich zu bewerben. In den letzten Jahren konnte ich jedoch sehen, dass europäische Postdoktoranden sich durchaus erfolgreich bewerben konnten, wobei einige auch bei japanischen Großkonzernen anfingen, dann aber mit japanischen Arbeitsverträgen.

Gastprofessur: Es besteht durchaus die Möglichkeit, auch kürzer in Japan tätig zu sein. So haben viele der Forschungsinstitute der nationalen japanischen Universitäten und viele der Privatuniversitäten die Einrichtung einer Gastprofessur, die zumeist auf exakt drei Monate befristet ist. Dies mag auch gerade für Habilitanden von Interesse sein, da die japanischen Universitäten Wert darauf legen, sich entweder jüngere aktive oder ältere, dann aber sehr bekannte Wissenschaftler zu holen. Die Positionen sind finanziell häufig hoch dotiert und bieten oftmals auch die Möglichkeit, Vortragsreisen innerhalb Japans zu absolvieren. Zusätzlich bietet die JSPS (s.o) zwei Programme an zur Finanzierung von kurzen Studienaufenthalten (14 - 60 Tage) und längeren Forschungsaufenthalten (2-10 Monate), wobei die Bewerbungen jeweils über die Alexander v. Humboldt-Stiftung und den DAAD laufen (s. http://www.jsps-bonn.de). Kontakte, die aus solchen kurzzeitigen Aufenthalten resultieren, müssen erfahrungsgemäß gut gepflegt werden, da sie ansonsten von der japanischen Seite schnell „einschlafen".

Literatur

[1] A. Krüger, Nachrichten aus der Chemie, **2001**, *49*, 426.
Auf nach Japan – aber wie?
Der Beitrag gibt einen guten Einblick in das Lebens eines Postdoktoranden in Japan

[2]T. Thiemann, M. Watanabe, Nachrichten aus der Chemie, **2003**, *51*, 418.
Ein Riese im Umbruch - Grundlegende Änderungen im japanischen Hochschulsystem

Special

Christian Pfrang

Promotion nach dem Bachelor

Zur Person

Jahrgang 1978

Nov. 1998- Aug. 2000: Chemiestudium an der TU München (Vordiplom)

Sommer 1999: Industriepraktikum bei der Wacker Silicones Corp. in Michigan/USA

Okt. 2000- März 2001: Erasmus Austauschstudent am St. Anne's College der University of Oxford

April 2001- Aug. 2001: Chemiestudium an der FU Berlin (Bachelor of Science)

Okt. 2001- Okt. 2002: Probationer Research Student im Physical and Theoretical Chemistry Laboratory, University of Oxford

Seit November 2002: DPhil candidate im Physical and Theoretical Chemistry Laboratory, University of Oxford

Frühjahr 2003: Forschungstätigkeit an der Universidad de Castilla La Mancha in Ciudad Real/ Spanien

Der Weg von Unterfranken nach Oxford

Nach erfolgreichem Abitur im fränkischen Karlstadt und meinem Zivildienst im Bereich Ökologie/Umweltschutz bei der Fischereifachberatung des Bezirks Unterfranken in Würzburg, stand für mich fest, dass ökologisches Interesse und naturwissenschaftliche Begabung im Chemiestudium am Besten aufgehoben sind. Seit Beginn meines Studiums an der TU München im November 1998 hatte ich mich für Auslandskontakte und -aufenthalte interessiert. Bereits nach dem zweiten Semester bin ich für sechs Wochen in die USA gereist, um in einem Industriepraktikum bei der Wacker Silicones Corp. in Adrian/Michigan an der Verbesserung von Dichtstoffen mitzuarbeiten. Nach dem Vordiplom in München ging ich dann im Herbst 2000 als Erasmus-Austauschstudent für zunächst zwei Trimester an die Universität Oxford. Dort hat mich sowohl die Qualität der Lehre wie auch die einzigartige Atmosphäre so begeistert, dass ich in Oxford bleiben wollte. Zwei Professoren waren bereit, mir dies im Rahmen einer Doktorarbeit zu ermöglichen, unter der Voraussetzung, dass ich mich selbst um die Finanzierung kümmere. Ich entschied mich für die Bewerbung um die Promotionsstelle in der Arbeitsgruppe von Prof. Richard P. Wayne im Bereich Atmosphärenchemie. Da ich zu diesem Zeitpunkt erst in meinem fünften Fachsemester war und die Einführung des Bachelors an der TU München noch auf sich warten ließ, bin ich an die FU Berlin gewechselt, die als eine der wenigen Universitäten in Deutschland bereits im August 2001 den Bachelor-Abschluss in Chemie ermöglichte. Im Oktober 2001 habe ich dann meine Promotion an der Universität Oxford begonnen und bin dort voraussichtlich noch bis gegen Ende 2004 als Doktorand tätig.

Wie kommt man ins Ausland?

Es gibt unzählige Möglichkeiten ins Ausland zu gehen, deshalb werde ich mich auf meine persönlichen Erfahrungen beschränken. Der Aufwand, den ich für die Organisation eines Auslandsaufenthalts aufzubringen hatte, hing in erster Linie von der Art des Aufenthalts ab sowie davon, wie gut die institutionelle Unterstützung etabliert war.

Ein Auslandspraktikum ist ein vergleichsweise einfaches Unterfangen, vorausgesetzt, der Auslandsbeauftragte der jeweiligen Universität besitzt Industriekontakte und legt Engagement an den Tag. Einer der Gründe, weshalb ich meine unterfränkische Heimat zum Chemiestudium hinter mir gelassen und an der TU München das Studium aufgenommen habe, waren genau die Auslandskontakte, die sich relativ einfach anhand einer Liste der Partneruniversitäten (z.B. im Hochschulkompass der Hochschulrektorenkonferenz unter www.hochschulkompass.de) und durch ein Gespräch mit dem jeweiligen Auslandsbeauftragten bzw. Studiendekan der Fakultät im Vorfeld abschätzen lassen. Mein Praktikum bei Wacker in Michigan war vor allem wegen des Engagements des damaligen Studiendekans der TU München fast ein Selbstläufer, und ich musste kaum Arbeitszeit in der Vorbereitungsphase investieren. Auch das Aufgabenfeld, das ich während des Praktikums bearbeitete, war fordernd und interessant und ich bekam einen sehr intensiven Einblick in die amerikanische Arbeitswelt.

Die Organisation eines Auslandsstudiums ist schwieriger, besonders wenn man an eine renommierte Universität gehen und seine Studienleistungen anerkannt haben möchte. Glücklicherweise existiert in Europa die Initiative des Erasmus/Socrates-Austausches, aber selbst im Rahmen dieses Programms gibt es einige Hürden, speziell für Studien in Großbritannien (Einzelheiten können bei den Akademischen Auslandsämtern erfragt werden). Auch hier ermöglichte mir das persönliche Engagement des Studiendekans den nahezu reibungsfreien Ablauf des Auslandsstudiums in Oxford. Allerdings war ich der erste Kandidat, der gemäß des frisch unterzeichneten Partnerschaftsvertrags als Erasmus-Student nach Oxford ging, und deshalb musste Pionierarbeit geleistet werden.

Leider ist die Offenheit der Hochschulen zu internationalem Austausch manchmal mehr Rhetorik als Realität, und besonders in Anerkennungsfragen können sich Schwierigkeiten ergeben. Erst durch die aktive Unterstützung von mehreren Professoren und durch das Mitschreiben von Prüfungen in München während meines Studiums in Oxford, wurde mir die volle Anerkennung der Studienzeit ermöglicht. Dies war ein stressreiches Unternehmen, da mich die völlig ungewohnten *tutorials* (wöchentliche, ca. ein bis zweistündige Überprüfung des Lernerfolgs von einem bis maximal vier Studenten pro Professor) in Oxford zu Beginn sehr forderten und das Pendeln zwischen München und Oxford sowie der doppelte Prüfungsstress ein gewisses Maß an Durchhaltevermögen erforderten. Zum Glück sind die Trimester in Oxford relativ kurz (acht Wochen), und nach der Eingewöhnungsphase ging im zweiten Trimester alles reibungsfrei über die Bühne. Dann hatte ich auch die Chance, von dem ungeheuer großen Freizeitangebot (unzählige *societies* organisieren ständig interessante Seminare, Diskussionen, Partys, Ausflüge, etc.) in Oxford zu profitieren. Im Nachhinein bin ich froh, dass ich den gewundenen Pfad über die Anerkennung der Studienleistungen gegangen bin und dadurch vermeiden konnte, ein volles Studienjahr zu verlieren. Inzwischen ist der Austausch zwischen München und Oxford besser etabliert und die Anerkennung müsste auch wesentlich weniger problematisch sein. Finanziell wurde ich, neben dem wichtigen Studiengebührenerlass und einem eher symbolischen monatlichen Betrag vom Erasmus-Programm, im Wesentlichen von der Studienstiftung des Deutschen Volkes unterstützt.

Der Weg zur Promotion im Ausland gestaltete sich im Vergleich zum Auslandsstudium eher einfach, auch wenn ein großes Maß an Eigeninitiative von Nöten war. Während meines Studiums in Oxford habe ich aus eigenem Antrieb in zwei Forschungsgruppen einige Stunden pro Woche Forschungspraktika in bioanorganischer und physikalischer Chemie absolviert. Die Arbeit in beiden Gruppen machte mir Spaß und das einzigartige Umfeld in Oxford hat mich schnell für sich eingenommen. Nach vorsichtiger Nachfrage über Möglichkeiten in Oxford zu verbleiben, boten mir beide Arbeitsgruppenleiter eine Promotionsstelle an und gaben wertvolle Hinweise über Finanzierungsquellen. Aufgrund meines langjährigen Interesses am Bereich Klimaforschung entschied ich mich für die Stelle im Bereich Atmosphärenchemie. Zusammen mit der Bewerbung zur Zulassung zum Promotionsstudium an der Universität Oxford, habe ich mich für zahlreiche Stipendien verschiedener *colleges*, des International Offices der Universität Oxford, sowie von externen Finanzquellen beworben (Oxford-interne Stipendien werden im *Graduate Studies Prospectus* aufgelistet; weitere Quellen können verschiedene Unternehmen sein, oder auch Stipendienorganisationen wie die Studienstiftung des Deutschen Volkes, u.a.). Parallel zu meiner Bewerbung für die Promotion in Oxford habe ich mich auch für den Master of Science in Environmental Physics in Bremen eingeschrieben, da, trotz der frühzeitigen Zulassung an der Universität Oxford, die Finanzierung der Auslandspromotion sehr lange auf tönernen Füßen stand. Erst Mitte August erhielt ich die Zusage für Stipendien, die mir die Promotion ab Oktober 2001 ermöglichten.

Entscheidend für den Erfolg der Auslandsvorhaben waren in meinem Fall vor allem der persönliche Kontakt und das Engagement eines Mentors, Flexibilität durch mehrgleisige Planung und die Initialkraft, selbst aktiv zu werden.

Unterschiede zwischen Studium und Promotion in Deutschland und Großbritannien

Ich möchte vorwegschicken, dass ich keinen allgemeinen Vergleich zwischen deutschen und englischen Universitäten ziehen will, sondern lediglich aus meiner persönlichen Erfahrung auf Unterschiede zwischen den deutschen Universitäten TU München und FU Berlin gegenüber der Universität Oxford eingehen kann. Dabei ist zu betonen, dass die beiden deutschen Universitäten sicher eher repräsentativ für die deutsche Hochschullandschaft sind, als die Universität Oxford für die englische, da sie zusammen mit der Universität Cambridge finanziell, akademisch und strukturell einen Sonderstatus genießt, der keiner deutschen Universität zuteil wird.

Im Chemiestudium ergeben sich klare Unterschiede alleine aufgrund des verschiedenen zeitlichen Ablaufes der Studiengänge. Der Master in Oxford wird nach drei Jahren Kursphase und einem Jahr Forschungsprojekt vergeben, wohingegen das Diplomstudium in Deutschland auf mindestens vier Jahre Kursphase plus Diplomarbeit ausgelegt ist (Eine Besonderheit des Oxforder Chemiestudiums ist, dass nicht nach drei Jahren der Bachelor-Abschluss verliehen wird, sondern der Studiengang direkt in vier Jahren zum Master führt). Folgerichtig ist das Studium in Oxford stärker komprimiert und anstatt zwei Semester jährlich werden die

Lerninhalte in drei achtwöchige Trimester gepresst. Dementsprechend fordernd sind auch die Trimester, aber die vergleichsweise längeren Phasen zwischen den *terms* erlauben Wiederholung und Vertiefung des gelernten Stoffes nach eigenem Ermessen. Zu Beginn jedes terms finden dann die sogenannten *collections* statt, in denen der Stoff des vorangegangenen Trimesters geprüft wird. Eine größere Prüfung findet am Ende des ersten Studienjahres statt, aber für die Endnote zählen hauptsächlich die Leistungen in den schriftlichen Abschlussprüfungen nach drei Jahren. Das Forschungsprojekt im vierten Jahr („*Part II Project*") wird ebenfalls benotet und fließt in die Gesamtnote mit ein. Ein klarer Vorteil des Benotungssystems ist, dass sich der Student sicher sein kann, eine gerechte Note zu bekommen, da die schriftlichen Abschlussklausuren anonym korrigiert werden, also persönliche Vorlieben der Professoren keine Rolle spielen können (was bei den mündlichen Abschlussprüfungen in Deutschland niemand ausschließen kann). Das Part II Project schließt mit einem mündlichen Examen ab, diese Prüfung hat aber einen vergleichsweise geringen Anteil an der Gesamtnote.

In der Ausbildung in Oxford wird ein stärkerer Akzent auf das theoretische Wissen gesetzt und die praktische Ausbildung ist an deutschen Hochschulen unzweifelhaft besser, da wesentlich intensiver. Allerdings ist das Ziel auch ein anderes, da ein Großteil der Chemiestudenten in Oxford nach dem Abschluss eine Beschäftigung außerhalb der Naturwissenschaften (z.B. im Accounting- oder Beratungsbereich) anstrebt, wofür Laborpraxis ein weniger wichtiges Asset darstellt. Die Betreuung im theoretischen Bereich ist einzigartig (wöchentliche *tutorials* im Verhältnis 1:1 bis 1:4 mit hochmotivierten Professoren), Vorlesungen sind im Schnitt besser, allerdings lässt die Koordination zwischen tutorials und Vorlesungen manchmal etwas zu wünschen übrig, was wohl an der komplexen Symbiose zwischen Veranstaltungen der Universität und der *colleges* liegt. Die 39 colleges sind selbstständige Wohn- und Lehrstätten für Studenten und Professoren mit eigener Administration, vereint unter dem Dach der Universität Oxford. Neben tutorials und Seminaren finden in den colleges auch zahlreiche nicht-akademische Veranstaltungen statt. Praktika und Vorlesungen werden hingegen in den zentralen Einrichtungen der Universität abgehalten. (Eine detaillierte Analyse des Systems der Universität Oxford würde leider den Rahmen dieses Textes sprengen, es sind aber zahlreiche einschlägige Bücher zugänglich; eine kurze Beschreibung kann z.B im „OUSU Oxford Handbook 2003" gefunden werden.) Das höhere Lerntempo in Oxford wird sowohl durch die hervorragende Betreuung wie auch durch die Vorauswahl in sogenannten *interviews* ermöglicht. Das college-System ist sicher nicht ideal, da die zusätzliche Schnittstelle zwischen den colleges und der Universität z.B. im administrativen Bereich zu Effizienzverlusten, und unzweifelhaft zu einem höheren Finanzaufwand für die Unterhaltung der universitären Einrichtung führen muss. Dennoch bieten die colleges den Studenten die einzigartige Gelegenheit in Gemeinschaft mit Top-Studenten verschiedenster Fachbereiche zu lernen, zu leben und zu feiern. All dies macht Oxford zu einem außerordentlich attraktiven Studienort, der seit Jahrhunderten Studenten aus der ganzen Welt nahezu magisch anzieht.

Auch die große Mehrheit der graduierten Studenten profitiert von diesem college-System, obwohl die Doktoranden und Masterstudenten weniger mit dem college verbunden sind, da die Forschung naturgemäß im department stattfindet und auch die studentischen tutorials in den colleges wegfallen. Die Doktorandenstellen sind im Allgemeinen nicht an eine Lehrverpflichtung gekoppelt, allerdings wird die Verantwortung für die Betreuung der Part II Project-Studenten zum größten Teil von den Doktoranden übernommen. Darüber hinaus besteht die Möglichkeit, gegen Bezahlung Aufgaben in der Lehre zu übernehmen, sei es im Rahmen der tutorials oder auch als Experimentator in den Lehrlabors. Die Aufnahme der Doktoranden erfolgt zunächst als *Probationer Research Student*, unabhängig davon, ob ein Master Abschluss zusätzlich zum Bachelor absolviert wurde. In der Regel nach einem Jahr wird man nach Einreichung eines Forschungsberichtes und einer mündlichen Prüfung zum *DPhil candidate* transferiert. Nach ca. zwei weiteren Jahren kann die Doktorarbeit eingereicht werden und sollte dann ca. zwei Monate später in einer mündlichen Prüfung („*viva voce*") verteidigt werden. Im Gegensatz zum deutschen System werden in der viva voce keine notenmäßigen Abstufungen festgehalten.

Vor- und Nachteile einer Auslandspromotion nach dem Bachelor

Der Einstieg in die Promotion unmittelbar nach dem Bachelor-Abschluss, also lediglich drei Jahre nach Beginn des Chemiestudiums, ist sicher eine Herausforderung, besonders an einer Universität wie Oxford, die wohl eine der anspruchsvollsten Universitäten Europas ist und auch zahlreiche strukturelle Eigenheiten besitzt. Da ich bereits als Student in Oxford war, ist mir die Eingewöhnung relativ leicht gefallen und die Sprachbarriere war auch bereits überwunden. Sicher fehlte eine gewisse Erfahrung, wissenschaftliche Arbeiten zu verfassen, da ich weder Diplom-, noch Masterarbeit geschrieben habe, aber für motivierte Studenten ist auch diese Hürde zu nehmen und die Betreuung von Part II Project Studenten gibt genügend Gelegenheit, kleinere Forschungsprojekte zu organisieren und beim Verfassen der Abschlussarbeiten aktiv mitzuarbeiten.

Die Promotion mit dem Bachelor ist eine herausfordernde und spannende Alternative für Studenten, die sich frühzeitig auf ein Forschungsgebiet festlegen, und schnell von der Schulbank in die kreative Forschung übergehen wollen. Für mich war es sicher die richtige Entscheidung und ich bin froh, dass ich den Mut hatte, diesen ungewöhnlichen Weg einzuschlagen. Ich würde mich freuen, wenn die zunehmende Einführung von Bachelor/Master-Studiengängen sowie eine größere Flexibilität im deutschen Hochschulsystem, besonders in Bezug auf den internationalen Austausch, auch anderen, hochmotivierten Studenten diesen sicher förderungswürdigen, da schnellen und effizienten Weg zur Promotion eröffnen würde. Dieser Karriereweg erfordert Begeisterung für chemische Forschung und überdurchschnittliches Engagement, kann also kaum als Patentlösung für alle Absolventen angesehen werden, ist aber unter vielen gangbaren Wegen ein schneller Zugang zur erfolgreichen Promotion.

3 Bewerbung und Vorstellungsgespräch

3.1 Die schriftliche Bewerbung

In Kapitel 1 wurde schon darauf hingewiesen, dass Sie frühzeitig Informationen und Adressen möglicher Arbeitgeber sammeln sollten. Spätestens, wenn Sie Ihr Studium bzw. die Promotion beendet haben, kommen Sie nicht mehr umhin, das geschützte Refugium der Hochschule zu verlassen und auf Stellensuche zu gehen.

Natürlich kann und sollte man bereits einige Monate vor Beendigung seines Studiums oder der Promotion anfangen, sich zu bewerben. Sie sollten dann aber realistisch einschätzen können, ab wann Sie einem neuen Arbeitgeber zur Verfügung stehen könnten. Erfahrungsgemäß verschiebt sich gerade bei Doktorarbeiten der Termin der Abgabe und damit der Prüfung häufig nach hinten. Geben Sie sich also bei der Angabe eines möglichen Eintrittstermins ein „Polster", wenn Sie sehr früh anfangen, sich zu bewerben. Wenn Sie Ihren Prüfungstermin kennen, können Sie Bewerbungsempfängern ein definiertes Datum nennen. Und spätestens, wenn Sie Ihre Prüfung hinter sich haben, sollten Sie sich mit Hochdruck Ihrer neuen Aufgabe widmen - der Jobsuche und Ihrem Berufseinstieg.

Das Warten auf das Aushändigen der Promotionsurkunde ist übrigens keine gute Ausrede, die Stellensuche erst mal auf die lange Bank zu schieben. Erstens kann es aus verwaltungstechnischen Gründen manchmal recht lange dauern, bis Sie die Urkunde bekommen. Und zweitens stellt Ihnen das Dekanat oder der Prüfungsausschuss eine Bescheinigung über Datum und Beurteilung der Promotion aus, die Sie Bewerbungen beilegen können. Da Arbeitgeber, die Chemiker einstellen, wissen, dass die Ausstellung der Promotionsurkunde mitunter mehrere Monate dauern kann, wird eine solche Bescheinigung problemlos akzeptiert und Sie können die Urkunde, wenn nötig später nachreichen. Den „Dr." vor dem Namen müssen Sie in diesem Fall natürlich noch weglassen, denn führen dürfen Sie den Titel tatsächlich erst mit dem Erhalt der Urkunde. Aber Sie sollten in Ihrer Bewerbung trotzdem deutlich machen, dass Sie sich um eine Stelle für einen promovierten Chemiker bewerben, sonst landen Ihre Unterlagen womöglich auf dem falschen Stapel.

Mit einer schriftlichen Bewerbung präsentieren Sie sich und Ihre Fähigkeiten einem ausgewählten Unternehmen. Ihr Ziel ist es, Interesse an Ihrer Person zu wecken und die Möglichkeit einer persönlichen Vorstellung zu erhalten. Um dies zu erreichen, müssen Sie eine Bewerbungsmappe zusammenstellen. Bei vielen, vor allem große Unternehmen können sich Bewerber mittlerweile per Internet bewerben (s. Kap. 3.1.8). Das etablierte Bewerbungssystem ist im Umbruch und vielleicht gibt es in 10 Jahren keine klassischen Bewerbungsmappen mehr. Im Moment jedoch legen viele Unternehmen noch Wert auf eine Mappe und es gibt zur Zeit nur wenige Firmen, die keine Bewerbung auf Papier mehr akzeptieren.

Vieles, was auf den nächsten Seiten beschrieben ist, mögen Sie für selbstverständlich halten. Natürlich verfasst man kein standardisiertes Massenanschreiben, selbstverständlich versendet man keine Bewerbung mit fehlerhafter Rechtschreibung und niemals würde man eine verknitterte Bewerbung, die als Absage zurückgekommen ist, ein zweites Mal losschicken. Trotzdem zeigen viele Bewerbungen, die in Personalabteilungen eingehen, dass genau diese Fehler und viele weitere Mängel in Bewerbungen immer wieder vorkommen. Viele fachlich hochqualifizierte Bewerber, und das gilt für Berufsanfänger und Berufserfahrene gleichermaßen, werfen sich mit schlechten Unterlagen selbst aus jedem Bewerbungsverfahren. Vor diesem Hintergrund enthält das folgende Kapitel eine Reihe von Hinweisen, die, so banal sie auch sein mögen, erfahrungsgemäß in Bewerbungen häufig missachtet werden.

3.1.1 Das Anschreiben

Ganz vorne in der Bewerbung befindet sich das Anschreiben. Unglaublich aber wahr: es gibt noch immer Bewerber, die eine Bewerbung ohne Anschreiben versenden oder ein Anschreiben verfassen, das aus zwei Sätzen besteht und darauf verweist, dass der Leser „alles weitere aus den beigefügten Unterlagen entnehmen kann". Wer sich so wenig Mühe mit seiner Bewerbung gibt, braucht sich über Absagen nicht zu wundern.

Zwangsläufig wird einiges von dem, was Sie im Anschreiben erwähnen, auch im Lebenslauf auftauchen. Während aber der Lebenslauf Ihren Ausbildungs- und Berufsweg lückenlos darstellen soll, können Sie im Anschreiben auf bestimmte Aspekte, die Ihnen wichtig sind, detaillierter eingehen und dafür andere Dinge auslassen, die für diese Bewerbung nicht so relevant sind. Sie können deutlich machen, warum gerade Sie für diese Stelle geeignet sind, welche Qualifikationen Sie dafür mitbringen und welche Fähigkeiten Sie von Ihren Mitbewerbern abheben. Diese Möglichkeit sollte man keinesfalls mit einem lustlosen 08/15-Brief verschenken. Personalexperten haben schon Hunderte von Anschreiben gelesen und merken sehr schnell, ob ein Kandidat ein Anschreiben individuell verfasst hat oder ob dieses Schriftstück eine Massensendung ist, die gleichlautend auch an Dutzende anderer Firmen gegangen ist. Pluspunkte sammelt auf jeden Fall, wer nicht zusammenhanglos verschiedene Qualifikationen aneinander gereiht, sondern sein Anschreiben gut strukturiert und sorgfältig ausgearbeitet hat.

Bewerben Sie sich auf eine Stellenanzeige, so gehen Sie besonders auf die dort erwähnten Anforderungen ein. Manche Bewerber schaffen es, ausführlich Qualifikationen zu schildern, die in der Stellenanzeige gar nicht gefordert werden und lassen dafür andere, für diese Stelle viel wichtigere Kenntnisse weg oder erwähnen sie nur beiläufig im Lebenslauf. Übrigens sollte man, wenn etwa bestimmte Fach- oder Methodenkenntnisse (zum Beispiel „Atom-Absorptions-Spektroskopie") gefordert werden, diesen Begriff auch in der Bewerbung so verwenden. Die erste Durchsicht der Unterlagen erfolgt häufig durch Mitarbeiter, die keine chemische Ausbildung haben. Sie können nicht wissen, dass „AAS" eine gängige Abkürzung für genau das gesuchte Verfahren ist.

Wird nach dem möglichen Eintrittstermin oder der Gehaltsvorstellung gefragt, so sollten Sie dies im Anschreiben auch beantworten (zu Gehältern siehe Kap. 3.2.1). Zwangsläufig müssen Initiativbewerbungen allgemeiner gehalten sein, da sie sich ja nicht auf ein konkretes Anforderungsprofil beziehen können. Aber auch hier können Sie Pluspunkte sammeln, wenn Sie sich vorher über die Firma informiert haben. Neben Firmenbroschüren bietet das Internet eine bequeme Möglichkeit der Recherche (s. Kap. 2.1.1). Nicht alle Unternehmen präsentieren konkrete Stellenangebote im Web, aber man erfährt auf der Homepage in der Regel einiges über Arbeitsgebiete und Produkte, bei größeren Unternehmen auch die genaue Anschrift der Personalabteilung und den Namen des Ansprechpartners (zu Informationen über Firmen, die sich noch nicht im Internet präsentieren, s. Kap. 2.1.1).

Ihr Anschreiben soll zeigen, warum Sie Interesse an der Mitarbeit in diesem Unternehmen haben. Haben Sie sich zum Beispiel in Ihrer Promotion mit Produkten befasst, die auch das Unternehmen herstellt oder vertreibt, so ist dies schon ein guter Anknüpfungspunkt. Aber auch wenn das nicht der Fall ist, gibt es sicher irgendeinen Aspekt in diesem Unternehmen, der Sie besonders anspricht oder bei dem Sie eine Verbindung zu Ihren Kenntnissen oder Ihren beruflichen Wünschen finden können. Wenn Sie im Anschreiben deutlich machen können, dass Sie sich mit der Firma beschäftigt und bereits darüber nachgedacht haben, in welchen Bereichen Sie Ihre Fähigkeiten am besten einsetzen könnten, ist dies ein klarer Vorteil gegenüber anderen Bewerbungen, in denen sich pauschal auf „eine Stelle in Ihrem Unternehmen" beworben wird.

Viele Personalexperten, vor allem in größeren Firmen, nennen als häufigen Makel in Bewerbungen von Berufsanfängern, dass sie zwar ihre Fähigkeiten ausführlich schildern, aber nicht schreiben, in welchen Tätigkeitsgebieten sie eigentlich arbeiten wollen. Vor allem bei Initiativbewerbungen möchten Bewerber sich alle

Optionen offen halten und sich nicht durch die Einschränkung auf ein Gebiet ihre Chancen schmälern. Dennoch sollten Sie angeben, in welchen Bereichen Sie sich eine Tätigkeit aufgrund Ihrer Stärken und Interessen am besten vorstellen könnten, denn niemand ist auf allen Gebieten gleich begabt und an allem gleichmäßig interessiert. Bedenken Sie, dass Sie sich zwar über das Unternehmen, bei dem Sie sich bewerben, informiert haben. Umgekehrt weiß die Firma von Ihnen jedoch noch gar nichts. Helfen Sie also dem Bewerbungsempfänger bei der ersten Einschätzung, wo Sie am ehesten hinpassen könnten.

Die meisten Bewerber kommen mit einem einseitigen Anschreiben aus. Bevor Sie den Schriftgrad immer weiter verkleinern oder kaum noch Rand lassen, nehmen Sie eine zweite Seite hinzu. Länger als ca. 1½ Seiten jedoch sollte Ihr Anschreiben nicht sein. Und natürlich sollten Sie nicht Ihre Unterschrift vergessen.

Bei Stellenanzeigen in Zeitungen oder im Internet sind häufig Telefonnummern angegeben, an die sich Bewerber bei Rückfragen wenden können. Selbstverständlich darf man dieses Angebot in Anspruch nehmen, wenn man weitere Informationen braucht. Sie sollten dann aber auch konkrete Fragen haben. Sie verärgern die Angerufenen, wenn Sie Fragen stellen, die für die Bewerbung völlig unwichtig sind oder bereits in der Annonce beantwortet wurden.

3.1.2 Der Lebenslauf

3.1.2.1 Allgemeine Informationen zum Lebenslauf

Für manche Bewerbungsempfänger ist das Anschreiben das wichtigere Dokument, für andere ist es der Lebenslauf. Für Sie bedeutet dies, dass Sie beiden Unterlagen gleich große Sorgfalt widmen sollten. Schließlich soll man von Ihnen immer den besten Eindruck erhalten, egal welchen Teil Ihrer Bewerbung man als erstes liest.

Der Lebenslauf soll zeigen, dass Sie die fachliche Qualifikation der zu besetzenden Stelle haben. Der Leser Ihrer Bewerbung möchte Ihren bisherigen Lebensweg lückenlos und schnell nachvollziehen können. Dazu gehört, dass Sie ihn mit präzisen Zeitangaben versehen. Also geben Sie bei allen Daten, z. B. Studienbeginn, Arbeitsaufnahme oder Auslandsaufenthalt nicht nur das Jahr, sondern zumindest auch den Monat mit an. Wer alle Angaben nur mit der Jahreszahl macht, erweckt den Verdacht, einige Monate „Leerlauf" vertuschen zu wollen. Das Geburtsdatum sollte selbstverständlich immer vollständig angegeben werden.

Bei Bewerbungen im deutschsprachigen Raum ist der Lebenslauf meist chronologisch geordnet. Das bedeutet, dass man mit Geburtsdatum und -ort anfängt, die Schulausbildung anschließt und dann das Studium und gegebenenfalls die Promotion auflistet. Auch die umgekehrt chronologische Reihenfolge, vor allem im englischsprachigen Raum verbreitet, ist möglich. In jedem Fall aber gilt: Halten Sie eine einmal gewählte Form konsequent ein und gestalten Sie Ihren Lebenslauf so übersichtlich wie möglich. Bewerbungsempfänger haben keine Zeit, mühsam Ihren Werdegang wie Puzzleteile zusammen zu setzen. Wer zum Zeitpunkt der Bewerbung arbeitslos ist, sollte eher die klassische (chronologische) Form des Lebenslaufs wählen, sonst steht die Information der Arbeitslosigkeit gleich am Anfang. Zumindest im deutschen Lebenslauf gehört nach Geburtsdatum und -ort auch die Angabe des Familienstandes, gegebenenfalls die Anzahl der Kinder dazu. Weitere Informationen, zum Beispiel über den Beruf von Eltern, Geschwistern oder den Ehepartner sind nicht nötig. Wenn Sie zwischen Schulzeit und Studium ihren Wehr- oder Zivildienst, ein soziales Jahr oder einen Au-pair-Aufenthalt eingelegt haben, gehört dies selbstverständlich auch in den Lebenslauf.

Bei der Beschreibung des Studiums muss auf jeden Fall die Angabe der Hochschule und der jeweiligen Studiendauer dabei sein. Nennen Sie auch Thema und Gesamtnote Ihrer Diplom- und Doktorarbeit und den betreuenden Hochschullehrer. Denken Sie daran, dass nicht alle Personalfachleute Chemiker sind und geben Sie an, welcher Fachrichtung Ihr Themengebiet zuzuordnen ist, z. B. anorganischer, physikalischer Chemie etc.

Viele Doktoranden haben während ihrer Promotion eine Stelle als wissenschaftlicher Mitarbeiter. Das heißt, dass sich Ausbildung (Promotion) und berufliche Tätigkeit (Assistentenstelle) überschneiden. Versuchen Sie trotzdem, Ihren Lebenslauf so übersichtlich wie möglich zu gestalten. Beschreiben Sie auch kurz Ihre Assistententätigkeit (Betreuung von Praktika, Seminaren o. ä.), denn das weist auf erste Erfahrungen in der Personalführung hin. Wer mit einem Stipendium promoviert oder studiert hat, sollte dies selbstverständlich auch angeben. Es hebt Sie aus der Masse der Mitbewerber heraus, denn schließlich erhält nicht jeder ein Stipendium.

Wie geht man mit Arbeitslosigkeit um? Kein großes Problem ist es, wenn Ihr Arbeitsvertrag an der Hochschule bereits ausgelaufen ist, bevor Sie Ihre Doktorarbeit fertig gestellt haben. Dann ist zwar Ihre Assistententätigkeit beendet, aber jeder kann nachvollziehen, dass Sie sich anschließend um die Beendigung Ihrer Promotion gekümmert haben. Auch dass Chemiker am Anfang ihrer Promotion einige Zeit formal arbeitslos waren, weil sie erst später eine Stelle als wissenschaftlicher Mitarbeiter erhalten haben, kommt häufig vor und wird problemlos akzeptiert.

Wenn Sie zurzeit arbeitslos sind und Ihr Promotionsdatum schon einige Monate oder länger zurück liegt, sollten Sie überlegen, wie Sie diese Phase geschickt verkaufen. Es sollte aus Ihrem Lebenslauf hervorgehen, dass Sie die Zeit sinnvoll genutzt haben, z. B. durch Fortbildungen, Praktika, freiberufliche Tätigkeiten, Bearbeitung eines Projektes an der Hochschule oder ähnliches. Ein Lebenslauf, der einige Monate vor dem Bewerbungszeitpunkt plötzlich endet, ist ungünstig. Sie sollten keinesfalls den Eindruck erwecken, gar nichts zu tun.

Viele Absolventen haben während der Promotion Teile ihrer Arbeit in Fachzeitschriften oder auf Tagungen veröffentlicht. Die Angabe dieser Publikationen gehört ebenfalls in den Lebenslauf. Wer viele Veröffentlichungen hat, sollte sie besser auf einem separaten Blatt auflisten, um den Lebenslauf nicht zu sprengen. Auch wenn Sie viele Methodenkenntnisse aufzählen oder über besonders umfangreiche EDV-Kenntnisse verfügen, sollten Sie diese eher auf einer separaten Seite zusammenfassen, damit Ihr Lebenslauf übersichtlich bleibt und nicht mehr als zwei Seiten umfasst. Denken Sie immer daran, dem Leser Ihrer Unterlagen die Arbeit so leicht wie möglich zu machen.

3.1.2.2 Sprachkenntnisse

Englisch wird bei Akademikern fast überall vorausgesetzt. Weitere Sprachkenntnisse sind auf jeden Fall gerne gesehen. Falls in einer Stellenausschreibung ausdrücklich auf Kenntnisse in einer bestimmten Sprache, die Sie beherrschen, Wert gelegt wird, sollten Sie Ihre Fähigkeiten zusätzlich im Anschreiben erwähnen. Seien Sie immer darauf gefasst, dass man Ihre Angaben in einem eventuellen Vorstellungsgespräch auch überprüft. Manche Firmen lassen ihre Bewerber dann einmal auf Englisch von ihren Hobbys oder der Doktorarbeit erzählen. Wer fließende Englischkenntnisse angegeben hat, dann aber nicht in der Lage ist, auf Englisch zu kommunizieren (niemand erwartet, dass Sie dabei vollkommen fehlerfrei sind), macht sich äußerst unglaubwürdig. Bleiben Sie also einigermaßen realistisch in Ihrer Selbstdarstellung.

3.1.2.3 Sonstige Angaben im Lebenslauf

Haben Sie längere Auslandsaufenthalte oder Kurse absolviert, gehört auch dies in den Lebenslauf, vor allem dann, wenn die dabei erworbenen Fähigkeiten und Kenntnisse im Beruf nützlich sein können. Auch die EDV-Kenntnisse sollten Sie natürlich angeben. Wenn Sie sich um eine Stelle bewerben, in der spezielle Kenntnisse im EDV-Bereich benötigt werden, geben Sie entsprechende Kurse, Fortbildungen etc. an und fügen Sie die entsprechenden Bescheinigungen bei. Die Beherrschung der gängigen EDV-Programme wie Word etc. ist inzwischen Standard. Es reicht, diese kurz aufzuzählen.

Ehrenamtliche Tätigkeiten werden, wie in Kap. 1 bereits erwähnt, meist positiv bewertet. Erwähnen Sie es also im Lebenslauf (zum Beispiel unter „Hobbys"), wenn Sie als Jugendbetreuer in Ihrem Sportverein Verantwortung für den Nachwuchs übernommen haben oder sich auf andere Weise ehrenamtlich betätigen. Auch sonstige Freizeitbeschäftigungen interessieren Personalfachleute durchaus. Sie möchten schließlich wissen, welcher Mensch hinter der Bewerbung steckt. Sie sollten jedoch darauf achten, dass die Beschreibung Ihrer Freizeitaktivitäten nicht allzu ausführlich gerät. Sie erwecken sonst den Eindruck, Sie hätten keine Zeit mehr für den Job.

Selbstverständlich sind Hobbys und ehrenamtliche Tätigkeiten, auch politisches oder kirchliches Engagement Ihre Privatsache und müssen nicht angegeben werden. Andererseits sind sie ein Teil Ihrer Persönlichkeit. Es bleibt Ihrer Entscheidung überlassen, welche Seite Ihrer Person Sie in einer Bewerbung „rüberbringen" möchten und was Sie lieber weglassen. Auch der Lebenslauf sollte mit dem aktuellen Datum und der Unterschrift versehen sein.

3.1.2.4 Das Foto

In einigen anderen Ländern ist es verpönt, aber bei einer Bewerbung in Deutschland kommen Sie um ein Foto nicht herum. Ob es in Passbildgröße in den Lebenslauf, am besten in die obere rechte Ecke geklebt wird oder etwas größer auf einer Art Deckblatt am Anfang der Bewerbung platziert wird, ist Geschmackssache. Aber Sie sollten Ihrem Foto genauso große Aufmerksamkeit schenken wie den übrigen Unterlagen, auch wenn Sie sich als Akademiker und nicht als Model bewerben. Ein gutes Foto ist ein „Hingucker". Die meisten Bewerbungsempfänger überlegen beim Anblick des Fotos bewusst oder unbewusst: Könnte ich mir diesen Bewerber in der zu besetzenden Position vorstellen? Also sollten Sie in Auftreten und Kleidung nicht nur einen sympathischen, sondern auch einen seriösen Eindruck machen. Das Urlaubsfoto vor dem Strandhotel oder der Schnappschuss mit Ihrer Lieblingskatze ist dazu völlig ungeeignet, auch wenn Sie darauf noch so nett lächeln.

Dass ein Bewerbungsfoto von einem Fotografen und nicht vom Automaten im Hauptbahnhof gemacht werden sollte, versteht sich von selbst. Fragen Sie Kollegen oder Freunde, wo sie ihre Bewerbungsfotos haben anfertigen lassen und sehen Sie sich die Bilder an. Ein erfahrener Fotograf vermeidet z. B., dass eine Brille unschöne Schatten wirft oder der Portraitierte durch falsche Beleuchtung so blass aussieht, als ob er gerade eine schwere Krankheit durchmacht. Lächeln allerdings oder zumindest freundlich gucken müssen Sie selber. Manche Bewerber schauen so ernst drein, als ob sie gleich dem Haftrichter vorgeführt würden. In guten Fotostudios wird der Fotograf eine Reihe von Aufnahmen von Ihnen anfertigen, die Sie mitnehmen können, bevor Sie sich entscheiden, welches Sie vervielfältigen lassen möchten. Fragen Sie Freunde oder Verwandte, welches der Bilder ihnen am besten gefällt. Andere Personen sehen die Aufnahmen oft mit anderen Augen als der Fotografierte. Vergessen Sie bei Ihrer Bewerbung nicht, Ihren Namen auf die Rückseite des Fotos zu schreiben. Häufig verwenden Bewerber inzwischen auch eingescannte Fotos, die mit dem Lebenslauf ausgedruckt werden. Bei einer guten Qualität des Ausdrucks ist dagegen nichts einzuwenden.

3.1.3 Zeugnisse

Für Berufseinsteiger gehören das Abiturzeugnis, das Vordiplomzeugnis, Diplomzeugnis und -urkunde und natürlich die Promotionsurkunde hinein. Liegt Ihnen die Promotionsurkunde noch nicht vor, fügen Sie die bereits erwähnte vorläufige Bescheinigung bei. Wenn Sie vor dem Studium eine Lehre absolviert haben, legen Sie das Abschlusszeugnis dazu. Haben Sie weitere Qualifikationen erworben, zum Beispiel im Rahmen eines Aufbaustudiums o.ä., sollten Sie diese Nachweise natürlich auch beifügen. Alle diese Dokumente sollten Sie als gut lesbare Kopien, keinesfalls als Original beilegen. Es ist nicht nötig, die Kopien beglaubigen zu lassen. Sie können die Originale später z. B. im Vorstellungsgespräch vorlegen. Liegen in einer Bewerbung die Zeugnisse nur unvollständig oder etwa vom Diplom nur die Urkunde, nicht aber die Beurteilungen vor, vermuten Personalexperten (meist zu Recht), dass die entsprechenden Zeugnisse schlecht sind. Fügen Sie also die Unterlagen vollständig bei, auch wenn Ihre Noten nicht so glänzend ausgefallen sind. Eventuell müssen Sie sich dann im Vorstellungsgespräch Fragen dazu gefallen lassen. Aber wer Zeugnisse nicht oder unvollständig beifügt, wird in der Regel erst gar nicht eingeladen. Und bis zu einem eventuellen Vorstellungsgespräch haben Sie noch genügend Zeit, sich zu überlegen, was Sie auf entsprechende Nachfragen antworten können. Dabei sollten Sie sich allerdings niemals dazu verleiten lassen, die Schuld auf den didaktisch unfähigen Professor, den ungerechten Prüfer oder andere Personen zu schieben.

Wer im Ausland studiert hat, fügt die dort erworbenen entsprechenden Zeugnisse und Urkunden bei. Ein englischsprachiges Zeugnis können Sie als Kopie beilegen. Urkunden in anderen Sprachen sollten Sie übersetzen lassen. Erläutern Sie gegebenenfalls im Lebenslauf, mit welchem deutschen Hochschulabschluss eine entsprechende Qualifikation in etwa vergleichbar ist. Sie erleichtern dem Leser Ihrer Bewerbung die Arbeit, denn auch Personalchefs können sich nicht mit allen ausländischen Studiengängen auskennen. Wenn ein Studienabschluss anders als in Deutschland nicht benotet wird, sollten Sie auch das kurz erwähnen.

3.1.4 Weitere Unterlagen

Hierzu zählen zum Beispiel Zeugnisse und Bescheinigungen über berufsrelevante Praktika, Fortbildungen etc., die Sie Ihren Unterlagen beifügen sollten. Qualifizierte Arbeitszeugnisse wie bei berufserfahrenen Kandidaten werden von Absolventen nicht erwartet. Wenn Ihr Hochschullehrer, bei dem Diplom- oder Doktorarbeit angefertigt wurde, bereit ist, Ihnen ein Zeugnis auszustellen, können Sie es (vorausgesetzt natürlich, es ist gut) beilegen. Wenn Sie einen Hochschullehrer als Referenz angeben können, sollten Sie es tun. Sie sollten dann aber auch sicher sein, dass die genannten Personen sich wirklich nur lobend über Sie äußern, sonst geht dieser Schuss nach hinten los.

Ihre Publikationen können Sie, wie schon erwähnt, im Lebenslauf oder einem separaten Blatt auflisten. Manche Bewerber fügen auch Sonderdrucke ihrer Veröffentlichungen oder eine Zusammenfassung der Dissertation bei. Sie sollten sich dann aber auf die wichtigsten Publikationen beschränken und nicht stapelweise Papier beilegen. Niemand hat Zeit, das alles zu lesen.

Überlegen Sie bei jeder Bewerbung aufs Neue, welche Ihrer Qualifikationen für die Tätigkeit, um die Sie sich bewerben, wichtig sind und stimmen Sie Anschreiben, Lebenslauf und alle beizufügenden Unterlagen immer individuell auf die jeweilige Tätigkeit und das Unternehmen ab. Versetzen Sie sich in die Position des Personalleiters, der Ihre Bewerbung liest. Muss er jedes einzelne analytische Gerät wissen, mit dem Sie während Ihrer Dissertation gearbeitet haben? Ja, wenn Sie sich um eine Laborleiterstelle im Analytischen Zentrallabor bewerben. Nein, wenn es um die Position in der Öffentlichkeitsarbeit eines Pharmaunternehmens geht. Dann wird es ihn viel eher interessieren, wenn Sie als Pressesprecher Ihres Sportvereins oder einer Bürgerinitiative bereits erste Erfahrungen mit Journalisten gemacht haben.

Manche Bewerber verfahren nach dem Grundsatz „Viel hilft Viel". Bevor sie sich entscheiden, welche Fach- bzw. Zusatzkenntnisse oder sonstige Fähigkeiten für diese Bewerbung wichtig sind, fügen sie lieber alles bei, was sie zu bieten haben. Da taucht dann neben dem für die ausgeschriebene Stelle wichtigen Praktikum in der Industrie eine Bescheinigung über die Beherrschung der Grundlagen von Windows auf. Dies zeigt, dass der Bewerber Wichtiges nicht von Unwichtigem unterscheiden kann - eine im Berufsalltag elementare Anforderung. Denken Sie daran, dass die Empfänger Ihrer Bewerbung Ihre und viele andere Unterlagen in kurzer Zeit durchsehen müssen. Also: überlegen Sie, was relevant ist und was Sie weglassen können.

3.1.5 Zusammenstellung der Bewerbungsmappe

Haben Sie alle Unterlagen beisammen, so stellen Sie Ihre Bewerbungsmappe zusammen. Die meisten Bewerber verwenden Klemmhefter, in denen alle Papiere mit Ausnahme des Anschreibens mit Hilfe einer Klammer zusammen gehalten werden. Es ist nicht nötig, alle Unterlagen in Klarsichthüllen einzupacken. Wer täglich Bewerbungen bearbeitet, hat keine Zeit, Zeugnisse aus Klarsichthüllen heraus zu holen, um sie lesen zu können und noch weniger, sie hinterher dort wieder einzusortieren. Es gibt auch spezielle Bewerbungsmappen, die sich nach beiden Seiten aufklappen lassen. Der Leser hat dann stets Anschreiben und Lebenslauf im Blick, während er auf der dritten Seite die übrigen Unterlagen durchsieht. Manche mögen diese Mappen nicht, weil sie auf dem Schreibtisch viel Platz wegnehmen. Eine allgemeine Empfehlung, welche Sorte von Mappen am besten sind, kann hier nicht gegeben werden. Auch bei Bewerbungsempfängern gibt es verschiedene Geschmäcker. Sicher ist: mit allen Mappen kann man gute und weniger gute, übersichtliche und unübersichtliche Bewerbungen zusammenstellen. Eine gute Bewerbung wird nicht daran scheitern, dass dem Personalchef eine andere Mappe persönlich besser gefällt. Ebenso wenig wird aus einer schlechten Bewerbung durch die „richtige" Mappe eine gute. Egal welche Form Sie also wählen, neben einem aussagekräftigen Inhalt sollte die Information übersichtlich präsentiert und tadellos verpackt sein.

Das Anschreiben wird in der Bewerbungsmappe normalerweise ganz vorne lose eingelegt und nicht mit eingeheftet. Es folgt der Lebenslauf und eventuell die zusätzliche Auflistung Ihrer Publikationen, Methodenkenntnisse, EDV-Fähigkeiten etc. Danach kommen die Zeugnisse in umgekehrter zeitlicher Reihenfolge, also das neueste (meist die Promotionsurkunde, bei diplomierten Bewerbern die Diplomurkunde) ganz oben, danach die übrigen Zeugnisse und sonstigen Unterlagen. Manche Bewerbungen enthalten ganz vorne ein Deckblatt, das Name und Anschrift des Bewerbers sowie das Foto enthält. Andere Bewerbungen enthalten ein Inhaltsverzeichnis, in dem die beiliegenden Unterlagen aufgelistet sind. Manche Bewerbungsratgeber empfehlen auch eine Extra-Seite, die all das enthält, was über die rein fachlichen Qualifikationen hinausgeht und oft mit „was Sie sonst noch über mich wissen sollten" oder „zu meiner Person" überschrieben ist. Diese Seite enthält dann zum Beispiel weitere Qualifikationen, Hobbys oder ehrenamtliche Tätigkeiten, die zwar nicht direkt in Zusammenhang mit der geforderten Stelle stehen, aber die Persönlichkeit des Bewerbers dokumentieren sollen. Auch hierfür, wie für Deckblatt und Inhaltsverzeichnis gilt: Geschmackssache. Kann man machen, muss man aber nicht.

Von allen verschickten Anschreiben und Lebensläufen sollten Sie sich Kopien machen oder im Rechner speichern. Wenn Sie mehrere Bewerbungen gleichzeitig laufen haben und zu einem Vorstellungsgespräch eingeladen werden, wissen Sie sonst womöglich nicht mehr, was Sie wem geschickt haben.

Für den Versand Ihrer Bewerbung gibt es Briefumschläge in allen möglichen Größen. Bei Umschlägen mit verstärkter Rückseite werden Ihre wertvollen Unterlagen auf dem Transport besser geschützt als in dünnen Papierumschlägen. Eine Bewerbung sollten Sie nicht per Einschreiben, sondern mit normaler Post verschicken. Auf jeden Fall sollte Ihr Brief ausreichend frankiert sein. Unternehmen wissen übermäßige Sparsamkeit von Bewerbern normalerweise nicht zu schätzen.

Im Verlauf eines Bewerbungsprozesses werden Sie auch einige Absagen einstecken müssen, d. h. Sie werden Ihre Unterlagen zurück erhalten. Es liegt nahe, diese dann nochmals für eine Bewerbung zu verwenden. Bitte sehen Sie die Unterlagen dann aber sehr, sehr sorgfältig durch. Manche Kopien oder Mappen sind bereits verknittert oder enthalten Fingerabdrücke, wenn sie durch mehrere Hände gegangen sind. Manchmal steht gar noch ein Kommentar irgendwo dabei. Versenden Sie nur Unterlagen, die absolut makellos sind. Machen Sie sich von allen Zeugnissen, die Sie verschicken, so viele Abzüge, dass Sie immer unbeschädigte Exemplare zur Hand haben. Dasselbe gilt für Bewerbungsmappen und Fotos. Das Versenden von zerknitterten oder fleckigen Unterlagen ist für die meisten Bewerbungsempfänger ein absolutes Ausschlusskriterium. Überlegen Sie, welche Botschaft Sie dem Empfänger einer offensichtlich „recycelten" Mappe geben: 1. Unser Unternehmen ist es nicht wert, dass man für uns neue Unterlagen zusammen stellt und 2. Offensichtlich haben schon andere Firmen den Absender nicht haben wollen, warum sollten wir ihn dann nehmen? Kein Wunder, dass solche Unterlagen meist gleich zurückgesandt werden.

3.1.6 Vermeidung formaler Mängel

Viele Bewerber tun sich bei der Stellensuche unerwartet schwer. Längst nicht immer sind der schlechte Arbeitsmarkt oder formale Gründe wie schlechte Noten, lange Studiendauer oder ähnliches der Grund für den Misserfolg. Viele Personalfachleute klagen über schlampige, unvollständige oder mit Fehlern gespickte Unterlagen. Bewerbungsempfänger sehen eine Bewerbung als erste Arbeitsprobe eines potenziellen Mitarbeiters. Sie gehen davon aus, dass dieses Dokument mit großer Sorgfalt erstellt worden ist. Enthält diese Bewerbung schon mehrere Fehler, so lässt sie erahnen, was der Kandidat erst abliefern wird, wenn er der Hektik und dem Stress des normalen Tagesgeschäftes ausgeliefert ist.

Von Akademikern gehen manchmal Bewerbungen mit orthografischen Fehlern ein, die auch das simpelste Rechtschreibprogramm gefunden hätte. Das beliebige

Hin- und Herschieben von Satzteilen oder ganzen Absätzen sind beim Entwurf eines Anschreibens am Computer von großem Nutzen. Das Ergebnis solcher Arbeit sollten Sie jedoch ganz genau kontrollieren. Immer wieder gibt es Bewerbungen, in denen mitten im Text halbe Sätze auftauchen, deren anderes Ende sich, wenn überhaupt, zwei Absätze später wiederfindet. Wenn Sie alte Bewerbungsschreiben als Grundlage eines neuen Anschreibens wählen, müssen Sie nicht nur unbedingt darauf achten, den Namen des Ansprechpartners auszutauschen, sondern auch, das Datum zu aktualisieren. Ein viele Monate zurückliegendes Datum zeigt nicht nur, dass der Bewerber schlampig ist, sondern auch, dass er bereits seit längerem auf Stellensuche ist - nicht gerade eine Werbung für ihn. Auch die Unterschrift wird häufig vergessen.

Manche Bewerber setzen auf dem Deckblatt der Bewerbung und im Lebenslauf den Namen der Firma ein, bei der sie sich bewerben. In diesem Fall müssen Sie natürlich auch dies vor dem Absenden jeder Bewerbung kontrollieren. Versenden Sie mehrere Bewerbungen auf einmal, achten Sie darauf, die richtige Bewerbung in den richtigen Umschlag zu stecken. Die Personalstellen der großen Chemieunternehmen können ein Lied von den Bewerbungen singen, die eigentlich an den Wettbewerber gerichtet sind. Denken Sie auch daran, das Preisschild auf der Bewerbungsmappe zu entfernen. Die Personalabteilung muss nicht unbedingt wissen, wie viel Sie dafür bezahlt haben.

Die meisten Menschen sind eitel. Sie mögen es nicht, wenn man ihren Namen falsch schreibt und manche sind empfindlich, wenn man ihren Doktortitel vergisst. Frauen sind nicht erfreut, wenn sie mit „Sehr geehrter Herr" angesprochen werden, obwohl der Vorname in der Stellenanzeige dabeistand (dies gilt natürlich auch umgekehrt). All dies kommt in Bewerbungen aber immer wieder vor. Sie sollten es nicht riskieren, mit solchen Nachlässigkeiten Personen zu verärgern, die über die weitere Behandlung Ihrer Bewerbung zu entscheiden haben. Achten Sie also auf die korrekte Schreibweise des Firmennamens, der Anschrift und den Namen Ihres Ansprechpartners. Nur wenn kein Ansprechpartner genannt wird, verwenden Sie die Standardanrede „Sehr geehrte Damen und Herren".

Eine fertige Bewerbung sollten Sie, wenn irgend möglich, noch einmal jemandem zu lesen geben. Andere Personen finden oft Fehler oder stilistische Holpersteine, die dem Verfasser nicht mehr auffallen. Wenn das nicht möglich ist, lassen Sie die Bewerbung mindestens einen Tag liegen und lesen Sie sie dann noch einmal. Auf diese Weise findet man Fehler, die man nach stundenlanger Arbeit vor dem Rechner am Vortag nicht mehr bemerkt hat. Es ist übrigens nicht nötig, eine Bewerbung spätestens 24 Stunden nach Erscheinen der Anzeige abzuschicken. Personalabteilungen wissen, dass eine sorgfältig erstellte Bewerbung Zeit braucht. Wenn Unternehmen in Stellenanzeigen um die Einsendungen innerhalb einer bestimmten Frist bitten, so ist meist ein Zeitraum von etwa zwei Wochen genannt. Diese Frist sollten Sie, auch wenn kein konkretes Datum als Bewerbungsschluss genannt ist, nicht ohne Not überschreiten.

3.1.7 Eingang der Bewerbung beim Unternehmen

Ist Ihre Bewerbung ordnungsgemäß angekommen, erhalten Sie in der Regel eine Eingangsbestätigung der Firma, in der man Ihnen für Ihr Interesse an dem Unternehmen dankt und um etwas Geduld bittet. Die Bearbeitung aller eingegangenen Bewerbungen kann einige Wochen, mitunter sogar Monate dauern. In dieser Zeit sollten Sie sich natürlich weiter bewerben und nicht erst das Ergebnis abwarten, bevor Sie es woanders versuchen. Wenn Sie wochenlang keine Antwort erhalten, können Sie ruhig telefonisch nachfragen.

Wenn Ihre Bewerbung auf Interesse gestoßen ist und das Unternehmen Sie zu einem persönlichen Gespräch einladen will, kann es auch passieren, dass ein Mitarbeiter der Personalabteilung statt einer Eingangsbestätigung bei Ihnen anruft und direkt einen Termin ausmacht. Prüfen Sie daher, ob der Text Ihres Anrufbeantworters für einen derartigen Anruf geeignet ist. Wer noch die flapsige Ansage aus Studentenzeiten auf dem Band hat, sollte für die Bewerbungsphase einen seriöseren Text wählen. Wenn man Ihnen eine Nachricht auf dem Anrufbeantworter hinterlassen hat, sollte es selbstverständlich sein, so schnell wie möglich zurückzurufen. Sie können hier schon den ersten positiven Eindruck hinterlassen. Normalerweise erhalten Sie dann noch einmal eine schriftliche Bestätigung des mündlich vereinbarten Termins.

Werden Sie von einem Unternehmen schriftlich zu einem Vorstellungsgespräch eingeladen, so übernimmt die einladende Firma die Reisekosten und die Kosten für eine eventuell notwendige Übernachtung, unabhängig davon, ob ein Arbeitsvertrag zustande kommt oder nicht. Die Details der Abrechnung werden normalerweise am Anfang oder Ende des Vorstellungstermins geklärt. Wenn Sie ohne ausdrückliche Einladung zu einem Vorstellungstermin oder aus einem anderen Grund bei einem Unternehmen vorsprechen, ist dieses nicht zu einer Kostenerstattung verpflichtet. Klären Sie in solchen Fällen vorher, vor allem bei einer weiten Anreise, ob die Kosten übernommen werden.

3.1.8 Elektronische Bewerbungen

Während kleine und mittelständische Unternehmen häufig Wert auf eine aussagekräftige Bewerbungsmappe legen, stellen viele große Unternehmen inzwischen auf ihren Internet-Seiten Formulare für die Online-Bewerbung zur Verfügung [7]. Dies erleichtert den Unternehmen die Bearbeitung der Bewerbungen, da sie elektronisch an die verschiedenen Stellen im Haus oder an die verschiedenen Standorte weitergeleitet werden können. Am besten informieren Sie sich auf der jeweiligen www-Seite des Unternehmens, in welcher Form Bewerbungen dort erwünscht sind und richten sich danach. Sie finden dort Hinweise, wie Sie das Formular ausfüllen müssen, ob und in welcher Weise Attachments mitgeschickt werden können und wann Sie mit einer Reaktion rechnen können.

Wer sich online bewirbt, sollte die Texte genauso sorgfältig formulieren wie bei einer schriftlichen Bewerbung und es gilt das in den vorangegangenen Abschnitten gesagte. Mit dem großzügigen Umgang der Rechtschreibung, wie er in manchen Newsgroups herrscht, katapultiert man sich ebenso zuverlässig aus dem Bewerbungsverfahren wie mit Attachments, die Viren enthalten. Wenn Sie Dateien als Attachments mitschicken, sollten Sie darauf achten, dass die Dateien nicht zu groß sind und durch lange Ladezeiten den Empfänger verärgern. Auf jeden Fall sollten Sie herkömmliche Bewerbungsunterlagen bereithalten, denn viele Unternehmen fordern bei Interesse eine komplette Bewerbungsmappe an.

Als Akademiker sollten Sie niemals standardisierte Bewerbungen als Massenmail verschicken. Sie brauchen sich sonst nicht zu wundern, wenn man Ihnen darauf nicht einmal antwortet.

3.2 Das Vorstellungsgespräch

Zunächst einmal sollten Sie sich über Ihren Erfolg freuen, wenn Sie eine Einladung zu einem Interview erhalten. Sie haben die erste Hürde genommen und nicht nur eine gute schriftliche Bewerbung abgeliefert, sondern sind auch von Ihrem fachlichen Profil her interessant für das Unternehmen.

Ganze Bücher wurden nur über Vorstellungsgespräche schon geschrieben. Auf nahezu jede mögliche Frage finden sich in Ratgebern die passenden Antworten, eingebettet in Tipps zur „richtigen" Körpersprache, Mimik und Gestik. In diesem Buch soll darauf verzichtet und stattdessen auf einschlägige Literatur bzw. Internet-Adressen verwiesen werden (z. B. [8] - [13]). Verständlicherweise möchte sich jeder Bewerber bei einem Interview von seiner besten Seite präsentieren. Eine aufwändige Selbstinszenierung halten jedoch nur wenige lange durch und ein erfahrener Personalexperte durchschaut dies nach wenigen Minuten. Sie sind für das Unternehmen grundsätzlich ein interessanter Bewerber, sonst hätte man Sie nicht eingeladen. Dieses Wissen sollte Sie mit einer gesunden Portion Selbstbewusstsein ausstatten.

Dass ein Bewerber die gewünschten fachlichen Qualifikationen erfüllt, ergibt sich normalerweise aus den Bewerbungsunterlagen. Ein Vorstellungsgespräch ist dagegen in erster Linie dazu da, herauszufinden, ob Bewerber und Unternehmen zueinander passen, ob die „Chemie" stimmt. Wenn das nicht der Fall ist, ist es für beide Seiten besser, dies vor einem Vertragsabschluss herauszufinden, auch wenn eine Absage für den Bewerber schmerzlich ist.

Natürlich sollte man sich vorher trotzdem auf den Termin vorbereiten. Dass man zu einem Vorstellungstermin pünktlich und nicht in alten Jeans erscheint, ist selbstverständlich. Unternehmen erwarten außerdem, dass der Bewerber sich über sie informiert hat. Sie müssen nicht die Details des Aktienkurses der letzten 6 Monate kennen, aber einige Informationen zu Größe, Standorten, Mitarbeiterzahl und Produkten sollten Sie schon im Hinterkopf haben.

Einige Standardfragen werden so häufig gestellt, so dass Sie sich im Vorfeld schon einmal Gedanken darüber machen können. Zum Beispiel die simple Frage, warum man denn Chemie studiert hat (die Antwort „weil auf Bio damals ein Numerus-Clausus war", ist hier ungeschickt). Auch darüber, warum Sie denn in diesem Unternehmen gerne arbeiten würden, sollten Sie schon einmal nachgedacht haben, ebenso wie über die Frage, was einem denn im Studium am meisten Spaß gemacht hat oder darüber, wo die eigenen Stärken und Schwächen liegen (s. Kap. 1). Wer lange studiert oder mit schlechten Noten abgeschlossen hat, muss auch auf diesbezügliche Fragen gefasst sein. Überlegen Sie sich, was Sie darauf antworten könnten. Aber minutenlang rechtfertigen müssen Sie sich nicht. Wenn dies so ein Makel in Ihrem Lebenslauf wäre, hätte man Sie nicht eingeladen.

Manche Firmen erwarten von Bewerbern einen ausgearbeiteten Vortrag über die Dissertation. In solchen Fällen werden Sie natürlich vorher darauf hingewiesen, damit Sie sich entsprechend vorbereiten können (Fragen Sie nach, welche Hilfsmittel, wie Overheadprojektor etc. vorhanden sind, wie lange der Vortrag sein soll und ob er sich an Chemiker oder ein anderes Publikum richten soll.). Aber auch wenn dies nicht geplant ist, können Sie sich auf Fragen zu Ihrer Doktorarbeit vorbereiten. Sie werden oft zum „Warmwerden" gestellt. Überlegen Sie sich im Vorfeld eines Bewerbungsgespräches einmal, wie Sie einer fachfremden Person in wenigen Sätzen die wichtigsten Ergebnisse Ihrer Forschung mitteilen würden, ohne sich in Einzelheiten oder Fachbegriffen zu verheddern. Die meisten werden feststellen, dass eine allgemeinverständliche Darstellung schwerer ist, als dem Fachkollegen komplizierte Details mitzuteilen. Wem es gelingt, in wenigen Worten die wesentlichen Aspekte seiner Arbeit so zu beschreiben, dass sie auch ein Gesprächspartner versteht, der kein Chemiker ist, kann Pluspunkte sammeln.

Das beste Training für Bewerbungsgespräche sind übrigens andere Bewerbungsgespräche. Auch wenn jedes unterschiedlich ist, so wiederholt sich doch vieles und Sie werden bei jedem Termin etwas ruhiger und routinierter. Das erste Bewerbungsgespräch, heißt es immer, ist eins „zum Üben". Bewerben Sie sich also ruhig einmal auf Stellen, die Sie eigentlich nicht interessieren. Gehen Sie mit Interesse zum Vorstellungstermin und testen Sie, wie Sie mit der für Sie neuen Situation zurechtkommen. Sicher fällt Ihnen nach dem ersten Vorstellungstermin die eine oder andere Situation ein, auf die Sie nicht vorbereitet waren oder in der Sie ungeschickt reagiert haben. Diese Erfahrungen machen sich spätestens dann bezahlt, wenn es im nächsten Gespräch um den Traumjob geht. Und natürlich sollte man sich mit Kommilitonen austauschen, die sich auch gerade bewerben. Erfahrungen, die andere Bewerber in der gleichen Situation gemacht haben, sind eine wertvolle Informationsquelle.

Manche Unternehmen schwören bei der Auswahl auf Assessmentcenter (AC). Bei diesen Veranstaltungen, die zwischen einem und drei Tagen dauern, werden mehrere Kandidaten auf einmal mit verschiedenen Übungen konfrontiert. Typische Aufgaben sind Plan- oder Rollenspiele, Gruppendiskussionen oder die Bearbeitung von Fallstudien, welche die Kandidaten gemeinsam unter Zeitdruck bewältigen müssen, wobei sie permanent unter Beobachtung stehen. Aus der Art der Problemlösung und der Zusammenarbeit mit den Mitbewerbern werden dann Rückschlüsse auf die „Soft Skills" der Kandidaten, also Team- und Kommunikationsfähigkeit, Durchsetzungsvermögen, Führungsqualitäten etc. geschlossen. ([14] - [16]). Manche Unternehmen testen Bewerber auch mit Hilfe eines sogenannten Stressinterviews. Dabei werden den Kandidaten provozierende Fragen gestellt, da man auf diese Weise herausfinden will, wie der Kandidat unter Stress reagiert und wie er mit Kritik umgeht. Auch sind diverse Testverfahren im Umlauf, deren Aussagekraft mitunter umstritten ist [17]).

Die Mehrzahl der Firmen jedoch möchte Sie einfach kennen lernen und feststellen, ob Sie zum Unternehmen und seinen Mitarbeitern passen. Ihre Gesprächspartner haben es nicht darauf abgesehen, Sie zu ärgern. Bewerber, die zu einem Interview eingeladen werden, haben mit ihren Bewerbungsunterlagen einen guten Eindruck gemacht. Nichts freut einen Personalmitarbeiter oder auch den potenziellen Vorgesetzten mehr, als wenn sich dieser Eindruck im persönlichen Gespräch verstärkt, wenn sie also einen Kandidaten vor sich haben, der nicht nur fachlich, sondern auch persönlich überzeugt. Sie müssen also nicht hinter jeder Frage eine Falle vermuten. (s. auch den Beitrag von Bernd Kaiser)

Am Ende eines Vorstellungsgesprächs wird man Ihnen mitteilen, wann Sie mit einer Nachricht rechnen können. Oft werden Sie auch gebeten, sich selbst in einigen Tagen zu melden und mitzuteilen, ob Sie Interesse an der Stelle haben oder nicht. Wenn Sie im Vorstellungsgespräch überzeugt haben und die Firma Interesse an Ihnen hat, werden Sie häufig zu einem zweiten Gespräch eingeladen. Manchmal sind noch mehrere Bewerber im Rennen und Sie werden weiteren, meist wichtigen Personen im Unternehmen vorgestellt, die dann die endgültige Entscheidung treffen. Manchmal aber weiß man auch schon, dass man Ihnen ein Vertragsangebot unterbreiten will und es geht in dem Gespräch dann bereits um Detailfragen, wie Gehalt, Arbeitsbeginn etc.

Wenn Sie sich nach einem Vorstellungstermin gegen eine Tätigkeit in diesem Unternehmen entschieden haben, sei es, weil Sie die angebotene Stelle nicht interessiert oder weil Sie inzwischen woanders einen Arbeitsvertrag unterschrieben haben, gehört es zum guten Ton, die Firma darüber zu informieren. Sie ersparen der Personalabteilung unnötige Arbeit und sie kann einem anderen Bewerber eine Chance geben. Denken Sie daran, dass Sie vielleicht irgendwann einmal als Mitarbeiter einer anderen Firma mit genau diesem Unternehmen zusammen arbeiten werden. Es hilft dann ungemein, wenn ein früherer Kontakt, auch wenn er nicht zu einem Arbeitsvertrag geführt hat, freundlich und einvernehmlich beendet wurde.

3.2.1 Die Gehaltsfrage

Spätestens im Vorstellungsgespräch, manchmal auch schon bei der schriftlichen Bewerbung müssen Sie Farbe bekennen und Ihren Gehaltswunsch nennen. Dazu braucht es ein bisschen Fingerspitzengefühl. Wenn Sie in einer schriftlichen Bewerbung eine Gehaltsvorstellung angeben sollen, so ist bei Akademikern das Bruttojahresgehalt gemeint. Unternehmen können mit einer Aussage wie „ich möchte 1500 Euro Netto verdienen" nicht viel anfangen.

Die Jahresbezüge für akademische naturwissenschaftliche Angestellte in der Chemischen Industrie werden jährlich vom Verband angestellter Akademiker und leitender Angestellter der chemischen Industrie (VAA) und dem Bundesarbeitgeberverband Chemie (BAVC) ausgehandelt. Nach der Vereinbarung vom Juni 2003 betragen die Jahresbezüge für diplomierte naturwissenschaftliche Angestellte EUR 46.550 und für Angestellte mit Promotion EUR 54.250. Diese Zahlen gelten für das zweite Beschäftigungsjahr und umfassen das gesamte Jahresgehalt inklusive Sonderzahlungen, Prämien, Provisionen etc. Sie gelten bislang nur für die alten Bundesländer und das ehemalige West-Berlin. Dies bedeutet, dass die Bezüge in den neuen Bundesländern und auch der Verdienst für das erste Jahr nicht festgelegt sind.

Dazu kommt, dass diese Regelung nur für Firmen gilt, die Mitglied im BAVC sind. Bei den großen Chemiefirmen ist das meist der Fall. Viele kleinere Firmen sind dort jedoch nicht Mitglied und somit auch nicht an die Tarife gebunden.

Andere Unternehmen beschäftigen zwar Chemiker, gehören aber zu einem anderen Arbeitgeberverband. In der Regel liegen die Anfangsgehälter in diesen Fällen niedriger. Auch in den neuen Bundesländern müssen Sie mit niedrigeren Bezügen rechnen. Als unteren Richtwert kann man die Vergütung nach BAT IIa nehmen, die im öffentlichen Dienst, unabhängig von einer eventuellen Promotion gewährt wird. Wenn Sie sich im Vorfeld über das Unternehmen informieren, können Sie anhand der Branche, des Standortes und der Größe ungefähr abschätzen, was Sie fordern können. Dazu müssen Sie natürlich auch Ihre eigene Qualifikation, also Alter, Fachkenntnisse, Noten etc. berücksichtigen. (s. auch den Beitrag von Bernd Kaiser)

Viele größere Firmen der chemischen Industrie bieten Berufsanfängern auch im ersten Jahr ein Standardgehalt, welches sich an die vom BAVC und VAA ausgehandelten Bezüge anlehnt. Sie haben dann keinen großen Verhandlungsspielraum. Manchmal kann man mit Unternehmen auch den Kompromiss schließen, dass das Gehalt nach der Probezeit um einen bestimmten Betrag erhöht wird. Dies wird dann bereits im Arbeitsvertrag festgehalten. Denken Sie daran, dass nicht nur das monatliche Bruttogehalt, sondern auch das dreizehnte Monatsgehalt, vermögenswirksame Leistungen, eine zusätzliche Rentenversicherung, Fahrtkostenzuschuss oder ein Dienstwagen zum Einkommen gehören.

3.3 Arbeitsvertrag....

Herzlichen Glückwunsch, wenn man Ihnen ein Vertragsangebot gemacht hat! Selbstverständlich ist es erlaubt, einen Arbeitsvertrag mit nach Hause zu nehmen und in aller Ruhe zu studieren, bevor man unterschreibt. Keine seriöse Firma wird darauf bestehen, dass Sie einen vorgelegten Vertrag sofort unterschreiben. Ist Ihnen etwas unklar, sollten Sie nachfragen. Die meisten Firmen haben Standardverträge, die für alle Mitarbeiter ähnlich lauten. Folgende Punkte sollte ein Arbeitsvertrag mindestens enthalten:

- Vertragspartner (Arbeitgeber und Arbeitnehmer)

- Abteilung und unmittelbarer Vorgesetzter

- Position und Aufgabengebiet

- Beginn des Vertrags, also Datum des ersten Arbeitstages

- Bei befristeten Verträgen das Ende des Beschäftigungsverhältnisses

- Dauer der Probezeit

- Vergütung mit Angaben zu 13. Monatsgehalt, Urlaubsgeld und eventuellen erfolgsabhängigen Vergütungen

- Wochenarbeitszeit, Regelung von Überstunden

- Anzahl der Urlaubstage

- Eventuelle zusätzliche Leistungen des Arbeitgebers (betriebliche Altersversorgung, Dienstwagen, vermögenswirksame Leistungen etc.)

- Kündigungsfristen

- Geheimhaltungspflicht betrieblicher Vorgänge

Weitere Punkte, die in einen Arbeitsvertrag häufig aufgenommen werden:

- Bedingungen und Anzeigepflicht von Nebentätigkeiten

- Vergütung von Diensterfindungen

- Übernahme von Umzugskosten, Trennungsentschädigung oder Heimfahrten zum Wochenende

Häufig sind Regelungen, die für alle Mitarbeiter gelten, wie Arbeitszeit, Urlaubsanspruch, Überstundenvergütung etc. in einer Betriebsordnung zusammengefasst, die Bestandteil des Arbeitsvertrages ist. (Weitere Informationen zu Arbeitsverträgen s. [13], [18], [19]).

...oder Absage ?

Absagen sind eine Erfahrung, die Sie bei der Arbeitsplatzsuche kaum vermeiden können. Bei Stellenanzeigen gibt es gerade in der derzeitigen beruflichen Lage oft sehr viele Bewerber, und nur einer kann den Job erhalten. Und bei Initiativbewerbungen gehört natürlich auch das Glück dazu, dass gerade eine entsprechende Stelle frei ist bzw. bei größeren Unternehmen, dass eine Position im Bereich der eigenen Fachrichtung zu besetzen ist. Wenn auf Bewerbungen stets Absagen und nur selten oder nie eine Einladung zum Interview folgen, steigen Frust und Mutlosigkeit. Eine Folge kann sein, dass der Unwille, sich mit den Bewerbungsunterlagen auseinander zu setzen, immer größer wird. Doch wer Bewerbungsunterlagen nur widerwillig zusammenstellt, läuft Gefahr, dass der Leser dieses spürt und der Bewerber seine Chancen noch weiter verringert.

Es liegt nahe, die Schuld dann erst einmal bei dem vermeintlich schlechten Arbeitsmarkt oder anderen Faktoren zu suchen - der strukturell schwachen Region, der angeblichen Abneigung von Firmen gegen Absolventen einer bestimmten (natürlich der eigenen) Hochschule oder Fachrichtung etc. Für viele ist dies eine bequeme Lösung, denn sie enthebt einen von der unangenehmen Aufgabe, über eventuelle eigene Fehler bei der Bewerbungsstrategie nachdenken zu müssen. Dennoch sollte man sich nicht zu dieser Denkweise und der damit verbundenen

Frusthaltung hinreißen lassen. Auch wenn der Arbeitsmarkt für Chemie-Absolventen seit 2001 wieder schwieriger wurde, ist die Situation heute bedeutend besser als in den Jahren zwischen 1992 und 1998. Es hilft mit Sicherheit nicht, sich zurückzulehnen und auf bessere Zeiten zu warten. Sie sollten aktiv werden und überlegen, woran es liegen könnte, dass Sie bei Bewerbungen nicht in die 2. Runde, sprich das Vorstellungsgespräch kommen.

Unterziehen Sie zunächst einmal Ihre Bewerbungsunterlagen einer kritischen Durchsicht. Sind sie fehlerfrei? Sind Sie im Anschreiben auf die geforderten Qualifikationen eingegangen? Haben Sie Ihre Motivation für eine Bewerbung begründet? Ist der Lebenslauf lückenlos? Dies gilt besonders, wenn Sie vom Anforderungsprofil her sehr genau auf eine ausgeschriebene Stelle passten oder Initiativbewerbungen bei Unternehmen erfolglos waren, die eigentlich genau Absolventen Ihrer Fachrichtung suchen. Häufig ist es in solchen Fällen hilfreich, seine Bewerbungen mit denen von Kollegen zu vergleichen, die mit ihren Bewerbungen erfolgreicher waren. Vielleicht finden Sie auf diese Weise schon den einen oder anderen Fehler. Einige Hinweise zu häufigen Mängeln in schriftlichen Bewerbungen wurden bereits in Kap. 3.1.6 angesprochen.

Vielleicht müssen Sie auch Ihre Bewerbungsstrategie ändern, weil Sie sich im Moment einfach auf die falschen Stellen bewerben. Setzen Sie sich einmal kritisch mit Ihrer Qualifikation auseinander und überlegen Sie, welche Kriterien bei Ihnen gegenüber den Kommilitonen ein Plus oder ein Minus sind (s. Kap. 1). Manche Bewerber schätzen ihren eigenen Marktwert falsch ein und übersehen, dass es in dem Bereich, in dem sie sich bewerben, einfach zu viele Mitbewerber gibt, die für diese Stellen besser qualifiziert sind. Natürlich heißt das nicht, dass sie deswegen schlechtere Chemiker sind. Aber sie werden mit ihren Bewerbungen wesentlich mehr Erfolg haben, wenn sie sich auf Branchen oder Stellen konzentrieren, in denen sie ihre persönlichen Stärken und Fachkenntnisse besser einbringen können.

Noch enttäuschender ist es, wenn man zu einem Vorstellungsgespräch eingeladen wurde und danach eine Absage erhält. Dies kann übrigens einige Wochen in Anspruch nehmen, da die Unternehmen häufig abwarten, bis der Wunschkandidat den Vertrag unterschrieben hat, und dann erst den anderen Bewerbern die Absage schicken.

Dann sollten Sie das Interview noch einmal Revue passieren lassen. Wie lief das Vorstellungsgespräch? Waren Sie gut vorbereitet oder in manchen Situationen zu unsicher? Vielleicht haben Sie ja auch selber gemerkt, dass der Job für Sie nicht das Richtige gewesen wäre. Waren Ihnen Gesprächsatmosphäre oder -partner unangenehm? Dann hat vermutlich die schon angesprochene „Chemie" nicht gestimmt. Häufig gibt es mehrere sehr gute Bewerber und Sie haben einfach Pech gehabt, dass ein anderer noch ein bisschen besser zum Unternehmen gepasst hat. Beim nächsten Mal ist das Glück auf Ihrer Seite und Sie erhalten das Angebot. Auf jeden Fall können Sie das Gespräch als Erfahrung verbuchen und mit dieser Erkenntnis besser vorbereitet in das nächste Vorstellungsgespräch gehen.

Wenn Sie beim Interview das Gefühl hatten, gut in das Unternehmen und auf diese Stelle zu passen, ist es durchaus erlaubt, noch einmal anzurufen und nachzufragen, woran Ihre Bewerbung denn gescheitert ist. Nicht immer erhält man eine Auskunft, aber viele Unternehmen sind ehrlich bemüht, dem Kandidaten ein Feedback zu geben, das ihm für das nächste Vorstellungsgespräch weiterhilft.

Wer bereits mehrere Vorstellungstermine wahrgenommen hat und dann jedes Mal eine Absage erhält, läuft ebenfalls Gefahr, immer frustrierter und mit jedem Vorstellungsgespräch verkrampfter zu werden. Auch hier sollten Sie versuchen, jeden Termin als eine neue Chance zu begreifen. Eine andere Möglichkeit haben Sie sowieso nicht, denn wer schon mit einer pessimistischen Stimmung ins Interview geht, wird mit Sicherheit keinen Erfolg haben.

Verschiedene Stellen, zum Beispiel die Beratungsstellen der Universitäten oder die Hochschulteams der Arbeitsämter bieten auch Kurse an, die Bewerber bei der Zusammenstellung ihrer Unterlagen bis hin zur Vorbereitung auf ein Vorstellungsgespräch unterstützen. Wer merkt, dass er sich selbst schlecht „verkaufen" kann, erhält hier wertvolle Hinweise, was an den Bewerbungsunterlagen oder am eigenen Auftreten verbessert werden kann.

Längere unfreiwillige Arbeitslosigkeit ist belastend. Wenn die Stellensuche sich über einen längeren Zeitraum hinzieht, sollte man versuchen, die Zeit sinnvoll zu nutzen, beispielsweise, um sich zusätzliche Sprachkenntnisse anzueignen bzw. bestehende zu vertiefen oder sich auf andere Art fortzubilden. Manche Stellensuchende ziehen sich, um ihre Arbeitslosigkeit nicht nach außen bekennen zu müssen, aus sozialen Kontakten zurück. Dazu besteht kein Anlass. Arbeitslosigkeit kann in der heutigen Zeit jeden, auch hochqualifizierte Akademiker treffen und ist kein Makel, der unbedingt verheimlicht werden muss. Gerade im Hinblick auf die Stellensuche ist es wichtig, sich nicht abzukapseln, denn viele Stellen werden über persönliche Kontakte besetzt. Folglich sollte man Beziehungen, vor allem zu ehemaligen Kollegen und Hochschullehrern auch während der Arbeitslosigkeit pflegen.

Special

Dr. Bernd Kaiser

Aus der Sicht des Personalfachmanns

Dr. Bernd Kaiser ist promovierter Chemiker. Nach dem Berufseinstieg in F&E bei der Continental AG hat er in die Personalabteilung gewechselt und war dort mit der Einstellung von Akademikern aus dem naturwissenschaftlich-technischen Bereich beschäftigt. Seit Mai 2000 arbeitet er als Personalreferent für General Tire in Charlotte, USA.

Der Chemiker vor dem Eintritt ins Berufsleben – oder – das Dilemma der Diskrepanz zwischen den Anforderungen der Universität und der außeruniversitären Berufswelt

Nehmen wir einmal an, es gäbe Stellenanzeigen für Mittelstürmer in der Fußball-Regionalliga. Und nehmen wir weiter an, die „Manager" dieser Clubs würden für ihre Trainer solche Anzeigen formulieren:

Gesucht wird:

Mittelstürmer. Mit „Riecher" und Raumgefühl, treffsicher, cool im Abschluss, spurtschnell, kopfball- und zweikampfstark, mannschaftsdienlich und hart im Nehmen.

Wie viele Mittelstürmer gäbe es wohl, die allen in der Anzeige artikulierten Anforderungen genügen würden? In einem so Fußball-verrückten Land wie Deutschland gibt es sicherlich eine „gewisse" Anzahl solcher Spieler, das Problem ist nur, dass nicht nur alle Regionalliga-Clubs, sondern auch die Vereine aller anderen höheren Ligen genau die gleiche Idealkombination suchen. Und die ist natürlich selten. Außerdem reifen solche Talente meist nur mit der Zeit in einem guten Arbeitskreis - will meinen - mannschaftlichen Umfeld.

Gesucht wird:

Dipl. Chemiker/in, Ende 20 bis Mitte 30, der/die in unserer Firma unter anderem an chemischen Fragestellungen arbeitet und dabei wie in der Doktorarbeit mit großem Ehrgeiz und Elan an seine/ihre Arbeit geht. Voraussetzung: ein solides und mit Erfolg abgeschlossenes Studium, das den Spaß an der Chemie erhalten hat.

Ich schätze mal, mehr als 90 % der Absolventen würden auf einen solchen Anzeigentext positiv reagieren. Eine gute Ausbeute.

Wenn man in Stellenanzeigen renommierter Tageszeitungen Anforderungsprofile für Hochschulabsolventen studiert, dann wird man jedoch schnell an meine oben skizzierte Anzeige vom Fußball-Mittelstürmer erinnert: Der Bewerber wird oft mit einer Kombination aus fachlichen und persönlichen Merkmalen konfrontiert, die nur schwerlich vom „Otto-Normalchemiker" ausgefüllt werden. Leicht lässt sich so mancher Bewerber dadurch verunsichern, dass er vielleicht nur 30% der geforderten Merkmale besitzt. Und 30% ist eine Ausbeute, die man sich in der industriellen Synthese selten leisten kann, nicht wahr?

Warum ist das so?

Der Personalreferent ist nur ein Dienstleister der Fachvorgesetzten. Und welcher Fachvorgesetzte würde bei der Beschreibung seines Wunschkandidaten nicht gern darauf bestehen, dass nur die Besten gut genug für die Besetzung „seiner" offenen Stelle sind.

Es gibt natürlich das Problem von Angebot und Nachfrage. Wenn ein Personalreferent auf seine Spezialagent-007-Chemiker Anzeige kaum Bewerbungen erhält, dann muss er natürlich das Wunschprofil allgemeiner gestalten. Muss „fundierte Erfahrungen in" durch „Interesse an" ersetzen, muss aus *Gefordertem Wünschenswertes* machen und auf die Lernfähigkeit bauen. Aus *Siebgut* wird dann ein *Umworbenes Gut*.

Der durchschnittliche Chemiker ist, geprägt durch die starke Fokussierung der Universität auf Wissensleistungen und durch einen relativ unbarmherzigen Umgang mit „Minderwissen", sicherlich überdurchschnittlich kritisch gegenüber seinem Kompetenzspektrum. Das Thema Marketing ist ein oft dem Zufall überlassenes Kapitel, denn während des Chemie-Studiums sind Ausbeuten und spektroskopische Nachweise derartig bedeutsam, dass die für das eigene Marketing notwendigen sogenannte „soft skills" völlig vernachlässigt werden können.

Wenn die Zahl offener Stellen für Chemiker weitaus geringer ist als die Zahl der Absolventen, wie es während der 90er Jahre in Deutschland der Fall war, können die oben genannten Faktoren einander noch verstärken: Auf ausgeschriebene Stellen treffen dann sehr viele Bewerbungsunterlagen von Absolventen mit überdurchschnittlichen Abschlussergebnissen ein, und die Arbeitgeber treffen ihre Vorauswahl bevorzugt in dieser ausgezeichneten (Notendurch-)Schnittsmenge, selbst wenn das geforderte Kompetenzspektrum auch von Bewerbern mit durchschnittlichen Noten abgedeckt werden könnte. Fachlich „normalbegabte" Bewerber glauben in dieser Situation leicht, ein schlechterer Notendurchschnitt oder eine längere Studiendauer seien ein entscheidender Mangel und verdrängen in der Bewerbungssituation, dass es auch darauf ankommt, die Firma auf Herz und Nieren zu prüfen. Dieser Thematik möchte ich im folgenden Abschnitt etwas mehr auf den Grund gehen.

Zur Bewerbungssituation

Am Ende des Studiums hat sich der Chemiker durch dutzende Kolloquien gekämpft, Analysen und Synthesen, Vorträge und Recherchen durchgeführt. Schließlich - und das gilt trotz Masters-Studiengang sicher noch einige Zeit -wird er von der Fakultät mit dem Titel Dr. rer. nat. geehrt.

Wie kann es da sein, dass die Bewerbungssituation nicht wie eine leichte Übung ganz locker gemeistert wird?

Das Selbstverständnis, mit dem man in die Bewerbungsphase tritt, hängt natürlich stark damit zusammen, wie man seinen „Marktwert" einzuschätzen glaubt. Diese Einschätzung leitet sich wiederum vom Verhältnis zwischen Angebot und Nachfrage auf dem Chemie-spezifischen Arbeitsmarkt ab. Personalreferenten, die 1998 den Umschwung auf dem Bewerbermarkt der Ingenieure erlebt haben, können bestätigen, wie sich parallel zur Verbesserung der Stellensituation das Selbstbewusstsein und das Auftreten der Kandidaten in der Bewerbungssituation verändert hat. Wer auf die Mehrheit seiner Bewerbungsschreiben eine Einladung erhält und in den Gesprächen erlebt, dass sich in der Tat auch die Firma um den Kandidaten bewirbt, der wird mit einem anderen Selbstverständnis ins „Rennen" gehen als in Zeiten des Stellenmangels.

Aber auch während der Mangeljahre finden immer noch zahlreiche Absolventen (nicht nur die „Überflieger"!) einen Job und sie tun dies auch, weil sie in der Bewerbungssituation überzeugen konnten.

Die Vorauswahl

Zum Thema „Wie bewerbe ich mich richtig" kann man sich umfangreich informieren (siehe Kapitel 1 und 3 sowie Literaturhinweise im Anhang). Von der Gestaltung der Bewerbungsmappe bis hin zur Kleiderordnung gibt es eine Vielzahl von Ratschlägen. Wenn man sich einmal gedanklich in die Rolle des Interviewers versetzt, dann kann man sich einen Grossteil dieser Ratschläge herleiten.

In Zeiten eines prall gefüllten Bewerbermarkts kann eine überregional ausgeschriebene Stelle (etwa die von Seite 1) den Personalreferenten in 5 Tagen locker 150-200 Bewerbungsschreiben auf den Tisch zaubern. Ein Stapel, der 30-40 kg wiegt, und bei 2 min. je Mappe 5-7 Stunden konzentrierter Bearbeitungszeit verschlingt.

Es gilt also, den Personalmenschen mit der Bewerbung so zu fesseln, dass er genügend Gründe findet, die Bewerbung anzunehmen. Zwei Punkte möchte ich hierbei herausheben: das *Anschreiben* (auf englisch besser ausgedrückt als *letter of motivation*) und die so genannten *außeruniversitären Aktivitäten*.

Im Anschreiben (eine Seite genügt) ist es wichtig, auf die ausgeschriebene Stelle und die Firma einzugehen, bei der man sich bewirbt. Die Beschreibung der eigenen Person sollte dabei die ausgeschriebenen Stellenanforderungen berücksichtigen und z. B. einen Höhepunkt des bisherigen Ausbildungswegs hervorheben. Von Serienanschreiben, bei denen man nur die Firmenadresse austauscht, möchte ich abraten.

Außeruniversitäre Aktivitäten lösen bei jedem Leser einer Bewerbungsmappe eine gewisse Voreingenommenheit aus:

Singt der Personalreferent im Kirchenchor, wird er länger nach Aspekten suchen, die für einen musikalischen Bewerber sprechen. Hatte er eine mittelmäßige Notenvergangenheit, so werden ihm Bewerber mit Super-Noten unter Umständen dadurch sympathisch, dass sie sich bei einem Ferienjob auch „mal die Hände schmutzig gemacht haben". Kaum ein Personalreferent würde eingestehen, mit einer derart unprofessionellen Voreingenommenheit zu Werke zu gehen, aber wenn es darum geht, sich aufgrund einer Bewerbungsmappe ein Bild von jemandem zu machen, erfolgt dies natürlich über mehr oder weniger individuelle ausgeprägte Assoziationen:

- wer sein Anschreiben auf zwei eng bedruckte Seiten ausdehnt, ist umständlich,
- wer eine Lücke im Lebenslauf hat, will etwas verbergen,
- der Mittelstürmer besitzt Durchsetzungskraft,
- und wer bei der Krötenwanderung für das Überleben der Kröten sorgt, kann kein loyaler Industriechemiker werden? Oder??

Eine Einladung ist letztlich Ausdruck eines positiven Gesamtbilds, das man sich von dem Bewerber gemacht hat und der Arbeitgeber hofft nun, dass der Eingeladene auch bezüglich des persönlichen Eindrucks überzeugt und in die Firma passt. Diesen Aspekt möchte ich besonders betonen: *der eingeladene Bewerber ist ein Hoffnungsträger!* Man hofft, eine gute Vorauswahl getroffen zu haben, und dass die Fachabteilung anschließend zur Personalabteilung sagt: „Gut gemacht, der passt zu uns!"

Ideal, wenn man dann als Bewerber die Firma verlässt und sich denkt: „Mensch hier möchte ich gern arbeiten!"

Das Interview (nicht zu verwechseln mit einem Kolloquium!)

Es kommt also zum Gespräch und manchmal trifft man auf Personalreferenten oder Fachvorgesetzte, die mangels Schulung einen Verhörstil anwenden und einen standardisierten Fragenkatalog abarbeiten. Besonders Chemiker müssen in dieser Situation aufpassen, das Interview nicht mit einem Kolloquium oder schlimmer noch einem Verhör zu verwechseln. Man darf das Gespräch mitgestalten, Zwischenfragen stellen und eingestehen, etwas nicht zu wissen, oder auch den Interviewer auffordern, eine Hilfestellung zu geben.

Geschulte Interviewer stellen „offene" Fragen und geben dem Bewerber die Möglichkeit, Beispiele zu nennen.

Wenn Sie beispielsweise auf die Frage nach Ihren Karriereambitionen angeben, dass Sie „hoch hinaus" wollen, dann sollten Sie gute Beispiele parat haben, die Ihren Anspruch auf eine Führungsrolle auch im bisherigen Leben unterstreichen. Manchmal kann man natürlich keine großartigen Beispiele liefern, aber es ist immer wichtig, eine realistische Selbsteinschätzung preiszugeben. Überlegen Sie sich vor einem Gespräch daher gut, welche Erwartungen Sie an den Beruf, den Arbeitgeber und an Ihren Werdegang richten.

Drei wichtige Aspekte

1. Begeisterungsfähigkeit

Wer bei der Beschreibung seiner bisherigen Arbeiten Freude oder sogar Leidenschaft erkennen, wer Neugier auf neue Themengebiete verspüren lässt und sich schon über die Firma und ihre Produkte informiert hat, der wird beim Gegenüber leicht den Eindruck erwecken, dass er eine Bereicherung darstellt. Wer seine Arbeit einem Fachfremden vorstellt, sollte natürlich die entscheidenden Inhalte so verbildlichen, dass sie allgemein verständlich werden. Selbst wenn dem Zuhörer der fachliche Zugang verwehrt bleibt, wird er doch anschließend beurteilen, ob ein Kandidat seine bisherige Arbeit mit Begeisterung verrichtet hat. Eine Firma, deren Verantwortlichen Ihnen von spannenden neuen Projekten und Strategien mit Begeisterung erzählen, wird auch Sie mehr überzeugen, als ein Konzern, der vor Ihnen ein emotionsloses Standardprogramm abfährt.

Gehen Sie daher auf die Firma zu und fordern Sie die Firmenvertreter auf, Ihnen Beispiele für die Faszination der Arbeitswelt zu zeigen. Manager tun kaum etwas lieber, als Vorträge über die Errungenschaften „ihrer" Firma zu referieren. Nutzen Sie diese Neigung, um sich dabei darüber klar zu werden, ob diese Firma gut zu Ihnen passt.

2. Karriere

Wie schon erwähnt, ist die Frage nach dem beruflichen Ehrgeiz ein wichtiges Element des Bewerbungsgesprächs. Dabei muss man bedenken, dass es nicht in jeder Firma von promovierten Akademikern wimmelt und dass nicht jede Firma einen Mangel an jung-dynamischen Top-Managern hat (Consulting Firmen einmal ausgenommen). Infolgedessen wird bei vielen Arbeitgebern das Ziel einer so genannten Fachkarriere genauso hoch eingeschätzt wie das Ziel einer Management-Karriere. Eine Führungskraft sollte neben dem analytischen Verständnis von der „Materie" auch Durchsetzungsfähigkeit und „Charisma" besitzen. Eigenschaften, die sich im Laufe des Berufslebens noch stark entwickeln können.

3. Das Gehalt

Für die Beantwortung der Frage nach den Gehaltsvorstellungen ist eine realistische Einschätzung der Marktsituation erforderlich. Zu Beginn der Stellensuche reicht es, sich am BAT IIa oder an den Tarifgehältern für promovierte Chemiker in der Chemischen Industrie zu orientieren. Man sollte sich aber auch im Klaren sein, dass manche kleinere Arbeitgeber sich die Gehälter der chemischen Industrie oft nicht leisten können. Wichtig ist bei dieser Frage zu zeigen, dass man sich über das Gehaltsthema gut informiert hat.

Nachsatz

Eine besonders wichtige, aber vielfach nicht in den Vordergrund gerückte Fertigkeit der Chemiker ist - wie mein Doktorvater, Prof. H. Hopf einmal äußerte - die „Problemlösungskompetenz". Ich wünsche möglichst vielen meiner zukünftigen Berufskollegen, dass sie diese Kompetenz in ihrem Arbeitsleben in vielfältiger Form erfolgreich anwenden können.

Bericht

Dagmar Scheibe

Laborleiterin in der Lebensmittelindustrie

Zur Person

Nach einer Ausbildung als BTA und einer zweijährigen Berufstätigkeit am Max-Planck-Institut für experimentelle Endokrinologie in Hannover, 1987 Aufnahme des Studiums der Lebensmittelchemie an der TU Braunschweig („Praktisches Jahr" im Braunschweiger Untersuchungsamt 1993-1994).

Im Februar 1995 erste Anstellung in einem mikrobiologischen Labor im schwäbischen Raum, welches sich nebenbei u.a. mit lebensmittelrechtlichen Fragestellungen/Beratungen beschäftigt. Im Juni 1995 Wechsel ins Lebensmitteluntersuchungsamt des Landes Schleswig-Holstein nach Neumünster (Erziehungsurlaubsvertretung). Die Erziehungsurlaubsvertretung endete nach 2 ½ Jahren im Sommer 1997 und ging nahtlos in eine Halbtagsstelle über. Zweiter Arbeitsplatzwechsel Ende 1997. Seit Januar 1998 bei der Firma Milupa in Friedrichsdorf/Ts. tätig (bzw. dem holländischen Unternehmen Nutricia - der heutigen Numico B.V. - der die Milupa seit 1995 angehört). Im sog. „Zentrallabor" - Central Laboratories Friedrichsdorf (CLF) als Laborleiterin zuständig für die Nährstoffanalytik. Das CLF ist seit dem 01.01.2000 eigenständig (CLF GmbH).

Auf Umwegen zum Ziel - Berufseinstieg I

Nach meiner Ausbildung zur Biologisch-Technischen Assistentin (BTA) an der Rheinischen Akademie in Köln (Schwerpunkt Biochemie/Lebensmittelchemie) nahmen meine zu Abiturzeiten noch sehr wenig konkreten Studienwünsche mehr und mehr Konturen an. Die Lebensmittelchemie hatte mich vor allem wegen ihrer Vielseitigkeit und der Nähe zum „täglichen Leben" schon immer interessiert. Die in der BTA-Ausbildung nur angerissenen Themengebiete erhoffte ich mir auf diesem Wege vertiefen zu können. Aufgrund des nicht erreichten NC's (damals ging es bei der ZVS entweder nach Abiturnote oder nach Wartezeit, d.h. die Wartezeit ließ sich nicht auf die Abiturnote anrechnen) musste ich jedoch auf einen Studienplatz warten.

So war ich erleichtert, dass gleich meine erste Bewerbung als BTA erfolgreich war und ich schon bald nach Ausbildungsende eine Anstellung in einem Forschungsinstitut in Hannover bekommen konnte. Meiner Entscheidung, unmittelbar nach der Ausbildung zwei Jahre zu arbeiten, lag die Überlegung zugrunde, im theoretisch erlernten Beruf auch praktische Erfahrungen zu sammeln, an denen es in einer schulischen Ausbildung (trotz diverser Praktika) fehlt. Manch einem mag dieser Schritt als eine unnötige Verzögerung erscheinen, doch für mich erwies sich diese Entscheidung aufgrund der vielen Erfahrungen, die ich während dieser Zeit machte, als wichtig und richtig.

Studium

Der Studienanfang im Oktober 1987 fiel jedoch nach dem „Intermezzo" im Beruf nicht leicht. Ich musste mich erst wieder an das Lernen gewöhnen. Meine Mitstudenten mit Mathematik- oder auch Chemieleistungskurs als Background hatten in den ersten Semestern doch offensichtlich wesentlich weniger Probleme. Darüber hinaus war mein neues soziales Umfeld in der Regel um vier (entscheidende) Jahre jünger als ich. Ich hatte den Sprung aus dem Elternhaus schon einige Zeit hinter mir, und so waren für mich ganz andere Themen wichtig geworden. Das Grundstudium an sich war weder inhaltlich noch vom Arbeitsaufwand her ein „Zuckerlecken". Auch hatte es mit Lebensmitteln nicht viel zu tun.

Aber irgendwann hatte ich - wenn auch mit Verzögerung - das Vorexamen in der Tasche, und von da an begann sich das Blatt zu wenden. Das Hauptstudium in einem überschaubaren, fast familiären Kreis von 12 Studenten war gut organisiert, anwendungsbezogen und praxisnah. Auch inhaltlich entsprach es meinen Vorstellungen, so dass es trotz einer enormen Stofffülle und der ständig geforderten Laborpräsenz Spaß machte. Direkt an die Abschlussprüfungen schloss sich die Zeit im Lebensmitteluntersuchungsamt Braunschweig (bzw. Lüneburg) an. Auch dieser Ausbildungsabschnitt gefiel mir gut und ich möchte ihn nicht missen; bot sich doch hier die Möglichkeit, viele Bereiche der Lebensmittelanalytik tiefer und innerhalb der Routine eines Untersuchungsamtes kennen zu lernen. Darüber hinaus bildete hier die rechtliche Seite der Lebensmittelchemie einen neuen Schwerpunkt, der mich persönlich besonders interessierte.

Vom ersten bis zum letzten Semester habe ich die (sog.) vorlesungsfreie Zeit - soweit sie nicht mit Praktika ausgefüllt war - zum Jobben genutzt. Dies hatte bei einer Bafög-Empfängerin zwar in erster Linie konkrete finanzielle Gründe, doch zugleich den positiven Nebeneffekt, dass ich in den verschiedensten Bereichen (auch schon in der Lebensmittelchemie) Erfahrungen sammeln konnte. Aufgrund meiner abgeschlossenen Berufsausbildung boten sich mir etliche Möglichkeiten, an interessante Jobs zu kommen. So war ich u.a. - jeweils mehrmals - für die Gesellschaft für biotechnologische Forschung (GBF) in Braunschweig-Stöckheim, für das Institut für Lebensmittelchemie in Braunschweig und für das Institut Nehring, einem Handelslabor in Braunschweig, tätig. Speziell in letzterem konnte ich gerade wegen dessen vielseitiger Orientierung schon frühzeitig konkrete Einblicke in die Aufgaben und Abläufe eines Handelslabors bekommen.

Darüber hinaus „machten" sich diese Nebentätigkeiten auch später gut im Lebenslauf (an entsprechende Nachweise und Zeugnisse denken!), so dass sie mir bei den ersten Bewerbungen auf jeden Fall eine Hilfe waren. Vielleicht hob ich mich dadurch von meinen Mitbewerbern etwas ab - dies scheint immer von Vorteil zu sein.

Berufseinstieg II

Meine erste Stelle als Lebensmittelchemikerin wurde mir im Februar 1995 über die GDCh vermittelt; es handelte sich um ein kleineres mikrobiologisches Labor im schwäbischen Raum. Als studentisches Mitglied hatte ich mich bei der GDCh schon früh um eine Aufnahme in die Kartei der Arbeitssuchenden bemüht und direkt nach Ausbildungsende in den Blauen Blättern inseriert. Hierüber hatte mein erster Arbeitgeber zu mir Kontakt aufgenommen und um die Zusendung der kompletten Bewerbungsunterlagen gebeten. Kurz darauf kam schon die Einladung zum Vorstellungsgespräch und wenig später die Zusage.

Das vorerst mikrobiologisch orientierte Labor war damals ein junges, sich im Aufbau befindliches Unternehmen, welches sich in Richtung chemischer Lebensmittelanalytik weiter entwickeln wollte. Ein zweites Standbein dieses Labors stellten lebensmittelrechtliche Beratungen sowie Hygieneschulungen und Erstellung von HACCP-Konzepten dar. Dieser Berufs(wieder)einstieg versprach also ebenso interessant wie vielseitig zu werden, und er schien zudem diverse Entwicklungsmöglichkeiten zu bieten. Auch faszinierte mich die Vorstellung, etwas Neues mit aufbauen zu können und dabei einen klaren eigenen Verantwortungsbereich zu haben.

Doch entwickelten sich die Dinge in der Realität anders als anfangs erhofft. Der Schwerpunkt meiner Arbeit lag weiterhin im mikrobiologischem Bereich, die eigentliche Lebensmittelchemie lag brach. Meiner Einschätzung nach schien hier auf absehbare Zeit keine Änderung und damit für mich auch keine zufriedenstellende Zukunftsperspektive in Sicht. Aus diesen Überlegungen heraus hielt ich alsbald Ausschau nach einer Alternative. Diese bot sich mir schon bald über das Arbeitsamt. Eine Freundin hatte mich darauf aufmerksam gemacht, dass im „SIS" (Stellen-Informations-Service) eine Stelle im Lebensmittel- und Veterinäruntersuchungsamt Neumünster ausgeschrieben war. Es handelte sich um eine Erziehungsurlaubsvertretung, die für zweieinhalb Jahre in der Abteilung tierische Lebensmittel/Fleisch und Fleischerzeugnisse zu besetzen war. Aus meiner noch ungekündigten Stellung heraus bewarb ich mich und wurde zum Vorstellungsgespräch eingeladen.

Schwerpunktthemen des Vorstellungsgespräches waren u.a. mein beruflicher Werdegang, meine damalige Stelle und natürlich die Frage, warum ich die Stelle wechseln wollte. Ich möchte an dieser Stelle nicht unerwähnt lassen, dass ich mich ca. ein halbes Jahr zuvor schon einmal in demselben Amt (Außenstelle Kiel) auf eine andere Stelle beworben hatte und ebenfalls zum Gespräch eingeladen worden war. Damals hatte ich jedoch kein Glück gehabt. Diesmal nun schienen die Zeichen günstiger zu stehen und ich bekam die Stelle. Ich tauschte nun zwar eine unbefristete gegen eine befristete Stelle, doch hatte ich hier das Gefühl, das anwenden zu können, was ich auch gelernt hatte. Auch kann ich nicht leugnen, dass mir der „Rahmen" - die Institution „Untersuchungsamt" und das damit verbundene Umfeld (verschiedene Fachbereiche, mehrere Kollegen, Kontakt zu Lebensmittelkontrolleuren etc.) wesentlich besser gefiel als ein Vier-Personen-Betrieb.

Die Beweggründe seitens des Arbeitgebers, sich für mich zu entscheiden, waren wohl zum einen die Tatsache, dass ich mich schon einmal beworben hatte, zum anderen aber auch die teilweise Überlappung des in der neuen Stelle vorgesehenen Aufgabengebietes (Abteilung tierische Lebensmittel) mit den mikrobiologischen Tätigkeiten, die bereits einen Arbeitsschwerpunkt im vorherigen Labor gebildet hatten. Darüber hinaus denke ich jedoch auch, dass die Tatsache, dass ich mich zum Zeitpunkt der Bewerbung in ungekündigter Stellung befand und vor diesem Hintergrund auch entsprechend selbstbewusst auftreten konnte, eine gewisse Rolle gespielt hat. Wichtig war, dass ich überhaupt über Berufserfahrung verfügte, wenn auch als Lebensmittelchemikerin noch nicht so lange. In diesem Zusammenhang überraschte mich jedoch die Erkenntnis, dass mein vergleichsweise „fortgeschrittenes Alter" - ich war zu dem Zeitpunkt 31 Jahre alt und damit als Berufsanfängerin vergleichsweise „spät dran", kein Nachteil zu sein schien. Schon während des Studiums hatte mich dieser Gedanke fortwährend beschäftigt und auch immer gewisse Befürchtungen bezüglich meiner „Konkurrenzfähigkeit" im Vergleich zu sehr viel jüngeren Mitbewerbern wachgehalten.

Meine Aufgabe im Lebensmittel- und Veterinäruntersuchungsamt Neumünster bestand in der Untersuchung und Begutachtung der verschiedensten Arten von tierischen Lebensmitteln (mit Ausnahme von Milch- und Milcherzeugnissen); dazu gehörten u.a. Fleisch- und Fleischerzeugnisse, Fisch- und Fischerzeugnisse sowie alle Arten von Erzeugnissen, die Fleisch bzw. Fisch als Zutat enthielten. Da bei diesen Erzeugnissen auch der mikrobiologischen Untersuchung eine große Bedeutung zukommt, arbeitete ich im Zuge dessen eng mit einem Tierarzt zusammen. Mir waren drei Mitarbeiterinnen (zwei Halbtagskräfte) zugeordnet und neben der Organisation dieses Laborbereiches war ich für die Erstellung diverser Dokumente im Rahmen der damals bevorstehenden Akkreditierung (Prüfmethoden, SOPs etc.) in Zusammenarbeit mit den jeweiligen Mitarbeitern zuständig. Darüber hinaus hatte ich des öfteren Kontakt zu den Lebensmittelkontrolleuren sowie in Einzelfällen auch zu Verbrauchern. Kurz gesagt: das Aufgabengebiet gefiel mir, und ich fühlte mich wohl.

Nach zweieinhalb Jahren endete die Erziehungsurlaubsvertretung und ging nahtlos in eine Halbtagstelle über. Anfangs war ich natürlich halbwegs froh über diese neue Perspektive, doch ich stellte schnell fest, dass diese Situation auf die Dauer für mich nicht zufriedenstellend war - trotz einer (von meinem Arbeitgeber) optimal organisierten Drei-Tage-Woche. Nach fast drei Jahren Berufserfahrung stellte sich im Zuge dessen auch die Frage einer evtl. beruflichen Veränderung bzw. Neuorientierung. Wollte ich weiterhin in einem Untersuchungsamt arbeiten oder in einem Handelslabor oder auch in der Industrie? Vorausgesetzt natürlich, es gab überhaupt freie Stellen und: hatte ich überhaupt Chancen?

Wechsel in die Industrie

Ich beschloss, grundsätzlich für alles offen zu bleiben und vor allem auch bezüglich eines neuen Wohnortes flexibel zu sein. Wiederum über das Arbeitsamt wurde ich alsbald auf die Stelle eines/r Lebensmittelchemiker/in bei der Firma Milupa in Friedrichsdorf/Ts. aufmerksam. Ich malte mir jedoch keine größeren Chancen aus, da ein Wechsel aus dem Untersuchungsamt in ein Industrielabor vergleichsweise selten ist. Die zu besetzende Position beinhaltete schwerpunktmäßig die Laborleitung der nährstoffanalytischen Abteilung. Wie ich dann im Rahmen des Vorstellungsgespräches erfuhr, gab es jedoch eine Vielzahl an Überschneidungspunkten mit meinem damaligen Arbeitsgebiet im Untersuchungsamt. Inhaltlich kam freilich der Bereich der Vitaminanalytik hinzu - ein Gebiet auf dem ich bis dato nahezu keine Erfahrungen vorweisen konnte; darüber hinaus sollte jedoch auch dieses Labor bald akkreditiert werden.

Das erste Vorstellungsgespräch war vergleichsweise ausführlich (Dauer ca. 2h). Nach einleitenden Worten bezogen sich die Fragen auf meine bisherigen Tätigkeiten, Aufgaben, Erfahrungen, aber auch auf konkrete analytische Fragestellungen, wie der eine oder andere Parameter bestimmt wird. Von der Personalabteilung kamen zusätzlich Fragen zu meiner Person z. B. bezüglich meiner persönlichen Schwächen und Stärken oder auch die Frage: Wie gehen Sie mit schwierigen Mitarbeitern um? Das Gespräch beinhaltete auch eine kurze Labor-Führung und, was ich gut und wichtig fand, die Vorstellung der Mitarbeiter.

Auf das Vorstellungsgespräch hatte ich mich (trotz meiner Skepsis) gut vorbereitet; ich hatte Erkundigungen über das Unternehmen eingeholt und mich auch mit den (Milupa)-Produkten etwas beschäftigt. Darüber hinaus hatte ich mir vorgenommen, viel zu erzählen, Redeanteile zu gewinnen, freundlich-bestimmt, sachlich zu sein, aber auch mal einen kleinen „Joke" einfließen zu lassen (alle Beteiligten sind i.d.R. immer froh, wenn eine gelöste Stimmung herrscht, wie ich mittlerweile aus der eigenen Erfahrung weiß) und vor allem selbstbewusst aufzutreten. Natürlich konnte ich dies in der damaligen Situation auch, denn ich war ja in der glücklichen Lage, dass ich mich noch in ungekündigter Stellung befand und (eigentlich) keine großen Erwartungen hatte. Im Großen und Ganzen denke ich jedoch, dass es durchaus möglich ist, sich mit der einschlägigen Bewerbungsliteratur gut auf ein Vorstellungsgespräch vorzubereiten. Ich hatte indes auch immer das Gefühl, dass es auf jeden Fall positiv aufgenommen wird, wenn der Bewerber die eine oder andere Frage stellt und damit das Interesse an der Stelle auch deutlich bekundet. Und schließlich hatte ich tatsächlich Fragen, denn auch ich musste mir vorstellen können, dort zu arbeiten.

Nach der zweiten Runde des Vorstellungsgespräches hatte sich mein Interesse an dieser Tätigkeit konkretisiert. Ich rechnete jedoch nicht wirklich mit einer Zusage, da ich durch Zufall mitbekommen hatte, dass es mindestens einen promovierten Mitbewerber gab; ihm rechnete ich die besseren Chancen aus. Aber irgendwie hat es dann doch geklappt. Amtserfahrung schien von Vorteil zu sein!

Seit Januar 1998 bin ich nun im CLF tätig. Als Zentrallabor der Numico B.V. nimmt es in erster Linie übergeordnete Aufgaben wahr. Dazu gehören u.a. die Untersuchung von Rohstoffen und Endprodukten (der einzelnen Produktionsstätten) im Rahmen von Monitoringplänen, Bearbeitung von analytischen Sonderfragestellungen (Methoden(neu)entwicklungen etc.), übergeordnete Auswertungen, analytische Begleitung der Produktentwicklungen sowie die allgemeine Unterstützung der (oft kleineren) Qualitätskontroll-Labore in den einzelnen

Werken vor Ort. Innerhalb der chemischen Abteilung des CLF, die aus der Rückstands- und Nährstoffanalytikabteilung besteht, bin ich für die Nährstoffanalytik zuständig, also für all das, was mit Vitaminen, Mineralstoffen, Spurenelementen, Aminosäuren und Typanalysen etc. zu tun hat; mir sind 8 Mitarbeiter/innen zugeordnet.

Das Aufgabengebiet gestaltet sich vielschichtig und geht von der reinen Labororganisation über Erstellung von Probeplänen im Rahmen des Monitorings bis hin zur Berichterstellung, Auswertung und Beurteilung der Ergebnisse. Darüber hinaus bin ich im Rahmen der Akkreditierung innerhalb meines Bereiches dafür zuständig, dass die entsprechenden Dokumente erstellt werden (Verfahrensanweisungen, Prüfmethoden, SOPs etc.). Des Weiteren müssen Prüfmethoden weiterentwickelt bzw. neuen Anwendungsbereichen angepasst werden. In diesem Zusammenhang spielt auch die ständige Überprüfung von Prüfverfahren im Rahmen von Validierungsmaßnahmen eine große Rolle. Auch gehören Kundenkontakte/Beantwortung von Kundenanfragen jeglicher Art zu den Aufgaben.

Aufgrund der internationalen Ausrichtung des Mutterkonzerns (ca. 50 Werke in nahezu allen Teilen der Welt) findet dies in der Regel in englischer Sprache statt. Darüber hinaus gibt es auch viele übergeordnete Aufgaben wie z.B. Kapazitätsplanung des Labors, Planung von Investitionen und Vorbereitung von Meetings, auch mal ein Vortrag sowie Vorstellungsgespräche, Betreuung von Diplomanden, Praktikanten etc. - rundum ein vielseitiges Aufgabengebiet.

Vergleich

Was war aber nun anders als im Untersuchungsamt? Gab es einen Unterschied? Auf jeden Fall stand ich nun auf der „anderen Seite". Ich hatte auf einmal nicht mehr die Institution Untersuchungsamt hinter mir, sondern war Angehörige eines Dienstleistungsunternehmens, eines Profit-Centers. Im Untersuchungsamt gab es klar abgegrenzte Aufgabengebiete, was auch viele Vorteile hat - wie ich nun weiß. In der „freien Wirtschaft", so wie ich sie erfahren habe, ist das anders; vieles erscheint flexibler und freier bestimmbar zu sein, dadurch besteht häufig stärker die Möglichkeit, mitzubestimmen. Im gleichen Atemzug bedeutet dies aber auch, dass vieles (manchmal immer wieder neu) „erkämpft" werden muss. Bedingt durch eine höhere Flexibilität gibt es jedoch in der Industrie auch andere Entwicklungsmöglichkeiten - gerade in größeren Firmen kommt es vergleichsweise schnell zu Veränderungen organisatorischer Art. Auf der anderen Seite sind dadurch sog. Umstrukturierungen, die häufig mit Einsparungen /Entlassungen einhergehen, keine Seltenheit.

Im Vergleich zum Untersuchungsamt sind auch die Arbeitszeiten anders - es wird ein noch höherer Arbeitseinsatz verlangt (der sich aber auch in einem höheren Verdienst äußern kann). Darüber hinaus spielen Termine eine viel größere Rolle; im Zuge dessen ist oft auch der Stress größer. Weil die Strukturen bzw. der ganze Rahmen eben nicht so festgelegt sind, ist die Konkurrenz auch härter; dies kann u.U. dazu führen, dass der fachliche Austausch unter Kollegen weniger üblich und das soziale Netz dadurch etwas dünner gesponnen ist, als im Untersuchungsamt. Insgesamt liegen die Unterschiede zwischen Amt und Industrie aus meinen Erfahrungen heraus weniger in dem Inhalt der Arbeit als in den „äußeren" Strukturen.

In diesem Zusammenhang auch noch ein Wort zur Promotion. Aufgrund meiner vorhergegangen Ausbildung kam eine Dissertation für mich nicht mehr in Frage. Ich wollte nicht erst mit 35 Jahren ins Berufsleben einsteigen. Sowohl im Untersuchungsamt als auch in der Industrie konnte ich ohne Promotion eine Stelle finden. Doch gerade bei meiner internationalen Tätigkeit stelle ich des öfteren fest, dass ein Doktortitel hilfreich wäre, da man sich schon in der Korrespondenz, die oft am Anfang von Kontakten steht, als jemand ausweist, der studiert hat. Dies erleichtert gerade im Ausland manchmal die Art des Umgangs und die gegenseitige „Einschätzung". Auch bin ich der Meinung, dass innerhalb Deutschlands (besonders in konservativeren Unternehmen) der Titel eine größere Rolle spielt, je höher man/frau die Hierarchie-Treppe hinauf steigen möchte.

Was ich aus der Retrospektive vermisst habe, ist die Vermittlung von guten Englischkenntnissen. Ich habe leider zu Studienzeiten nicht die Gelegenheit genutzt, in Eigeninitiative meine Fremdsprachenkenntnisse auszubauen. Gerade in naturwissenschaftlichen Fächern wäre es grundsätzlich sicher hilfreich, wenn im Rahmen des Studiums die Englischausbildung verbessert werden würde. Nicht vermisst habe ich jedoch - wie vielleicht manch andere - die Vermittlung von Führungsqualitäten/stilen. Dies hielte ich während des Studiums für verfrüht. Für mich war dies Thema erst vor Ort, mit konkreten Problemen vor Augen, interessant - und dann habe ich dienstlich und privat an Fortbildungskursen zu dieser Thematik teilgenommen.

Resümee

Zurückblickend und zusammenfassend kann ich sagen, dass ich bezüglich meiner Stellensuche insgesamt viel Glück hatte; doch auch ich habe etliche Bewerbungen geschrieben und nicht selten keine Resonanz gefunden. Es kommt manchmal darauf an, zur rechten Zeit am rechten Ort zu sein. Bezüglich des Mediums der Stellengesuche habe ich gute Erfahrungen mit der Stellenvermittlung der GDCh und auch des Arbeitsamtes gemacht. Im Nachhinein denke ich, dass es bei der

Bewerbungsstrategie absolut wichtig ist, sich von der Masse an Bewerbern durch irgendetwas zu unterscheiden. Mein Vorteil war die vorherige Berufsausbildung/Erfahrung als BTA sowie die Tatsache, während des Studiums viel gejobbt zu haben. Darüber hinaus hat sich für mich eine gewisse Flexibilität (auch örtliche Mobilität) als wichtig herausgestellt.

Ich habe viel ausprobiert, um in verschiedene Bereiche einen Einblick zu bekommen und Erfahrungen zu sammeln. Diese Erfahrungen kamen mir dann später immer wieder zugute. Auch im Berufsleben gilt: man macht nichts umsonst. Meine etwas längere Ausbildung ließ mich zwar älter werden als andere, aber offensichtlich war gerade dies kein Nachteil. Dieses Profil unterscheidet mich mit Sicherheit deutlich von denjenigen, die hundertfünfzigprozentig zielstrebig vorgehen und schon in der Oberstufe wissen, wohin die „Reise" geht. Heute weiß ich jedenfalls, dass viele Wege nach „Rom" führen.

Bericht

Dr. Roman Holtey-Weber

QS und Produktentwicklung in der Lebensmittelindustrie

Zur Person

1986-1989 Grundstudium Diplom-Chemie, Universität Bonn

1989-1992 Hauptstudium Lebensmittelchemie, Universität Bonn

1992-1993 Chemisches Untersuchungsamt Koblenz (prak. Berufsjahr)

Berufl. Tätigkeit: 1994-1999 Wissenschaftliche Hilfskraft am Hygiene-Institut, Uni Bonn

1999-2003 Wissenschaftlicher Sachverständiger am Landesuntersuchungsamt Rheinland-Pfalz, Institut für Lebensmittelchemie Koblenz

seit 2003 Leitung Abt. Qualitätssicherung und Produktentwicklung, Natumi AG, Eitorf

Dissertation: 1995-2001 Institut für Umweltgeochemie Heidelberg / Hygiene-Institut der Uni Bonn

Vom Untersuchungsamt zum Öko-Hersteller

Grundstudium

Chemie „wie es stinkt und knallt", dazu eine faszinierende Wissenschaft, so habe ich sie in Schule und Studium geliebt. Allerdings wurde das Grundstudium immer theoretischer und der Ausblick auf das Hauptstudium mit viel physikalischer

Chemie und immer abgehobeneren Inhalten erschien mir wenig appetitlich, so dass ich nach dem Vordiplom plötzlich in einer Orientierungskrise steckte. Ich hatte damals keinen Blick in die fernere Berufs-Zukunft.

Hauptstudium

Ich wollte etwas Anschaulicheres lernen und so wechselte ich reibungslos in die Lebensmittelchemie. Mit den lebensnahen Inhalten, dem kleinen Kreis von elf Studenten und dem direkten Kontakt zu den Professoren fühlte ich mich sehr wohl. Zur weiteren Orientierung und aus Interesse wählte ich neben meinem Schwerpunkt „Biochemie der Ernährung" zusätzlich die Wasserchemie und besuchte Seminare in Umweltchemie, Lebensmitteltechnologie sowie vielfältige Angebote aus dem Studium Universale, insbesondere Englischkurse und Rhetorik.

Um externe praktische Erfahrungen zu sammeln, nahm ich Praktikumsstellen bei der Penaten GmbH in Bad Honnef sowie am Hygiene-Institut der Universität Bonn an. Durch dies alles wurde meine eigene Zielrichtung klarer als zuvor, wenn auch später der Arbeitsmarkt den eigenen Möglichkeiten enge Grenzen setzte und etwas Glück und Hilfe ebenfalls zur Berufs- und Arbeitsplatzwahl dazu gehörten.

Praktisches Berufsjahr

Weitere Erfahrungen kamen nach dem ersten Staatsexamen im praktischen Berufsjahr am chemischen Untersuchungsamt in Koblenz hinzu. Eine Tätigkeit als Sachverständiger konnte ich mir vorstellen: das Verfassen von Gutachten und das Lebensmittelrecht lag mir ganz gut. Nach dem zweiten Staatsexamen gab es jedoch an keinem Amt eine freie Stelle.

Stellensuche (1)

Mir hatte das Praktikum im Wasserlabor des Hygiene-Instituts am besten gefallen: die Laborarbeit und die natur- und umweltschutzbezogenen Fragestellungen reizten mich sehr. In der katastrophalen Arbeitsmarktlage 1994 suchte ich einige Monate erfolglos einen Job, gezwungenermaßen in allen denkbaren Bereichen. Damals suchte ich die freien Stellen noch fast ausschließlich über Zeitungsanzeigen (FAZ, Die Zeit) sowie über das Arbeitsamt.

Ich nutzte alle Gelegenheiten um mich zu informieren, und im Programm der InCom-Messe in Düsseldorf las ich den Namen eines ehemaligen Doktoranden vom Hygiene-Institut. Ich hörte mir seinen Vortrag an und ging zu seinem Stand: Er arbeitete zwischenzeitlich als GC-Verkäufer für eine kleine Analytik-Firma. Er stellte mir ein weiteres Praktikum am Hygiene-Institut in Aussicht denn er würde dort in Kürze eine neue Stelle als Abteilungsleiter antreten.

Dass keine Bezahlung vorgesehen war, machte mir wenig aus. Ich jobbte derzeit zwar in einem kleinen Catering-Service (Küche, Ausfahren) „berufsbezogen" und besonders das Kochen und das freundliche Servieren machten mir großen Spaß, trotzdem war dies nicht meine Zukunft. Drei Wochen vor Antritt des Praktikums erfuhr ich telefonisch, dass am Hygiene-Institut eine Halbtagsstelle in der Pestizidanalytik zu vergeben war, die ich (mündlich) sofort dankend annahm. Ich glaube, dass mein großes Interesse und meine Bereitschaft zur kostenlosen Arbeit entscheidend für diese Stellenvergabe waren, denn eine offizielle Ausschreibung wurde nicht mehr eingeleitet.

Der Dokumentation halber musste ich eine Bewerbung abgeben; weil ich damals noch keinen PC besaß, fuhr ich zum Institut (auch zum kennen lernen der Labors) und schrieb sie dort. Eine Viertelstunde nach Abgabe folgte ein spontanes Vorstellungsgespräch mit dem akademischen Oberrat, der mich zu meinem Studium, dem Berufspraktikum und eventueller Erfahrung in der Mikrobiologie befragte. Zu letzterem musste ich passen, außerdem war ich weder geistig noch mit der Kleidung auf ein Vorstellungsgespräch vorbereitet. Trotzdem verlief das Gespräch sehr positiv. Ich war freudig überrascht über die unkomplizierte Art, wie meine neue Stelle in die Wege geleitet wurde.

Wissenschaftliche Hilfskraft und Promotion

Die Pestizidanalytik am Hygiene-Institut bestand aus der Extraktion von Wasserproben, Vorbereitung der GC-Lösungen, Messung und Auswertung, später kamen noch die Probennahme incl. begleitender Vor-Ort-Messungen sowie gelegentliche Beratungen hinzu.

Im Folgejahr begann ich dort die Promotion auf dem Gebiet der Umwelthygiene. Dies war eine sehr gute Zeit, in der ich in freier Zeiteinteilung selbstbestimmt arbeiten konnte. Der Umgang mit allen Mitarbeitern war herzlich, hilfsbereit und per Du. Ein wichtiger Lerneffekt hierbei war das zielgerichtete Arbeiten, welches sich natürlich erst im Laufe der Zeit entwickelte. Anfangs feilte ich an feinsten Details herum, was sich später als überflüssiger Perfektionismus herausstellte.

Es gab natürlich auch Tiefpunkte: So begann ich die Promotion zunächst mit einem anderen Themengebiet, dessen Verfolgung ich nach einiger Zeit als zwecklos erachtete. Glücklicherweise hatte mein Betreuer Verständnis für meine Entscheidung. Auch analytisch ergab sich eine Monate lange Phase des Stillstandes, nahezu kein einziges Experiment klappte. Im Laufe dieser Arbeit erfand ich später eine automatische Derivatisierung mit einem speziellen Reagenz. Mein

Doktorvater riet mir, bei einer Ausschreibung zum Preis für „innovative Kopplungstechniken in der Gaschromatographie" teilzunehmen. Ich hielt meine Entwicklung für nichts Besonderes; vollkommen unerwartet gewann ich den Preis. Im Lebenslauf sieht das natürlich gut aus. Ein lohnender Rat meines Doktorvaters!

Stellensuche (2)

Anfang 1999 zeichnete sich das Ende des praktischen Teils der Promotion ab. Die Arbeitsmarktlage war etwas verbessert, aber immer noch alles andere als rosig. Ständig ließ ich mir Newsletter (science-jobs.de u.a.) über freie Stellen kommen und recherchierte im Internet. Ich bewarb mich mit Schwerpunkt auf dem Analytik-Sektor, war aber auch für andere Bereiche offen. Doch alle Bewerbungen waren erfolglos.

Den entscheidenden Hinweis gab mir ein Doktoranden-Kollege, der in der Deutschen Lebensmittel-Rundschau eine Stellenanzeige des chem. Untersuchungsamtes Koblenz (später: Landesuntersuchungsamt) entdeckte. Sofort rief ich den Direktor an, zu dem ich damals zu Praktikums-Zeiten einen guten Kontakt gehabt hatte. Kurz legte ich meinen eigenen Werdegang und meine hinzugewonnenen Erfahrungen dar. In diesem sehr freundlichen Telefonat erbat er meine Unterlagen, die ich umgehend zusammenstellte. Schon zwei Wochen später erhielt ich die Einladung zum Vorstellungsgespräch.

Im Vorstellungsgespräch war ich von ca. sieben verschiedensten Repräsentanten umzingelt (Amt, Bezirksregierung, Personalrat etc.). In einem kleinen Vortrag sollte ich von meiner beruflichen Entwicklung und meiner Persönlichkeit berichten. Diese Form des Gesprächs war mir nicht bekannt (es würde aber der Standard in zukünftigen Vorstellungsgesprächen werden) und ich war ziemlich aufgeregt, konnte aber alles recht gut rüberbringen. Ich bekam zwei Tage später die Zusage. Hierbei ist zu sagen, dass das Tätigkeitsfeld nicht meine damals erwünschte Traum-Tätigkeit in einem Spurenanalytik-Labor war, sondern eine ganz „klassische" Lebensmittelchemiker-Stelle auf dem Amt, an der ich jedoch schnell großen Gefallen fand.

Stellensuche (3)

Ab Anfang 2002 schaute ich mich jedoch wieder nach einem neuen Job um, da auf dem Amt immer wieder nur befristete Arbeitsverträge ausgestellt wurden und ich aufgrund der Geburt unserer Tochter etwas Dauerhaftes suchte. Zudem war es mir zu viel „Papierkram" auf dem Amt geworden und ich wollte wieder mehr Praxis in meiner Tätigkeit haben.

Die Arbeitsmarktlage war etwas verbessert. Die Stellensuche erfolgte durch Recherche im Internet (GDCh, Zeit-Robot, Lebenslauf bei Jobpilot u.a.). Ich hatte mehrere Vorstellungsgespräche, wobei ich im Lauf der Jahre natürlich die eigenen Fähigkeiten und Wünsche noch viel klarer sehen konnte als direkt nach der Uni und weil deswegen die Bewerbungen viel gezielter und ausgefeilter wurden.

Zwei Vorstellungsgespräche enthielten Elemente aus einem Assessment-Center und waren besonders lehrreich, auch weil sie relativ stressig waren. Als ich nach einem von mir als sehr gut empfundenen Vorstellungstermin eine Absage erhielt, wollte ich dringend wissen, welchen Eindruck der Personalreferatsvorsitzende von mir gehabt hatte und rief hartnäckig an, bis ich ihn an die Leitung bekam. Und tatsächlich sagte er ganz offen und klar, wo meine Vor- und Nachteile gesehen wurden. Ich empfand es als wertvoll, einmal eine echte Rückmeldung zu bekommen und kann dies als Maßnahme zur Selbsteinschätzung nur empfehlen.

Im regelmäßigen Newsletter „junge-lebensmittelchemiker" war eine Stelle für die QS-Leitung in einem auf Öko-Produkte spezialisierten Unternehmen, der Natumi AG in Eitorf angeboten. Das interessierte mich sehr, da ich mich ebenfalls zu einem guten Teil ökologisch ernähre. Umgehend rief ich an, erfuhr interessante Details der Tätigkeit und sendete sofort per E-Mail ein Qualifikationsprofil. Drei Tage später rief mich der Chef an und vereinbarte kurzfristig ein Vorstellungsgespräch. Dieses verlief entspannt und offen. Eine spezielle Überraschung folgte: Verbunden mit der Leitung der QS sei auch die Leitung der Produktentwicklung, für später sei auch die stellvertretende Betriebsleitung vorgesehen. Ob ich damit einverstanden sei. Ich musste lachen und sagte zu – mit Lust auf Verantwortung und Vielfalt, aber etwas blauäugig, was den Arbeitsumfang betreffen würde. Drei Wochen später konnte ich anfangen.

Erste Wochen und Monate im Job – wichtige Aspekte

Rückblick auf das Landesuntersuchungsamt:

Es gab eine sehr gute und gründliche Einarbeitung bei einem angemessenen Arbeitspensum. Die Laufwege der Vorgänge, die verschiedenen Anlaufstellen und Aufgabenbereiche in diesem großen „Apparat" des Amtes mussten gelernt werden. Ich musste mich erst einmal daran gewöhnen, dass alle Schriftstücke, die nach außen gehen, über den Tisch des/der Vorgesetzten wandern müssen. Insgesamt ist es von Vorteil, dass ein Amt sehr klar organisiert ist, Schreibkräfte vorhanden und deutlich umrissene Arbeitsbereiche definiert sind.

Anfangs achtete ich auf stets korrektes Erscheinen in Hemd und Jackett, doch dies legte ich schnell ab, da viele Kolleginnen und Kollegen einen lockeren Stil an den Tag legten. Ausnahmen bildeten Außentermine (meist Betriebskontrollen), wo akkurates Erscheinen und durchsetzungsfähiges Auftreten (dies entwickelte sich nach den ersten Terminen) wichtig sind. Der Umgang im Amt war meist locker-freundschaftlich, gelegentlich reserviert-formell.

Positiv empfand ich auch die erfrischenden Modernisierungselemente, die auch im Verwaltungsbereich eingeführt wurden. Als störend empfand ich die ständig weiter reduzierten Mittel und Stellenstreichungen, die den Menschen dort sehr zu schaffen machen.

Aktuell in der Natumi AG:

Es begann mit einer zu schnellen und absolut überladenen Einarbeitung, die nach nur vier Wochen in eine komplette Urlaubsvertretung überging. Dies war eine erste Feuertaufe; vom Arbeitsvolumen her war ich wirklich überlastet. Dies war allerdings aufgrund der Arbeitslage des stark expandierenden Unternehmens und des bereits bestehenden Arbeits-Rückstaus nicht anders machbar. Zwei Monate später begann die Leitung der Produktentwicklung. Noch deutlicher als bisher lernte ich, schnell mit klaren Prioritäten zu arbeiten. So kommt es, dass so manches gar nicht erledigt werden kann.

Sogar noch bevor ich meine neue Stelle antrat, erhielt ich Bewerbungsmappen für eine neu einzustellende Person in der Produktentwicklung, ich sollte meine zukünftige Mitarbeiterin selbst aussuchen. Ich war erstaunt über den Vertrauensvorschuss und die Kompetenz, die mir bereits jetzt zugewiesen wurde. Noch auf meiner eigenen Abschiedsfeier auf dem Amt, musste ich mich beeilen, nach Eitorf zu kommen und nun meinerseits die ersten Vorstellungsgespräche abzuhalten!

Der Umgang ist wirklich herzlich und persönlich, die Meisten sind per Du. Obwohl absolut keine Kleiderordnung herrscht, gilt doch ganz allgemein die Lebensregel „Kleider machen Leute".

Mir wurde ein „Pate" zugewiesen - ein Ansprechpartner struktureller oder persönlichen Fragen. Es herrscht eine offene Gesprächskultur. Bei Fehlern und Problemen wird nicht der zu verurteilende Sündenbock gesucht, sondern an Lösungen und Maßnahmen zur zukünftigen Fehlervermeidung gearbeitet. Es finden regelmäßige Führungsgespräche sowie Fachgespräche statt. Anlassbezogene Besprechungen kommen hinzu. Im Durchschnitt machen diese regelmäßigen Besprechungen ca. 15-20% meiner Arbeitszeit aus; es gilt zahlreiche Prozesse zu lenken zu diskutieren. „Führungsgespräch" bedeutet bei der Natumi AG: Perspektiven öffnen, Hilfestellung bieten (falls verlangt), fördern und ein kleines Maß an wohlwollender Kontrolle.

Für einen sehr großen Vorteil halte ich es, dass wirklich etwas passiert, wenn man etwas ändern will. Sei es Personal, Räumlichkeiten oder Equipment, sofern ich deutlich mache, dass es wichtig ist, wird es besorgt - sogar schnell. Außerdem ist es überlebenswichtig, ein klares „Nein" zu sagen, wo es richtig ist. Denn erstens muss man es nicht jedem recht machen wollen und seine eigenen Interessen verfolgen, zweitens muss man sich weniger wichtige und strukturell unpassende Arbeit vom Leib halten.

Details des heutigen Aufgabengebietes:

Der Alltag in der Qualitätssicherung bei Natumi ist sehr abwechslungsreich, verantwortungsvoll und erfordert hohe Flexibilität in der Tagesplanung. Sehr viele Fakten und Vorgänge müssen gleichzeitig bearbeitet werden. Ständig passiert etwas und es tauchen unerwartete Probleme auf. Schnelle Entscheidungen und hohe Kommunikationsfähigkeit sind gefordert. Über Langeweile kann ich mich also keineswegs beschweren, man muss nur ein gewisses Maß an Stressfestigkeit und am besten eine gute Portion Humor mitbringen.

Das Aufgabenfeld der QS umfasst eine Vielzahl von Aktivitäten.

- Die sachliche Reklamationsbearbeitung: Ein Kunde beschwert sich z.B. aufgrund von Verderb oder einer unerwarteten Eigenschaft eines Sojadrinks. Ist das möglicherweise ein Anzeichen für ein wirklich großes Problem? (Prüfung von Rückstellmustern im Labor, Rückfragen an die Abfüllung, Erstellung von Analysen).

- Wareneingangs- und -ausgangsprüfung im Labor inkl. Freigaben: Die eingehende Ware wird grundlegenden Prüfungen unterzogen, durch die QS EDV-mäßig freigegeben und geht erst dann in die reguläre Produktionsplanung ein.

- Lebensmittelrechtliche Prüfung der Werbetexte und Nährwertangaben etc. auf Verpackungsentwürfen und Faltblättern: Hier werden z.B. vom Marketing manchmal überzogene Äußerungen getätigt, die auf das korrekte Maß und rechtlich saubere Formulierungen gestutzt werden müssen.

- Beratung der Produktion bei Verfahrensänderungen und Problemen: z.B. kann bei Rufbereitschaft nachts das Handy klingeln und es muss die Frage geklärt werden, ob das wiederholt verstopfte Sieb am Auslass der Produktionslinie länger entnommen werden darf.

- Erstellen von Spezifikationen, d.h. genauen Produktbeschreibungen, welche auch eine Art „Garantie" der Eigenschaften darstellen. Hier muss im Hintergrund natürlich durch Analysen und Lieferantenaudits sichergestellt werden, dass z.B. die Aussagen „ohne Gentechnik" oder „glutenfrei" abgesichert sind.

- HACCP: Das System muss auf dem aktuellen Stand gehalten werden, weil neue Rohstoffe, neue Produkte und neue Herstellungsverfahren hinzukommen.

- Auditierung und Kontrolle von Partnerbetrieben, mit denen wir zusammen arbeiten.

- Praktische Laborarbeit: Nach der Einstellung einer Laborkraft ist kaum etwas für mich zu tun. Vormals war es die Untersuchung nahezu aller Wareneingänge, Zwischenkontrollen und Analysen in der Produktion, Warenausgangskontrolle; alles mittels relativ einfacher Schnellmethoden.

In der Produktentwicklung (nur Leitungsfunktion, ich bearbeite keine eigenen Projekte) sieht der Alltag in Bezug auf Abwechslung und Flexibilität ähnlich turbulent aus.

- Schnellstmögliche Umsetzung von Ideen in reale Produkte und Prozesse; Planung von personellen, zeitlichen und finanziellen Ressourcen. Hier laufen sehr viele Prozesse parallel, wobei ständig überraschende Aufgabenstellungen zu bewältigen sind.

- Interne Berichterstattung, aber auch Statusberichte an externe Kunden, wobei ein gesundes Maß von Diskretion einzuhalten ist.

Fazit des Autors - Allgemeine Tipps:

- Es ist ratsam, durch Praktika realistische Einblicke in verschiedene Tätigkeitsfelder zu erlangen. Dabei ergeben sich oft auch wertvolle Kontakte.

- Zusätzlich sollte man möglichst viel von den vielfältigen, kostenlosen Angeboten einer Uni wahrnehmen und ständig über den Tellerrand gucken. In eine solch freie und vorteilhafte Situation kommt man nie wieder!

- Auf den menschlich-psychologisch anspruchsvollen Einsatz als Führungskraft sollte man sich ebenfalls durch Seminare und Übungen vorbereiten.

- Ein vermeintlicher „Knick" im Lebenslauf muss zu keiner Irritation führen, denn im wahren Leben sind nicht nur glanzvolle Prädikats-Kometen gefragt, sondern viel mehr die Menschen die wissen was sie wollen und können, Persönlichkeit und Erfahrungen haben.

Bericht

Dr. Gunter Festel

Chemiker im Management-Consulting

Zur Person

Jahrgang 1966, Abitur 1985, Wehrdienst

Chemiestudium an der Universität Bayreuth: Chemie-Diplom 1992, Promotion in Polymerchemie 1995

Wirtschaftsstudium in Bayreuth: VWL-Diplom 1995 (Diplomarbeit: Gesamtwirtschaftliche Auswirkungen des Gentechnik-Gesetzes auf die deutsche Chemie- und Pharmaindustrie)

Mitte 1995 Eintritt als Laborleiter in die Chemische Industrie (F&E für Klebstoffrohstoffe), 1997 Stabstätigkeit im F&E-Management, 1998 Produktmanager für Synthesekautschuk

Anfang 1999 Wechsel zu einer Unternehmensberatung

Ende 2000 Wechsel zur Unternehmensberatung Arthur D. Little, Zürich, als Manager mit Schwerpunkt Chemieindustrie

Unternehmensberatung: spannend, abwechslungsreich - und anstrengend

Nach vier Jahren in der chemischen Industrie bin ich mittlerweile seit zwei Jahren im Management-Consulting tätig. Die Weichen dazu hatte ich schon während des Chemiestudiums durch ein paralleles VWL-Studium gestellt. Meiner Meinung nach wird es in Zukunft für alle Naturwissenschaftler und Ingenieure enorm wichtig sein, wirtschaftliche Zusammenhänge zu verstehen, sofern sie nicht eine rein akademische Karriere anstreben. Daher möchte ich zunächst einige Aspekte der wirtschaftswissenschaftlichen Weiterbildung beschreiben.

Wirtschaftswissenschaftliche Zusatzausbildung

Die meisten Chemiker, die in der chemischen Industrie beschäftigt sind, setzen sich während ihres Berufslebens zumindest zeitweise mit betriebswirtschaftlichen Fragestellungen auseinander: So bringt der Aufstieg in eine leitende Position klassische Managementaufgaben mit sich, aber auch von Chemikern in Forschung und Entwicklung, Produktion und Marketing wird zunehmend spezielles Managementwissen gefordert. Leider wird aber in der Regel im Rahmen des klassischen Chemiestudiums nach wie vor weder Wirtschafts- noch Managementwissen vermittelt. Immerhin ist inzwischen eine kritische Diskussion zum zukünftigen Berufsbild des Chemikers in Gang gekommen und eine Reihe von Universitäten realisieren Studienmöglichkeiten an den Schnittstellen von Chemie und Wirtschaftswissenschaften.

Da vor 10 Jahren entsprechende Studiengänge noch nicht etabliert waren, habe ich von 1989 bis 1995 parallel zu Chemiestudium und Promotion zunächst BWL und anschließend VWL bis zum Diplom studiert.

Der Entschluss zu dem Zweitstudium fiel nach dem Chemie-Vordiplom, da ich mich sehr für wirtschaftliche Dinge interessierte und mich die bei vielen Kommilitonen beobachtete einseitige Fokussierung auf die Chemie beunruhigte. Im Nachhinein betrachtet könnte man sagen, dass die katastrophale Lage am Arbeitsmarkt für Chemiker Anfang der neunziger Jahre schon vorhersehbar war. Da ich mich von vornherein auf die wesentlichen Dinge konzentrierte und „Mut zur Lücke" bewies, war das Wirtschaftsstudium gut zu meistern. Ein Parallelstudium ist allerdings vom Zeitaufwand nur zu realisieren, falls man an einer Universität der kurzen Wege studiert und gute Studienbedingungen vorfindet. Das war in Bayreuth glücklicherweise gegeben.

Ich bin nach dem BWL-Vordiplom zur VWL gewechselt, da für mich die gesamtwirtschaftliche Betrachtungsweise interessanter war, und mir das VWL-Studium anspruchsvoller erschien. Bezogen auf die chemische Industrie lässt sich der Unterschied zwischen BWL und VWL wie folgt erklären: Während sich die BWL damit befasst, wie ein Chemieunternehmen betrieben (gesteuert, geführt, entwickelt etc.) wird [1], betrachtet die VWL die Chemieindustrie im Kontext des gesamtwirtschaftlichen und politischen Rahmens [2]. Wichtige betriebliche Aspekte wie das Rechnungswesen (Kostenrechnung und Buchführung), Steuern oder Corporate Finance (Unternehmensfinanzierung) werden in der Regel im VWL Studium nur oberflächlich betrachtet (Kasten 1). Daher habe ich im Hauptstudium als

Pflichtwahlfach Marketing gewählt, um betriebswirtschaftliche Aspekte nicht zu sehr zu vernachlässigen.

Das klassische VWL-Studium

VWL ist ein Diplomstudiengang, der an fast allen deutschen Universitäten belegt werden kann und vom grundsätzlichen Aufbau an allen Universitäten gleich ist. Das Grundstudium ist dabei weitgehend mit dem BWL-Studium identisch. Neben Grundvorlesungen in BWL gibt es spezielle Vorlesungen zu den betriebswirtschaftlichen Themen Produktion und Materialwirtschaft, Absatz, Finanzwirtschaft und Bilanzen. Als volkswirtschaftliche Vorlesungen gibt es neben einer Einführungsvorlesung die Grundlagen der Mikro- und der Makroökonomie. Ein dritter Schwerpunkt im Grundstudium sind rechtswissenschaftliche Grundlagen. Vorlesungen bzw. Kurse zur Betriebsinformatik, dem Rechnungswesen, Mathematik, Statistik und Fremdsprachen ergänzen das Grundstudium. Die Vordiplom-Prüfungen bestehen aus mehreren Klausuren in den Hauptfächern BWL, VWL und Rechtswissenschaften.

Das Hauptstudium besteht aus Vorlesungen in Wirtschaftstheorie, Wirtschaftspolitik und Finanzwissenschaft. Hinzu kommen noch Vorlesungen zur Allgemeinen BWL und ein Pflichtwahlfach. Das Hauptstudium besteht also aus fünf etwa gleich umfangreichen Blöcken. Die Diplomarbeit zu einem volks- oder betriebswirtschaftlichen Thema nimmt sechs Monate in Anspruch und wird vor den Diplomprüfungen angefertigt. Um zur Diplomprüfung zugelassen zu werden, sind neben der bestandenen Diplomarbeit verschiedene Seminarscheine erforderlich. Die Prüfungen selbst nehmen rund 3 Monate in Anspruch und bestehen in einem ersten Prüfungsteil aus fünf vierstündigen Klausuren in den fünf Blöcken Wirtschaftstheorie, Wirtschaftspolitik, Finanzwissenschaft, Allgemeine BWL und den Pflichtwahlfach und im zweiten Prüfungsteil aus der gleichen Anzahl an mündlichen Prüfungen.

Ich möchte an dieser Stelle noch einmal klar sagen, dass das klassische VWL-Studium intellektuell zwar anspruchsvoll, aber für eine zielgerichtete Aneignung wirtschaftlichen Wissens für die berufliche Praxis weniger empfehlenswert ist. Ein Vollstudium der BWL oder VWL bietet sich nur an, falls die Wirtschaftswissenschaften in aller Tiefe durchdrungen werden sollen, und ein starkes Interesse den hohen Aufwand rechtfertigt. Es gibt weniger aufwendige und gezieltere Möglichkeiten, sich als Chemiker wirtschaftlich weiterzubilden [3]. Das wirtschaftswissenschaftliche Aufbaustudium an der Fernuniversität Hagen beispielsweise gibt einen guten Überblick über die BWL, ohne zu stark die akademischen Aspekte zu betonen. Es ist eher praxisorientiert und behandelt im Vergleich zu einem kompletten Diplomstudiengang weniger theoretische Inhalte. Interessant ist natürlich auch ein MBA-Studium, bei welchem die Studenten einen sehr unterschiedlichen Berufsbackground aufweisen und man daher zusätzlich viel über andere Industrien oder Servicebereiche lernt. Um zudem internationale Erfahrung zu sammeln, bietet sich ein MBA an einer ausländischen Universität an.

Die „klassische" Chemikerausbildung

Ich habe mit dem Chemiestudium begonnen, da ich mich immer für Naturwissenschaften interessiert hatte und die Chemie auch große Anknüpfungspunkte zur Biologie und Physik bietet. Zudem versprach die Arbeit als Chemiker in einem angesehenen Chemieunternehmen hohes soziales Prestige sowie ein sicheres und hohes Einkommen.

Trotzdem hatte ich immer ein zwiespältiges Verhältnis zur „akademischen" Ausbildung. Chemie und vor allem die industrielle Umsetzung fand ich faszinierend. Trotz Internet-Hype sollte schließlich nicht vergessen werden, dass die Chemie die erste auf wissenschaftliche Erkenntnisse basierende Industrie war, die unser Leben in den letzten 100 Jahren dramatisch verändert hat [4]. Das an der Hochschule gebotene ließ in mir allerdings oftmals massiven Widerwillen aufsteigen. Bei den Wirtschaftswissenschaften war es eher umgekehrt: Aus der Ferne betrachtet eher langweilig, machte mir das Studium extrem viel Spaß. So etwas wie Seminare übers Wochenende in einem schönen Hotel im Grünen, bei welchem man mit dem Professor abends beim Bier auch einmal richtig gut diskutieren konnte, wären in der Chemie undenkbar gewesen.

Die Chemiepromotion wurde natürlich durch mein Zweitstudium beeinflusst, vor allem während der sechsmonatigen VWL-Diplomarbeit. Meinem Doktorvater fiel es zuweilen schwer, damit zurechtzukommen, dass ich für die Promotion weniger Zeit aufwenden konnte als andere Kommilitonen. Mir jedoch war meine berufliche Attraktivität wichtiger als akademische Lorbeeren. Irgendwie einigten wir uns dann und mein Fazit ist einfach, dass man sich in solchen Situationen nicht beirren lassen darf, falls man der festen Überzeugung ist, strategisch richtig zu handeln.

Bei meiner Promotion Mitte der 90er Jahre war die Arbeitsmarktsituation für Chemiker äußerst schlecht. Diese für viele Chemieabsolventen sehr schwierige Zeit sollte nicht vergessen werden. Bedingt durch die hohen Anfängerzahlen Anfang bis Mitte der achtziger Jahre und eine drastische Reduktion der Einstellungen in der chemischen Industrie ab Mitte 1992 brach damals der Arbeitsmarkt für

Chemiker stark ein. Viele Chemiker, die den Aussagen ihrer Professoren und der Industrievertreter gefolgt waren, mussten innerhalb kurzer Zeit realisieren, dass eine klassische Chemikerkarriere nicht mehr automatisch gute Einkünfte und hohen sozialen Status garantiert. Die Zeiten hatten sich einfach geändert, ohne dass diese Generation von Chemieabsolventen darauf vorbereitet worden wäre [5].

Berufseinstieg in der chemischen Industrie

Kurz vor Abschluss von Chemiepromotion und VWL-Studium Anfang 1995 schien sich meine Strategie auszuzahlen. Mit wenigen Bewerbungen hatte ich nach kurzer Zeit – einige Monate vor Abgabe meiner Doktorarbeit – eine Stelle bei einem großen Unternehmen der chemischen Industrie. Die Stelle war typisch für die erste Anstellung eines Chemikers dort. Als Laborleiter in einer F&E-Abteilung für Klebstoffrohstoffe kümmerte ich mich mit einer Labormannschaft um die Entwicklung neuer Produkte. Am ersten Tag in meiner neuen Abteilung waren alle überrascht, dass nach langer Zeit mal wieder ein neuer Kollege kam. Entsprechend mühsam war es auch, bis die notwendige Infrastruktur geschaffen war. Der Empfang war allerdings sehr herzlich, und ich fühlte mich von Anfang an wohl.

Meiner Erfahrung nach gestaltet sich der Berufseinstieg in großen Unternehmen der chemischen Industrie in der Regel relativ einfach, da man langsam an seine Aufgaben herangeführt wird und der nötige Freiraum für „Erkundungen" besteht. Den letzten Punkt empfand ich als sehr angenehm, da ein großer Konzern vieles – interessante Menschen und spannende Arbeitsgebiete – zu bieten hat und der frühzeitige Blick über den „Tellerrand" für die zukünftige Karriere durchaus vorteilhaft ist. Ich würde daher empfehlen, möglichst viele Leute kennen zu lernen und sich schon frühzeitig ein Netzwerk aufzubauen.

Nach rund zwei Jahren übernahm ich neben den Aufgaben in der F&E noch Stabsarbeiten für den F&E-Leiter in meinem Geschäftsbereich. Neben F&E-Controlling und gewissen Aufgaben in der strategischen Planung, brachte vor allem der Einsatz bei bestimmten Sonderaufgaben tiefere Einblicke in die Welt des Managements. Ich würde jedem empfehlen, solche „Nebentätigkeiten" wahrzunehmen, falls sich die Möglichkeit ergibt, da diese das eigene Blickfeld sehr erweitern. Der Wechsel ins Marketing als Produktmanager gestaltete sich recht einfach. Hier kam dann auch endlich die wirtschaftswissenschaftliche Ausbildung richtig zum Tragen, obwohl der Unterschied zwischen den theoretischen Lerninhalten an der Universität und der beruflichen Praxis schon gravierend sind.

Wechsel ins Management-Consulting

Nach fast 4 Jahren in meinem ersten Unternehmen wechselte ich dann zu einer großen Unternehmensberatung, obwohl die persönlichen Karriereaussichten durchaus vielversprechend waren. Dafür, dass ich meinen ersten Arbeitgeber verlassen habe, hatte ich vielfältige Gründe: Hauptsächlich empfand ich die mangelnde Dynamik eines Großunternehmens und die eingefahrenen Strukturen, in denen sich dort viele etablierte Bereiche bewegen, als ein Problem.

Die Tätigkeit bei meinem zweiten Arbeitgeber, einer renommierten weltweit tätigen Unternehmensberatung, war für mich persönlich eine zwar sehr lehrreiche, aber oftmals nicht sehr angenehme Zeit. Der Grund war, dass ich von der Industrie kam und nicht mehr so „formbar" wie ein Hochschulabgänger war. Bei den Managementberatungen sind große Philosophieunterschiede festzustellen, und ich hatte mich vorher nicht sehr gut über diese Branche informiert. Während bei Arthur.D. Little, meinem derzeitigen Arbeitgeber, beispielsweise eine starke Betonung von Individualismus und Kreativität erfolgt und überwiegend Personen mit Berufserfahrung anzutreffen sind, rekrutieren andere Unternehmen bevorzugt Hochschulabgänger, die sich der Unternehmenskultur leichter anpassen können.

Ich wechselte also Ende 2000 in das Züricher Büro von Arthur D. Little als Manager in der Chemical Practice, wobei der Kontakt über eine Executive Search-Firma, also einen „Headhunter", zustande kam. Arthur D. Little ist eines der weltweit führenden unabhängigen Beratungsunternehmen und die globale Chemicals Practice unterstützt mit mehr als 150 Beratern weltweit Unternehmen der Chemischen Industrie in allen strategischen und operativen Fragestellungen. Ich empfinde das Arbeiten bei Arthur D. Little im Vergleich zu meinem vorherigen Unternehmen als angenehmer, da mehr Freiraum bei der täglichen Arbeit gewährt wird und privaten Belangen mehr Bedeutung geschenkt wird. Die Arbeitszeiten sind nicht so extrem lang wie vorher und damit gelingt es besser, berufliches und privates Leben in eine gute Balance zu bringen.

Aber unabhängig von dem Beratungsunternehmen, für welches man tätig ist, ist der Beruf des Unternehmensberaters spannend und abwechslungsreich. Die von mir bisher durchgeführten Projekte befassten sich beispielsweise von industrieökonomischen Betrachtungen der chemisch-pharmazeutischen Industrie, Strategieprojekten und Kostensenkungsprogrammen bis hin zu Finanzmarktanalysen, M & A- (Mergers & Acquisition-) Fragestellungen und F&E-/Innovationsmanagement (Kasten 2).

> *Typische Projekte im Management-Consulting*
>
> - Industrieökonomie der Chemie- und Pharmaindustrie
>
> - Bewertung neuer Wachstumsstrategien und Einfluss auf die zukünftige Industriestruktur der chemischen Industrie
>
> - Bewertung der Perspektiven für die japanische Chemie- und Pharmaindustrie im Vergleich zu westlichen Wettbewerbern für das japanische MITI
>
> - Beurteilung des Einflusses von E-Commerce auf die chemische Industrie und Lifescience-Industrie
>
> - Unternehmensstrategie und -finanzierung
>
> - Erarbeitung von Portfolio- und Kommunikationsstrategien auf Basis kapitalmarktorientierter Finanzanalysen für verschiedene Chemie- und Pharmaunternehmen
>
> - Entwicklung des Geschäftsportfolios eines schweizer Herstellers von Cellulose und Hefeextrakten in Richtung höherveredelter Lifescience-Produkte
>
> - Effizienzsteigerung im zentralen Analytiklabor eines PE-Produzenten
>
> - M&A und Postmerger-Management
>
> - Bewertung von M&A-Strategien zur Industriekonsolidierung in der europäischen petrochemischen Industrie
>
> - Durchführung einer Postmerger-Integration innerhalb der Geschäftseinheit eines Spezialchemieunternehmens
>
> - F&E- und Innovationsmanagement
>
> - Neuausrichtung des F&E-Bereiches bei einem PVC-Produzenten durch Ausarbeitung und Implementierung von Projektmanagementkonzepten
>
> - Entwicklung eines Management- und Controllingsystems zur strategischen Planung und Steuerung von F&E-Aktivitäten

Neben der abwechslungsreichen Tätigkeiten bietet der Beruf als Unternehmensberater noch andere spezifische Vor- und Nachteile. Vorteile sind der große Lerneffekt (unterschiedliche Branchen, gesamtes Spektrum des Managements, anspruchsvolle Trainings), das professionelle, internationale Umfeld mit hoch motivierten jungen Kollegen, das hohe Gehalt mit überdurchschnittlichen Steigerungsmöglichkeiten und die abwechslungsreichen Tätigkeiten. Nachteile sind der große Erfolgsdruck, da Kundenzufriedenheit alles bedeutet, die starke zeitliche

Beanspruchung, die unter der Woche kaum Zeit für Privatleben und Hobbys lässt, und die in manchen Beratungsunternehmen ausgeprägten Hierarchien. Damit ist gemeint, dass in einem Projekt die Rollen klar definiert sind und sich im Zweifelsfall der „Ranghöhere" durchsetzt. Aufgrund des sehr engen Arbeitsverhältnisses und der hohen Arbeitsintensität können Meinungsverschiedenheiten sehr schnell zu gravierenden Problemen führen.

Bei allen Managementberatungen werden hohe Maßstäbe an die persönliche Qualifikation gelegt, die wichtiger ist als die fachliche Qualifikation. Einstiegsvoraussetzungen sind sehr gute Noten, wobei die Fachrichtung des Studiums eher von geringerer Bedeutung ist. Wichtig sind eine hohe soziale Kompetenz, Anpassungs- und Teamfähigkeit und ausgezeichnete Kommunikationsfähigkeit. Der Beruf des Unternehmensberater ist anstrengend und daher sollte man viel Energie besitzen, gute psychische und physische Kondition sowie hohe Belastbarkeit und Durchsetzungsvermögen aufweisen. Gute Englischkenntnisse werden vorausgesetzt und weitere Fremdsprachen sowie internationale Erfahrung sind von Vorteil.

Fazit

Ich möchte Personen, welche Interesse an wirtschaftlichen Zusammenhängen haben, eine wirtschaftswissenschaftliche Zusatzausbildung empfehlen. Je nach individueller Interessenlage besitzen die verschiedenen Weiterbildungsmöglichkeiten allerdings spezifische Vor- und Nachteile. Das klassische VWL-Studium ist für eine zielgerichtete Aneignung wirtschaftlichen Wissens für die berufliche Praxis weniger empfehlenswert. Um internationale Erfahrung zu sammeln, ist ein MBA an einer ausländischen Universität am besten geeignet.

Der Berufseinstieg in der chemischen Industrie wird sicherlich auch weiterhin die Regel für Chemieabsolventen sein. Aufgrund attraktiver Alternativen werden aber immer mehr dieser Absolventen einen anderen Weg gehen. Hier ist es wichtig, sich umfangreich zu informieren und die Vor- und Nachteile dieser Alternativen genau abzuwägen. Management-Consulting bietet sich an, falls ein starkes Interesse an einer späteren Managementkarriere oder einer Selbstständigkeit besteht. Der Beruf ist abwechslungsreich und spannend, aber auch sehr vereinnahmend. Damit sind „Opfer" im privaten Bereich unumgänglich und Spannungen in der Partnerschaft oftmals vorprogrammiert.

Eine für mich wichtige Erkenntnis möchte ich den Lesern abschließend ans Herz legen. Es ist immens wichtig, seinen eigenen Weg zu gehen und sich dabei nicht beirren zu lassen. Ratschläge von außen sind sehr wertvoll, aber man sollte nicht vergessen, dass jeder Ratgeber auch von eigenen Interessen getrieben ist. Es ist wichtig, das zu studieren und so zu studieren, dass es das eigene Interesse abdeckt. Weiterentwicklung und Karriere ergeben sich immer dann, wenn jemand das tut, was er gut kann, ihm entspricht und wozu er steht. Es ist wichtig, Spaß am Beruf zu haben und die persönliche berufliche Attraktivität und damit die persönliche Freiheit permanent zu erhöhen. Dann ist es unerheblich, ob man in der chemischen Industrie, im Consulting oder einer anderen Branche tätig ist.

Für Personen mit Interesse an den wirtschaftlichen Aspekten der Chemie bzw. generell der chemisch-pharmazeutischen Industrie bietet sich die Arbeitsgemeinschaft „Chemiewirtschaft/-management" innerhalb der Gesellschaft Deutscher Chemiker (GDCh) an [6]. Innerhalb verschiedener Interessengruppen werden chemiewirtschaftliche Themen vertieft. Eine der Interessengruppen befasst sich auch mit dem Thema „Chemiker in der Dienstleistungsbranche", eine andere mit der wirtschaftlichen Aus- und Weiterbildung für Chemiker. Mit einer Internet-Präsentation unter www.GDCh-Chemiewirtschaft.de wird ein Überblick über die Arbeitsgemeinschaft und die einzelnen Interessengruppen gegeben. Mit Hilfe dieser Webseiten soll das Knüpfen von Kontakten und der Austausch von Informationen innerhalb unseres chemiewirtschaftlichen Netzwerkes erleichtert werden. Die Arbeitsgemeinschaft ist direkt unter der E-Mail-Adresse Info@GDCh-Chemiewirtschaft.de erreichbar.

Literatur

[1] G. Festel, A. Hassan, J. Leker, P. Bamelis
Betriebswirtschaftlehre für Chemiker - Eine praxisorientierte Einführung
Springer 2001

[2] G. Festel, F. Söllner, P. Bamelis
Volkswirtschaftlehre für Chemiker - Eine praxisorientierte Einführung
Springer 2001

[3] G. Festel, U. Pieper, L. Simon
Wege zum Wirtschaftschemiker: MBA oder Zweitstudium?
Nachrichten aus der Chemie, Bd. 48, Nr. 2, Februar 2000, S. 214-216

[4] A. Arora, R. Landau, N. Rosenberg
Chemicals and Long Term Economic Growth
Wiley 1998

[5] E. Staudt, M. Kottmann, R. Merker
Chemiker: Hochqualifiziert aber inkompetent?
Bochum, 2. Aufl. 1997

[6] M. Baumann, G. Festel, M. Gerle,
Arbeitsgemeinschaft Chemiewirtschaft/-management - 2. Workshop,
Nachrichten aus der Chemie, Bd. 48, Nr. 7, Juli/August 2000, S. 1001-1003

Dr. Gunter Festel heute

Gunter Festel gründete Ende 2002 mit Festel Capital sein eigenes Unternehmen mit Sitz im Schweizer Kanton Zug. Festel Capital hat sich auf die Unterstützung von Spin-offs und Buyouts in der Chemie-, Pharma- und Biotech-Industrie spezialisiert und ist dabei von ersten konzeptionellen Überlegungen und der Erstellung von Geschäftsplänen über Transaktions- und Implementierungsunterstützung bis zur Planung und Durchführung von Exits tätig. Daneben wird Strategieberatung mit dem Fokus Wachstumsstrategien angeboten. Bisherige Klienten sind international tätige Konzerne wie beispielsweise Aventis, BASF, Bayer und Siemens.

Korrespondenzanschrift: Festel Capital, Schürmattstrasse 1, CH-6331 Hünenberg, Tel./Fax +41 41 780 1643, Mobil +41 796 527 112, E-Mail gunter.festel@festel.de

Bericht

Dr. Dirk Trommeshauser

Biochemiker in der Pharmaindustrie

Zur Person

geboren 1970

Studium der Chemie an der Westfälischen Wilhelms Universität Münster

Im Hauptstudium: (zusätzliches) Studium der Biochemie

Diplomarbeit am Institut für Biochemie, Abschluss 1994

Doktorarbeit am Institut für Biochemie Abschluss 1997

Postdoktoranden-Aufenthalt (6 Monate) am Institut für Biochemie der Westfälischen Wilhelms Universität Münster

Postdoktoranden-Aufenthalt (17 Monate) am Department of Chemical Engineering an der UCSB Santa Barbara/Californien (USA)

seit 1999 Laborleiter in der Klinischen Pharmakokinetik

Pharmakokinetik - Zwischen Chemie und Medizin

Meine persönlichen Interessen lagen immer im Bereich der Medizin, der Pharmazie und der Biochemie. Insbesondere durch ein Praktikum, welches ich nach dem Abitur in einem Krankenhaus absolviert habe und in dem ich Gelegenheit hatte mit Ärzten und Krankenschwestern zu diskutieren, ist mein Interesse an der Labortätigkeit gewachsen und hat meinen Entschluss, Biochemie zu studieren, manifestiert. Zur damaligen Zeit war das Studium der Biochemie nur an einigen wenigen Universitäten möglich. An diesen Universitäten waren die Aufnahmeregelungen für ein Studium der Biochemie zumeist mit einer Wartezeit verbunden. Da ich während meiner Schulzeit den Schwerpunkt mehr auf die biologische, denn auf die chemische Seite gelegt hatte, habe ich mich dann entschlossen, Chemie mit Schwerpunkt Biochemie an der Westfälischen Wilhelms Universität Münster zu studieren. Hier legt man ein Vordiplom in Chemie ab und qualifiziert sich im Hauptstudium über zusätzliche Vorlesungen und Praktika für die Biochemie.

Am Institut für Biochemie habe ich dann auch meine Diplom- und Doktorarbeit geschrieben und hier, im Gegensatz zu dem üblichen Bild des Biochemikers, außer in den Praktika keinerlei spezifische oder detaillierte Molekularbiologie- oder Zellkultur-Ausbildung absolviert. Dies war für spätere Bewerbungen in der Hinsicht schwierig, dass ich mich nicht als Biochemiker im eigentlichen Sinn bewerben konnte, da die Unterlagen dann sofort in eine falsche Rubrik eingeordnet werden.

Zum Postdoc in die USA

Zum Ende meiner Doktorarbeit musste ich die Entscheidung treffen, ob ich noch einen Postdoktorandenaufenthalt im Ausland absolvieren oder mich direkt in der Industrie bewerben sollte. Ins Ausland zu gehen bedeutete auch, einen Antrag auf ein Stipendium für diese Zeit zu stellen. Der Zeitraum, bis das Stipendium letztlich bewilligt ist, sollte nicht unterschätzt werden, es ist hier doch ein längerer Vorlauf erforderlich. Ich wäre gerne beide Wege (Industrie und Postdoktorand) gegangen, da nie sicher ist, ob der eine oder andere Weg wirklich zum Ziel führt und man dann somit wenigstens eine weitere Option hat. Dieses Vorgehen ist damals leider nicht unterstützt worden. Ich habe mich dann über Publikationen und das Internet informiert, welche Arbeitsgruppen im Ausland (vorzugsweise Nordamerika) für mich von Interesse sein könnten, und bin hier überwiegend auf eine sehr positive Resonanz gestoßen. Die Angebote, die ich erhielt, waren sehr unterschiedlich, sowohl von der zeitlichen Dauer, als auch von der Finanzierung her. Letztlich habe ich mich für einen Postdoktorandenaufenthalt in Kalifornien an der UCSB in Santa Barbara entschieden. Meinen dortigen Chef hatte ich zuvor in Deutschland getroffen, mich mit ihm über seine Projekte und seine Gruppe unterhalten und hatte einen sehr positiven Eindruck von seiner Arbeitsweise bekommen, sowohl in Bezug auf seine Forschung als auch seine Mitarbeiterführung.

Ich habe mich für den Postdoktorandenaufenthalt entschieden, da ich wusste, dass ich, wenn ich für längere Zeit einmal ins Ausland gehen wollte, dieses genau zu diesem Zeitpunkt machen musste. Ist man einmal in der Industrie tätig, lässt es sich wesentlich schwerer verwirklichen, für einen definierten Zeitraum ins Ausland zu gehen. Mir war dabei aber von vornherein klar, dass ich nicht die universitäre Laufbahn einschlagen wollte. Ich habe diese Zeit daher als Erfahrung, sowohl in wissenschaftlicher Hinsicht, aber auch im Hinblick auf ein fremdes Land und eine fremde Umgebung gewertet und letztendlich natürlich auch, um meine Englischkenntnisse weiter zu verbessern.

Im Nachhinein würde ich diese Zeit nicht missen wollen. Sicherlich bringt ein Postdoktorandenaufenthalt einen wissenschaftlich weiter, man erlernt neue Techniken, neue Systeme etc. aber viel mehr würde ich den persönlichen Reifungsprozess in den Vordergrund stellen, den man anders nicht in ähnlicher Weise durchleben kann. Ich habe allen, die mich später gefragt haben, geraten, zu versuchen, für einen gewissen Zeitraum als Postdoktorand ins Ausland zu gehen. Voraussetzung ist natürlich, dass sie es selber wollen (viele wollen auch nach der Doktorarbeit von der Labortätigkeit wegkommen) und es sich zutrauen.

Bewerbungen aus den USA

Gegen Ende meines Postdoktorandenaufenthaltes in Amerika begann ich mich um eine Stelle in Deutschland zu bewerben. Die Bewerbung von Amerika aus erwies sich als schwierig, denn eine aktuelle Zeitung (vorzugsweise FAZ) an der Westküste der USA zu bekommen, ist nicht einfach. Das Internet war eine gute Informationsquelle bei der Jobsuche (zum Beispiel http://www.jobware.de oder http://www.zeit.de) und ist mittlerweile noch umfangreicher und besser geworden. Ich habe auch über Bekannte und Verwandte Stellenanzeigen aus deutschen Zeitungen erhalten. Vorzugsweise habe ich mich aber aufgrund dieser Problematik auf Initiativbewerbungen gestützt und Firmen angeschrieben, die von ihrem Profil her für mich interessant waren (hier sind die Homepages der einzelnen Firmen meist sehr hilfreich).

Bei der Bewerbung kommt es meiner Meinung nach darauf an, seine Fähigkeiten kurz und präzise zu beschreiben. Da dies in dem Anschreiben meist nur schwerlich zu bewerkstelligen ist und das Anschreiben eine Seite nicht überschreiten sollte, ist das Einfügen einer Seite mit ‚skills‘ sehr hilfreich. Dies ist meines Wissens in Amerika ohnehin schon üblich und taucht mehr und mehr auch bei Bewerbungen in Deutschland auf.

Es war dann klar, dass ich für einen bestimmten Zeitraum nach Deutschland zurückkommen musste, um die Bewerbungsgespräche zu führen. Diesen auf vier Wochen beschränkten Zeitraum habe ich bereits in meinen Bewerbungsschreiben festgelegt, damit die Firmen die Vorstellungsgespräche entsprechend terminieren konnten.

Ein weiterer Tipp zu Bewerbungsschreiben aus den USA: da es in den USA unüblich ist, der Bewerbung ein Photo beizufügen, ist es sehr schwierig, entsprechende Photos im in Deutschland üblichen Stil zu bekommen. Man sollte also das Photo zuvor in Deutschland machen lassen.

Nachdem ich einige Einladungen zu Vorstellungsgesprächen erhalten hatte, habe ich von den USA aus die Bewerbungsgespräche und eine entsprechende Reise durch Deutschland organisiert. Den Bewerbungsvortrag habe ich in Amerika vorbereitet. Es ist sinnvoll, sich vorab zu informieren, was in dem Vortrag thematisiert werden und wie lange er dauern soll, welche Hilfsmittel zur Verfügung stehen und in welcher Sprache er gehalten werden soll. Ich wurde bei einer Firma sehr damit überrascht, dass diese unbedingt einen Vortrag über die Doktorarbeit hören wollte, wobei ich die aktuelle Forschung (Postdoktorandenzeit) bevorzugt hätte. Es gibt auch Unternehmen, die eine komplette Übersicht über die Aktivitäten haben wollen, was dann schwerlich in einem 10-minütigen Vortrag unterzubringen ist. Der Vortrag sollte gut ausgearbeitet und vor allem verständlich sein. Nicht alle Zuhörer können mit der Thematik etwas anfangen und normalerweise ist es ohnehin so, dass der Vortragende selber, also der Bewerber, ein Spezialist auf dem Thema ist, denn es ist ihr/sein Thema. Ob dann auch im Auditorium Spezialisten sitzen, ist fraglich. Insofern muss man auch auf unerwartete (vermeintlich einfache) Fragen vorbereitet sein.

Bezüglich der persönlichen Gespräche ist es schwierig, eine allgemeine Marschroute festzulegen. Ich habe gelernt, dass man sich einfach einmal hinsetzen und über sich nachdenken sollte:

- Wo liegen meine Interessen?

- Warum habe ich welche Entscheidung getroffen (Doktorarbeit, Studienort etc.)?

- Wie bringe ich in kurzer Zeit (5 Minuten) jemandem bei, was in meiner Diplomarbeit steht, ohne zu sehr ins Detail zu gehen?

Viele der in den Interviews möglicherweise gestellten Fragen kann man in den üblichen Bewerbungsbüchern finden. Zumeist bin ich diese Dinge jedoch nicht gefragt worden (zum Beispiel: Was würde Ihr bester Freund als Ihre größte Schwäche bezeichnen?), viele davon fand ich auch irrelevant (das kann mein Freund doch besser beantworten als ich!). Aber wenn man sich vorher ein bisschen Gedanken gemacht hat, bringen einen diese Fragen auch nicht aus dem Konzept.

Ganz wichtig ist es, sich im Vorfeld über die Firmen zu informieren. Man muss nicht deren Unternehmensberichte auswendig lernen, aber es ist schon günstig, die Größe der Firma, den Standort etc. einschätzen zu können. So bringt es wenig, sich bei einer kleinen Firma ‚auf dem Land' zu bewerben, wenn man selber ein

Großstadtmensch ist. Man wird in einer solchen Stelle nicht glücklich und die Firma auch nicht. Am wichtigsten bei den Bewerbungsgesprächen waren für mich allerdings zwei Dinge: Man sollte sich so geben, wie man ist und nicht schauspielern, das hat auch für einen selbst gar keinen Wert. Das Bewerbungsgespräch sollte auch dazu dienen, etwas mehr über die Firma zu erfahren. Daher sollte man sich vorher auch Fragen über die Firma und insbesondere die in Aussicht genommene Stelle überlegen, denn letztlich bewirbt man sich ja, um die Stelle zu bekommen und dann dort zu arbeiten. Der meiste Wert bei den von mir geführten Vorstellungsgesprächen wurde darauf gelegt, ob ich als Person in die Gruppe passen und mich dort vernünftig einfügen könnte. Beispielsweise bin ich gefragt worden, wie ich während meines Postdoktorandenaufenthaltes mit japanischen Kollegen zurecht gekommen bin.

Zuletzt sollte man nicht vergessen, den zeitlichen Rahmen für das weitere Vorgehen abzustecken. Ich musste beispielsweise zurück nach Amerika und somit war es für mich sehr wichtig, mit einer irgendwie gearteten Entscheidung zurückzukehren, denn ich wollte nicht nochmals für ein zweistündiges Gespräch von Amerika nach Deutschland fliegen. Dies ist aber von allen Firmen vernünftig behandelt worden.

Eine Initiativbewerbung führte dann auch zur Einstellung in einem Unternehmen der Pharmazeutischen Industrie. Dort wurde ich im Bereich Entwicklung in der Gruppe Klinische Pharmakokinetik eingestellt. Pharmakokinetik beschreibt die Prozesse, welche im Körper stattfinden, nachdem ein Medikament (neudeutsch: drug) verabreicht worden ist. Es ist einfach vorstellbar, dass eine Substanz, die vom Körper aufgenommen wird, von unterschiedlichen Enzymen metabolisiert werden kann, dass es die unterschiedlichsten Bindungsstellen für die Substanz gibt und auch, dass die verschiedenen Gewebe die Substanz unterschiedlich gut und schnell aufnehmen können. Diese Aspekte versucht man zu erklären, um letztlich eine Aussage darüber treffen zu können, ob die für eine Wirkung (denn neben der Verträglichkeit einer Substanz kommt es natürlich auf deren Wirkung an, wenn sie irgendwann einmal auf dem Markt verkauft werden soll) notwendige Plasmakonzentration oder Gewebekonzentration der Substanz überhaupt vorliegt.

Einarbeitung durch „learning by doing"

Für mich war das Themengebiet, welches ich bearbeiten sollte, etwas gänzlich Neues. Dies war der Firma auch bewusst, und ich dachte, ich würde genug Zeit zur Einarbeitung bekommen. Das Gegenteil war allerdings der Fall: bereits an meinem ersten Tag hatte ich die erste Telefonkonferenz und sofort ein Projekt, das ich vertreten musste. Positiv war, dass ich jederzeit mit irgendwelchen Fragen zu meinen Kollegen gehen konnte und diese sich immer die Zeit genommen haben, mir Sachen zu erklären und mich zu unterstützen. Eine Einarbeitung jedoch, im Sinne von einem Mentor, der einen mit den Dingen vertraut macht, lag nicht vor. Das Prinzip ‚learning by doing' oder ‚learning on the job' wurde in der Firma gelebt, mit seinen Vor- und Nachteilen. Vieles habe ich über Mundpropaganda erfahren, da ich nicht der einzige neue Kollege gewesen bin und jeder von irgendwoher immer etwas anderes erfahren hat. Was die Kleidung anbetrifft, so ist es unüblich, an den normalen Arbeitstagen im Anzug etc. zu erscheinen. Nur auf Meetings und Treffen mit der Geschäftsleitung oder Kunden wird eine entsprechende Kleidung erwartet.

In der ersten Zeit galt es also, sowohl das Projekt, als auch die neue Tätigkeit, als auch die Firma, bzw. die pharmazeutische Industrie an sich kennen zu lernen. Den letzten Punkt sollte man gewiss nicht unterschätzen. Dieser kann zeitlich sehr aufwendig sein. Ich habe es dann selber organisiert und halte es auch für sehr wertvoll, andere Projektmitglieder aus anderen Abteilungen zu besuchen und kennen zu lernen. Die Kommunikation läuft dann besser und man versteht auch die Abläufe und Prozesse innerhalb der Firma wesentlich einfacher. Die Bereitschaft zu einem Gespräch war bei allen Kollegen und Abteilungen sehr hoch.

Die Fort- und Weiterbildung musste ich großteilig selber in die Hand nehmen, wobei mir dort keinerlei Steine in den Weg gelegt worden sind und ich entsprechend geartete Workshops besuchen durfte. Viele sind aufgrund der großen Anzahl neuer Kollegen ‚in house' durchgeführt worden. Problematisch ist es dann meist nur, die dort gelernten Tools neben dem Alltagsgeschäft zu rekapitulieren, da hierfür einfach die benötigte Zeit fehlt.

Pharmakokinetik - Tätigkeitsfeld zwischen Chemie und Medizin

Die Aufgaben, die ich derzeit ausübe, sind nicht so wesentlich anders als die zu Beginn der Tätigkeit, aber die Projekte sind natürlich mittlerweile andere. Neben der Projektarbeit, worunter ich die Teilnahme an Meetings (meist international - Sprache Englisch) als auch die Beantwortung von Fragen von anderen Projektteammitgliedern sehe, ist logischerweise die Pharmakokinetik das Hauptfeld der Tätigkeit. Hier geht es in Zusammenarbeit mit Medizinern um die Planung und Durchführung klinischer Studien, als auch um deren pharmakokinetische Auswertung und Interpretation. Diese werden dann in einem entsprechenden Bericht (englisch) zusammengefasst, was einen Großteil der Zeit einnimmt.

Da ich selber kein Labor mehr habe, übe ich dementsprechend keine Labortätigkeiten mehr aus, sondern vorwiegend Arbeiten am Schreibtisch, wie beispielsweise Auswertung, Verwaltung, Organisation und Präsentation.

Fazit

Nach meinen Erfahrungen, die bei anderen Personen, Firmen, Studieninhalten natürlich komplett anders aussehen können, möchte ich Berufseinsteigern, die die Bewerbungsphase noch vor sich haben, empfehlen, sich im Vorstellungsgespräch nicht nur als Wissenschaftler, sondern auch sich als Person darzustellen. In der Industrie wie auch sonst wird Teamarbeit doch sehr groß geschrieben und die Zeiten, in der man sich alleine ohne jegliche Hilfe in sein Labor einschließen und sich einem Problem widmen konnte sind, denke ich, vorbei. Wenn ein Vortrag gehalten werden muss, sollte dieser verständlich und gut strukturiert sein und man sollte auf Fragen jeglicher Art gefasst sein. Die Perspektiven, aus denen andere Leute die Sachverhalte betrachten, sind doch sehr unterschiedlich. Während des Gespräches sollte man dann auch versuchen, möglichst viel über die Firma, die Stelle und die Kollegen herauszufinden, um später auch für sich selber entscheiden zu können, ob dieser Job überhaupt etwas ist, was man machen möchte.

Die ersten Tage in einem Job sind sicherlich stark von der Firma, der Position etc. abhängig und es lässt sich schwerlich etwas darüber sagen. Meiner Erfahrung nach sollte man offen sein und versuchen, möglichst auf die neuen Kollegen zuzugehen. Man wird in den seltensten Fällen zurückgewiesen, wenn man als ‚Neuling' etwas wissen möchte.

Dr. Dirk Trommeshauser heute:

Die ersten Jahre im Job waren geprägt von Fort- und Weiterbildung, vor allem auf dem wissenschaftlichen/fachlichen Sektor. Mit der Zeit wurde das Wissen natürlich immer umfassender und durch die zunehmende Erfahrung bekam man ein besseres ‚standing' in den Projektteams und konnte sich dort besser einbringen und Einfluss nehmen. Neben der wissenschaftlichen/fachlichen Entwicklung sollte aber auch die nicht-fachliche Weiterbildung nicht unterschätzt werden. Ich hatte das Glück an einem Programm teilnehmen zu können, welches von der Firma als Komplettpaket für Neueinsteiger angeboten wird Hierin sind unterschiedlichste Bausteine enthalten, z. B. Präsentation/Moderation oder auch Teamwork/Projektmanagement. Zusammenfassend sollte man nicht nur das eigene Fachgebiet bei seiner Entwicklung im Auge haben, sondern auch ‚über den Tellerrand schauen' und seine ‚soft skills' verbessern.

Die Gruppe und Abteilung, in der ich arbeite, wurden während meiner Firmenzugehörigkeit mehrfach umstrukturiert und reorganisiert, so dass ich, obwohl ich theoretisch immer noch auf derselben Position arbeite, dennoch mehrere unterschiedliche Stellen besetzt habe. Die Art und Ausführung des Jobs haben sich geändert. Zeitgleich mit einer Umstrukturierung habe ich einen neuen Chef mit neuen Zielen und anderer Vorgehensweise bekommen. In der Folgezeit traten die Optimierung von Prozessen und Arbeitsabläufen, die bisher nicht ideal gewesen waren, mehr und mehr in den Fokus. Hier war es dann interessant, neben der Projektarbeit auch zu sehen, wie Prozesse optimiert werden können und wie viele verschiedene Abteilungen und Bereiche in den unterschiedlichen Phasen der Entwicklung zusammenspielen und koordiniert werden müssen. Rückblickend kann ich nur dazu raten, immer beides, also Projektarbeit und Prozesse im Auge zu haben, da beides wichtig für die tägliche Arbeit ist. Zwischen diesen beiden sollte aber auch eine gute Balance bestehen, da man letztlich die Projekte zum Erfolg führen will, die Prozesse dazu aber Mittel zum Zweck sind.

In 5 Jahren ändert sich das Gesicht einer Arbeitsgruppe nicht nur durch Umstrukturierung und Reorganisation, sondern auch durch Weggang von alten und Einstellung neuer Kollegen. Dieser ‚turn-over' war in unserer Gruppe ziemlich extrem, sodass ich nach 5 Jahren schon zu den ‚Oldies' der Gruppe und zu den erfahreneren Mitgliedern gehöre. Man ist dadurch auch schnell von der Position des Fragenden in die des Gefragten gerutscht. Ich halte Teamwork innerhalb einer Gruppe für sehr wichtig und kann hier nur zu einer möglichst offenen Kommunikation raten, da nicht kommunizierte Sachverhalte schnell zu relativ großen Problemen und Unstimmigkeiten führen können.

Zusammenfassend kann ich zu den 5 Jahren sagen, dass sehr viel passiert ist und man durch Flexibilität, Anpassungsfähigkeit und Teamwork und Kommunikation die verschiedenen Wandel sehr gut mitmachen konnte. Im Wandel liegt auch die Chance, die Chance etwas zu ändern und die sollte man wahrnehmen.

Bericht

Dr. Christian Felcmann

Chemiker im Sondermaschinenbau

Zur Person

Jahrgang 1965

1985 - 1993 Chemiestudium an der Universität Münster

1993 - 1995 wissenschaftlicher Mitarbeiter an der Universität Münster

1995 - 1999 Promotion an der Universität Stuttgart-Hohenheim

seit 1999 tätig als Prozessingenieur bei einem Maschinenbauunternehmen.

„Der Weg ist nicht entscheidend, nur das Ziel"

Mit 34 Jahren habe ich nach zeitraubender, anstrengender aber letztendlich erfolgreicher Bewerbungsphase eine Stelle als Prozessingenieur in einem Maschinenbauunternehmen angetreten. Für einen Berufseinsteiger ein recht beachtliches Alter, wird mancher sagen, aber ich zähle mich zu den Leuten, die ihr Studium nicht in 15 Semestern und auch nicht mit den entsprechenden Traumnoten absolviert haben.

Mein Chemiestudium begann ich nach dem Abitur im Jahr 1985 an der Westfälischen Wilhelms Universität in Münster. Durch die geburtenstarken Jahrgänge war die Anzahl der Studierenden immer größer als die Anzahl der Praktikumsplätze und weil ich es zugegebenermaßen auch nicht besonders eilig hatte, war es dann auch das Jahr 1989, bis ich mein Vorexamen abgelegt habe. Danach ging es etwas ernster, wenn auch weniger durch die Studienordnung geregelt zu: die Praktika dehnten sich auf die Semester aus und neben den Pflichtvorlesungen gab es Wahlveranstaltungen, in denen man sich seine Schwerpunkte selber setzen konnte. Für meinen Teil habe ich die Analytik favorisieren können. Knapp zweieinhalb Jahre später konnte ich dann meine Diplomprüfungen ablegen. Im Anschluss folgte die Diplomarbeit am Lehrstuhl für Analytische Chemie. Ich lernte die Forschung und Entwicklung mit all ihren Misserfolgen und den selteneren Erfolgen kennen. Diese Tätigkeit prägte meinen Tagesablauf und sollte einen Vorgeschmack auf den späteren Berufsalltag geben.

Promotion mit Hindernissen

Nach der Abgabe der Diplomarbeit Anfang 1993 kam das Vakuum vor der Promotion. Die finanzielle Situation an den Instituten war allgemein angespannt, da es zu der Zeit wenig durch Drittmittel finanzierte Forschungsarbeiten gab, die eine Dissertation ermöglicht hätten. Man bot mir deshalb ein eigenfinanziertes Projekt an, das mich zu meiner Promotion führen sollte, für mich die naheliegendste Lösung. Man erhoffte sich, mit den verwertbaren Zwischenergebnissen einen finanzstarken Industriepartner zu finden, der das Projekt zum erfolgreichen Abschluss begleiten sollte. Es blieb bei diesem Wunsch: nach zwei Jahren wurde dieses Projekt aufgrund der nach wie vor angespannten Haushaltsituation des Instituts wieder eingestellt. Für mich hätte dies ein Fortführen meiner Arbeit ohne finanzielle Absicherung bedeutet, und so begann ich, mich bereits Mitte 1994 für einen Berufseinstieg als Diplomchemiker zu interessieren. Ich studierte dazu die Stellenmärkte der Presse und nutzte den Vermittlungsdienst des Arbeitsamtes. Doch ein Start in das Berufsleben als Chemiker ohne Promotion war zu der Zeit unmöglich: das Angebot an promovierten Fachkräften war damals wesentlich größer als die Zahl der zu besetzenden Stellen. Stellenangebote waren rar, eine Einladung zu einem Bewerbungsgespräch habe ich auch nach 40 Bewerbungen nicht erhalten. So wurde mir einige Male auf meine Nachfrage der mangelnde Bedarf an Diplomchemikern bestätigt, da man sich aus dem großen Angebotspool der promovierten Chemiker leicht bedienen konnte. Angesichts dieser schlechten Berufsaussichten, jedoch nicht motivationslos, habe ich mich entschlossen in einer Promotion zu „parken". Meine Bewerbungsstrategie erweiterte ich auf Doktorandenstellen, bei denen ich mehr Erfolg hatte. Nach einem Angebot in Dresden, das ich ausgeschlagen habe, habe ich schließlich ein Angebot in der Physikalischen Chemie aus Stuttgart-Hohenheim angenommen. Mit der Hoffnung, dass sich die beruflichen Aussichten trotz meines fortschreitenden Alters nur noch bessern könnten, habe ich hier meine Dissertation über ein Thema aus der Spektroelektrochemie in der Zeit von Juni 1995 bis Januar 1999 angefertigt. Diese Zeit war geprägt durch das familiäre und sehr angenehme Arbeitsklima mit einem sehr netten Betreuer und den Kolleginnen und Kollegen. Nach dem Auslaufen meiner Stelle und dem Ablegen meiner Promotionsprüfung habe ich im November 1999 nahezu nahtlos den Berufseinstieg in ein nahegelegenes Unternehmen aus dem Bereich Sondermaschinenbau gefunden.

Wenn ich auf meine Studienzeit zurückblicke, so waren die Inhalte mancher Vorlesungen meist nützlich, mancher eher weniger nützlich. Etliches, ich hoffe meine akademischen Lehrer werden mir dieses verzeihen, habe ich auch schon wieder vergessen. Ich bin leidenschaftlicher Praktiker, deshalb haben mich die Arbeiten im Labor während der Praktika – und auch später noch – immer begeistert. Nicht nur allein durch ihre Inhalte, sondern auch durch die teilweise hervorragende didaktische Aufarbeitung durch die vielen engagierten Hochschullehrer und ihre Assistenten.

Was mir persönlich während der gesamten Studienzeit gefehlt hat ist der mangelnde Einblick in das spätere Berufsleben und die Darstellung von beruflichen Perspektiven außerhalb der chemischen Industrie oder das Angebot, sich betriebswirtschaftlich weiterbilden zu können. In der chemischen Industrie ist das Berufsbild weitestgehend definiert. Die Stellenangebote aus dem Bereich der Chemie oder der Hochschule sind klar definiert und ich konnte mich sehr gut mit diesen identifizieren. Nur bei Angeboten aus anderen Branchen gelang mir das nicht immer. Erst in meiner Bewerbungsphase habe ich über den Tellerrand der Chemie rausgeschaut und andere interessante Angebote an mich herangelassen. Mittlerweile weiß ich, dass ich mit dem erlernten Wissen und meinen Fähigkeiten eine solche Position auch ausfüllen kann.

Bewerbungsphase in schwierigem Umfeld

Als im Herbst 1998 meine Dissertation nahezu fertig war und sich das Ende meiner Promotion abzeichnete, habe ich begonnen, mich auf dem Arbeitsmarkt umzusehen und die ersten Bewerbungen für den endgültigen Einstieg in das Berufsleben zu verfassen. Früh genug, wie sich herausstellte. Ich habe zunächst auf alle Angebote für Chemiker geantwortet ohne eigentlich ein konkretes Ziel vor Augen zu haben. Ich wollte nur eines nicht: die Vertriebsschiene einschlagen und als herumreisender Verkäufer für Geräte und Zubehör oder als Pharmareferent meine berufliche Karriere beginnen. Mein Hauptziel zu dieser Zeit war der Abschluss meiner Dissertation, der sich noch geringfügig verzögern sollte. Gerne wäre ich mit der beruflichen Sicherheit im Hintergrund ganz ruhig und gelassen in die Prüfung gegangen. Leider hat sich dieser Traum nicht erfüllt und ich war nach meiner Prüfung im Juli 1999 noch immer ohne Stellung.

Meine Hauptinformationsquelle für Stellenangebote waren die Stelleninformationsseiten des Arbeitsamtes im Internet, auf denen sich gezielt nach Stellen suchen lässt, die Stellenbörse der GDCh und die Angebote in den blauen Blättern. Zu dieser Zeit, die Arbeitsmarktsituation für Absolventen war noch relativ angespannt, gab es nicht sehr viele passende Angebote für Chemiker und mir wehte bei den ersten Absagen ein kalter Hauch der Realität entgegen. Doch ich ließ mich dadurch nicht entmutigen und startete neue Versuche. In den ersten Monaten von 1999 gab es einige wenige Angebote mehr für Diplomchemiker. Ich wurde auch zum ersten Vorstellungsgespräch eingeladen und meine Freude war groß. Hier teilte man mir mit, dass ich unter einigen hundert Bewerbern ausgewählt worden war. Ich fragte auch gleich nach dem Hintergrund dieser Wahl: ausschlaggebend waren meine Vorkenntnisse in Analytischer Chemie, der Elektrochemie und der schnelle Eingang meiner Bewerbung. Insgesamt hatte diese Firma über 700(!) Bewerbungen auf die ausgeschriebene Position erhalten und man hatte sich nur den ersten Schub zur Ansicht ausgewählt, die restlichen wurden mit Absagen zurückgesandt. Das gab mir die erschreckende Erkenntnis, gegen welche Konkurrenz ich zu bestehen hatte.

Ich erweiterte schnell meine Bewerbungsstrategie auf Unternehmen, die sich nicht der chemischen Industrie zuordnen lassen, da mein Umfeld in Baden-Württemberg doch sehr auf die Automobilindustrie ausgerichtet ist. Ich erhoffte mir, auch wegen geringer Absolventenkonkurrenz – wenn man mal die Ruhrgebietsuniversitäten als Vergleich heranzieht – eine Nischenposition in einem Unternehmen ergattern zu können. Dazu begann ich, die Stellenangebote der lokalen Presse, im Internet und der entsprechenden Fachpresse zu studieren.

Im Februar 1999 besuchte ich eine Firmenkontaktmesse für Ingenieure an der Universität Stuttgart. Durch das wirtschaftliche und industrielle Umfeld von Stuttgart war diese Messe geprägt von Ausstellern aus den Bereichen Automobil- und Maschinenbau, Elektrotechnik und der Software/IT-Branche. Ich habe mich an vielen Ständen als Chemiker vorgestellt und mich nach entsprechenden Einsatzmöglichkeiten erkundigt. Vielfach haben sich interessante und insgesamt positiv verlaufene Gespräche ergeben und ich konnte zumindest meine Visitenkarte hinterlassen. Besonders aufbauend waren die Gespräche, die ich mit Personalverantwortlichen führte. Hier konnte ich eine meiner mitgeführten Bewerbungsmappen hinterlassen oder meine Bewerbung nachträglich zusenden (empfehlenswert ist auf jeden Fall das Gespräch mit einem Mitarbeiter aus der Personalabteilung, alle anderen können meist keine konkrete Auskunft zum Berufseinstieg geben!). Ein Vorteil einer solchen Messe ist noch der, dass man sich dort umfangreich mit wertvollem Informationsmaterial rund um den Berufseinstieg, also vom Bewerben bis hin zum Vorstellungsgespräch, und über verschiedene Firmen eindecken kann.

Aus dieser Messe heraus ergab sich dann ein Bewerbungsgespräch bei einem Softwarehaus, das meinen Erfahrungshorizont für weitere Gespräche erweitert hat. Das daraus resultierende Stellenangebot habe ich allerdings aufgrund der Entfernung zur Chemie abgelehnt.

Auf Angebote von Universitäten oder Instituten zur Bearbeitung von Forschungs- und Entwicklungsprojekten habe ich mich ebenfalls beworben. Der Nachteil an solchen Stellen ist die Befristung auf eine bestimmte Zeit, meist ein bis drei Jahre. Die Entwicklungsmöglichkeiten bei der Auftragsforschung sind stark eingeschränkt und eine Weiterbeschäftigung über diese Zeit hinaus ist meist ausgeschlossen. Eine geringe Möglichkeit, von dort aus den Berufseinstieg zu finden, ist bei der Beteiligung von Kooperationspartnern aus der Industrie gegeben, sofern nach Projektende eine Stelle im Unternehmen angeboten wird. Insgesamt war dies für mich eine eher weniger empfehlenswerte Art, um den Berufseinstieg zu finden, es sei denn man nutzt eine solche Stelle als Parkposition zum Weiterbewerben. Für mich wäre diese Option aufgrund meines Alters eine absolute Notlösung gewesen. Grundsätzlich fasste ich den Entschluss gegen eine Tätigkeit an einer Hochschule oder einem Institut.

Verschiedene Erfahrungen in Vorstellungsgesprächen

Bei Interesse haben sich die angeschriebenen Firmen immer telefonisch bei mir gemeldet und man hat sofort den Termin für das Gespräch mit mir vereinbart. Ich habe immer noch nachgefragt, ob eventuell weitere Unterlagen benötigt werden. Mitgenommen habe ich dann neben meinen Original-Zeugnissen Material, mit dem ich mich und meine bisherige Arbeit darstellen konnte. Vorher habe ich mich, wenn es möglich war, über die Firma informiert, z. B. aus dem Internet, und mir einige individuelle Fragen zurechtgelegt. Manchmal hatte ich Gelegenheit für meine Selbstdarstellung, das Bewerbungsgespräch lief dann lockerer ab. Ich habe die unterschiedlichsten Gespräche erlebt: eines, das gerade mal 45 Minuten gedauert hat bis hin zu einem über fast vier Stunden. In allen Fällen konnte ich mich und meine Kenntnisse ausführlich darstellen und mir eingehend die angebotene Position beschreiben lassen. Man hat mir meistens auch bereitwillig den neuen Arbeitsplatz gezeigt und mir die potentiellen Kollegen vorgestellt. Etwas ungewohnt war ein Bewerbungsgespräch, bei dem ich parallel zu anderen Bewerbern durch mehrere Abteilungen gereicht wurde. Hier musste ich insgesamt viermal eine Selbstdarstellung geben, darunter einmal in Englisch und einmal unter Beweisstellung meiner Kenntnisse und Fähigkeiten. Hier fehlte mir die entsprechende gewachsene Atmosphäre, wie ich sie in den Gesprächen davor kennen gelernt hatte. Die Anstrengung war dem Personalleiter, der das letzte Gespräch führte, auch anzusehen, da er der Präsentation meines Dissertationsthemas zum Schluss kaum folgen konnte. Aus der Gesamtzahl der Bewerbungsgespräche heraus hatte ich den Eindruck, dass meine Fachkompetenz weitestgehend akzeptiert wurde, man aber die Selbstdarstellung, soziale Kompetenz und Einpassung in die bestehenden Strukturen ermitteln wollte.

Obwohl ich meine Bewerbungen auf das ganze Bundesgebiet ausgedehnt habe, ist mir aufgefallen, dass die Einladungen zu den Vorstellungsgesprächen – bis auf zwei Ausnahmen – von Firmen aus einem Umkreis von 200 km kamen. Keinen Erfolg hatte ich bei Initiativbewerbungen, die ich natürlich nicht ohne vorherige telefonische Nachfrage an die Personalabteilungen geschickt hatte. Ebenso waren Direktbewerbungen via Internet wenig erfolgreich, vermutlich weil dies ein noch nicht etabliertes Medium für Bewerbungen war. Vielfach habe ich bei großen Unternehmen einige Tage nach Absenden der Bewerbungsmappe eine Eingangsbestätigung in einem kleinen Umschlag erhalten. Dies sollte allerdings keinen Grund zu übermäßiger Freude geben. Einmal hatte ich die Unterlagen nach wenigen Tagen mit einer Absage wieder zurück, was mich in Bezug auf meine Strategie weiterhin nicht beunruhigt hatte.

Wenn ich nach 14 Tagen keine Rückmeldung in Form einer Einladung erhielt, dann habe ich mich mit kleiner Hoffnung noch zu einem gewissen Kreis der Auserwählten gezählt, aber leider nicht an erster Stelle. Meist habe ich meine Bewerbungsmappe dann innerhalb weiterer 14 Tage mit einer Absage zurückerhalten. Wenn ich nach vier Wochen keinerlei Rückmeldung erhalten hatte, rief ich an, um mich nach dem Fortschritt des Auswahlverfahrens zu erkundigen. Meist hatte man sich dann (noch) nicht entscheiden können oder man hatte aufgrund der Vielzahl der Bewerbungen einfach keine Kapazität für die Rücksendung bereitstellen können. Das war insbesondere bei Behörden, öffentlichen Einrichtungen und bei kleinen Firmen mit wenig Angestellten und ohne eine richtige Abteilungsstruktur der Fall. Einmal habe ich sogar meine Unterlagen gelocht in einem abgegriffenen hässlich gelben Schnellhefter mit dem Anschreiben eines Mitbewerbers zurückerhalten. Man sollte auch damit rechnen, dass man trotz mehrmaliger Nachfrage die Unterlagen nicht mehr wiedererhält.

Nicht entmutigen lassen sollte man sich von den Absagen. Der Großteil, den ich erhalten habe war neutral gehalten und beinhaltete als Grund die mangelnde Eignung für die Position bzw. den Vorzug eines anderen Mitbewerbers. Einige andere waren besonders positiv durch ermutigende und nette Formulierungen und gaben mir damit Anlass für neue Bewerbungen. Aber es gab auch einige wenige negative Beispiele mit beinahe anzüglichen und anmaßenden Bemerkungen zur Qualifikation. Für mich war das ein Zeichen, dass sich hier kein kompetenter Mitarbeiter mit der Materie beschäftigt hatte; so etwas muss man gelegentlich auch erwarten und darf das nicht allzu persönlich nehmen. Es gab auch einen Zeitraum während meiner Bewerbungsphase, der mir fast meine Hoffnung auf Erfolg nahm: als ich viele Absagen auf einmal bekam, keine weiteren offenen Bewerbungen mehr laufen hatte und es keine interessanten Stellenagebote gab. Vier lange Wochen hat es gedauert. Diese Zeit nagt am Ego und man zweifelt an sich selbst.

Während meiner gesamten Bewerbungsphase, die sich zwölf Monate hingezogen hat, habe ich ca. 100 Bewerbungen geschrieben. Ich wurde zu 13 Firmen zu Vorstellungsgesprächen eingeladen, darunter zu einigen auch mehrfach. Meist waren es eher die kleineren Unternehmen, die meine Bewerbung interessierte und bei denen ich durch die individuellen Fachkenntnisse aus der Bewerbermasse herausstach. Fünf Einstellungsangebote habe ich aus verschiedenen Gründen ausgeschlagen: mal hat sich das Stellenangebot so weit verändert, dass es mich nicht mehr interessiert hat, es waren keine Entwicklungsmöglichkeiten erkennbar oder die Firma selber sagte mir einfach nicht mehr zu. Nach den letzten Gesprächen kamen, fast gleichzeitig, das sechste und siebente Angebot mit den entsprechenden Arbeitsverträgen. Ich wählte das eines Sondermaschinenbau-Unternehmens, das mir interessanter erschien - eine Entscheidung, die ich bis heute nicht bereut habe.

Berufseinstieg im Sondermaschinenbau

Das Unternehmen ist auf eine zukunftsträchtige Technologie ausgerichtet und baut Maschinen für die Herstellung von optischen Datenträgern. Hier bin ich seit November 1999 in der F&E-Abteilung angestellt, die aus mehreren Ingenieuren der verschiedensten Fachrichtungen besteht. Die ersten Monate waren eine Art Training on the Job, bei dem ich nicht nur den Umgang mit den Maschinen und eine gewisse Portion Maschinenbau, sondern auch die innerbetrieblichen Abläufe durch meine Kollegen kennen gelernt habe. Eine ausgeprägte und entsprechend ausgelegte Hierarchie existiert im Unternehmen ebenso wenig wie eine Kleiderordnung. Neben der Zuständigkeit für die Prozesschemie in den Anlagen gehört noch die Projektarbeit im Team zu meinen ständigen Aufgaben. Manchmal sehe ich hier Parallelen zur Tätigkeit an der Universität. Ich musste mich jedoch von der Gewohnheit trennen, alles so wie während der Promotion selber machen zu wollen. Ich kann stattdessen andere Kollegen aus anderen Abteilungen anweisen und so meine Arbeit verteilen und effektiv bewältigen lassen. Meine Arbeitstage sind sehr abwechslungsreich. Sie bestehen teilweise aus Besprechungen, abteilungsübergreifender Teamarbeit bei der Weiterentwicklung der Maschinen und der Arbeit am Computer. Gelegentlich führe ich mehrwöchige Besuche bei Kunden im Ausland durch, um diese vor Ort an den Maschinen zu schulen und die Anlagen mit dem Kunden in einen produktionsbereiten Zustand zu bringen. Meine Tätigkeit ist praxisnah und ich bin nicht über die daraus hervorgehende Distanz zum ehemaligen Laboralltag unglücklich. Ich teile mir meine Arbeit selber ein; der Weg ist nicht entscheidend, nur das Ziel.

Fazit

Wenn ich gefragt werde, ob ich mit dem jetzigen Zustand zufrieden bin, dann antworte ich mit ja, und sage dazu, dass ich keinen Tag meines Entwicklungsweges und keine meiner Entscheidungen bereue. Denn ich gehöre nicht zu den Menschen, die sich an die Vergangenheit klammern, ich schaue lieber nach vorne und erwarte die Herausforderungen, die mir die Zukunft noch bringt. Eine Einstellung, die mir bisher noch immer geholfen hat.

4 Der Schweinezyklus

Das Auf und Ab bei den Zahlen der Studienanfänger in Chemie ist unter dem Namen „Schweinezyklus" ein auch bei anderen Studiengängen wohlbekanntes Phänomen: Werden für Schweine gute Preise erzielt, steigt die Zahl der Schweinezüchter, die immer mehr Schweine produzieren. Die Folge: Das Überangebot lässt die Preise für Schweine sinken. Wenn mit der Schweinezucht kein Geld mehr zu verdienen ist, verringert sich die Zahl der Züchter und damit auch die Zahl der angebotenen Schweine. Es entsteht ein Schweinemangel, der den Preis erneut ansteigen lässt. Daraufhin wächst wieder die Zahl der Schweinezüchter und der Zyklus geht von vorne los.

Ganz ähnlich verhält es sich bei den Chemiestudiengängen. Mitte bis Ende der 80er Jahre war der Arbeitsmarkt für Absolventen sehr günstig. Als Folge stiegen die Anfängerzahlen von 1987 bis 1990 an. Ab etwa 1991 verschlechterten sich die Beschäftigungsmöglichkeiten für Chemiker. Es folgte ein Einbruch der Anfängerzahlen um mehr als die Hälfte des Wertes von 1990, der 1995 seinen Tiefpunkt erreichte. Ende der 90er Jahre kamen Absolventen wieder gut in der Chemischen Industrie und auch anderen Wirtschaftszweigen unter. Fast logisch, dass auch die Anfängerzahlen wieder ansteigen (s. Daten auf den folgenden Seiten).

Können wir aus dem Schweinezyklus etwas lernen? Manche raten dazu, antizyklisch zu studieren, also ein Studium gerade dann aufzunehmen, wenn der Arbeitsmarkt für das entsprechende Fach schlecht und die Anzahl der Studienanfänger gering ist. Wenn alles klappt, ist das Studium gerade dann beendet, wenn die Zahl der Absolventen knapp und der Arbeitsmarkt damit wieder aufnahmefähig ist. Wie gut oder schlecht die Situation für eine bestimmte Berufsgruppe ist, hängt jedoch nicht nur von der Zahl der Absolventen, sondern auch vom Bedarf potenzieller Arbeitgeber ab. Bis zum Ende eines Studiums vergehen mehrere Jahre. Wer eine Promotion anhängt, ist durchschnittlich noch einmal drei Jahre länger unterwegs, bis er auf den Arbeitsmarkt kommt. Kaum jemand wagt im Zeitalter des globalen Wettbewerbs, in der sich die Firmenlandschaft mit Fusionen, Ausgliederungen und Neugründungen so schnell ändert wie nie zuvor, eine Prognose über den Arbeitskräftebedarf in einigen Jahren.

Sicher ist es richtig, sich vor Aufnahme eines Studiums über die Berufschancen und -möglichkeiten umfassend zu informieren. Wichtiger jedoch als Prognosen über den Arbeitskräftebedarf in einigen Jahren ist das Interesse und der Spaß am gewählten Studienfach. Keinesfalls sollte man nur aufgrund einer günstigen Arbeitsmarktlage seine Wahl treffen. Wer sein Studium mit Freude und wissenschaftlicher Neugier angeht, wird es nicht nur erfolgreich abschließen, sondern diese Zeit auch niemals als nutzlos ansehen, egal wie sich der Berufseinstieg später gestaltet.

Wie schon erwähnt, sind einige der Beiträge in diesem Buch von der Jobsuche in schwierigen Zeiten geprägt, als eine hohe Anzahl an Absolventen, eine wirtschaftliche Rezession in Deutschland und der Zusammenbruch großer Teile der Wirtschaft in den neuen Bundesländern zusammenfielen - für die Absolventen, die es damals „erwischte", eine schwierige und frustrierende Situation. All diejenigen, deren Berufseinstieg noch bevorsteht, soll dies jedoch nicht pessimistisch stimmen. Auch wenn sich, wie oben dargestellt, die Nachfrage nach Chemikern in den kommenden Jahren kaum vorhersagen lässt, so ist aufgrund der jährlich von der GDCh erhobenen Daten vorhersehbar, dass aufgrund des Rückgangs der Anfänger in den vergangenen Jahren das Angebot an Chemikern, also die Zahl der Absolventen in den nächsten Jahren drastisch sinken wird - der Schweinezyklus eben. Studenten und Doktoranden, egal in welcher Phase des Studiums oder der Promotion sie sich gerade befinden, haben also Grund, zuversichtlich in die Zukunft zu blicken. Und wie immer der Arbeitsmarkt sich darstellt, die breite Ausbildung, die das Studium vermittelt, verschaffen Chemikern diverse Möglichkeiten der Berufsausübung, von denen nur einige Beispiele auf den vorangegangenen Seiten vorgestellt wurden.

5 Anhang

Statistische Daten

Ausführliche statistische Daten zu allen Chemiestudiengängen an Universitäten und Fachhochschulen incl. Studiendauern sind auf den Internet-Seiten der GDCh (http://www.gdch.de/ks/publikationen.htm) veröffentlicht.

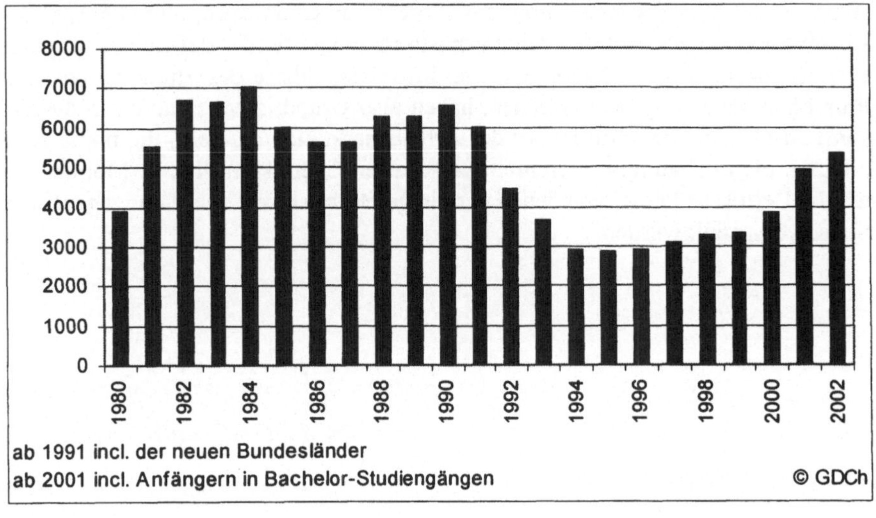

Abbildung 1: Anzahl der Studienanfänger im Studiengang Diplom-Chemie (Quelle für alle Abbildungen: GDCh)

Wie in der Abbildung zu erkennen ist, stiegen die Studienanfängerzahlen in den 80er Jahren stark an. Anfang der 90er Jahre setzte ein dramatischer Rückgang der Anfängerzahlen ein. Sie fielen von 6559 im Jahre 1990 auf 2871 in 1995. In den vergangenen Jahren stieg die Zahl der Studienanfänger wieder an. Die Daten für 2003 werden ab Juli 2004 verfügbar sein; die Prognosen gehen von einer weiteren Zunahme der Anfängerzahlen aus. In den kommenden Jahren werden die Studienanfänger von 1994 -1999 ihre Promotion abschließen und auf den Arbeitsmarkt kommen. Dies werden erheblich weniger Chemieabsolventen sein als in den Jahren zwischen 1990 und 2000 (s. auch Abbildung 3).

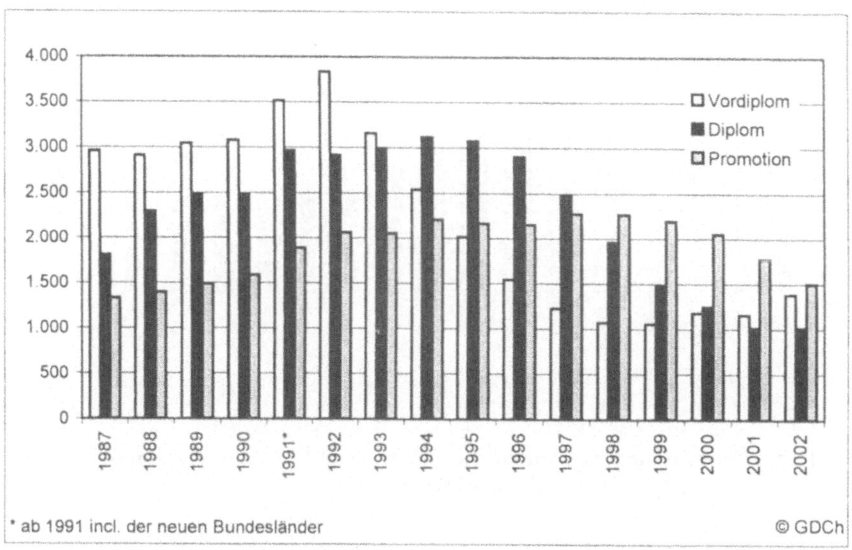

Abbildung 2: Anzahl der Examina im Studiengang Diplom-Chemie

Der Rückgang der Anfängerzahlen ab 1991 dokumentiert sich auch in der Zahl der abgelegten Examina. Die Zahl der Vordiplomprüfungen hat seit 1992 kontinuierlich abgenommen und sank von damals 3838 auf nur noch 1054 im Jahre 1999. Sie steigt entsprechend der gestiegenen Anfängerzahlen seit 2000 wieder leicht an. Erwartungsgemäß ist auch die Anzahl der abgelegten Diplome seit 1994 mit damals über 3000 Prüfungen auf 1019 im Jahr 2002 gesunken. Seit 1999 geht auch die Anzahl der Promotionen, die jahrelang bei über 2000 jährlich lag, zurück und lag im Jahr 2002 bei 1505 Personen.

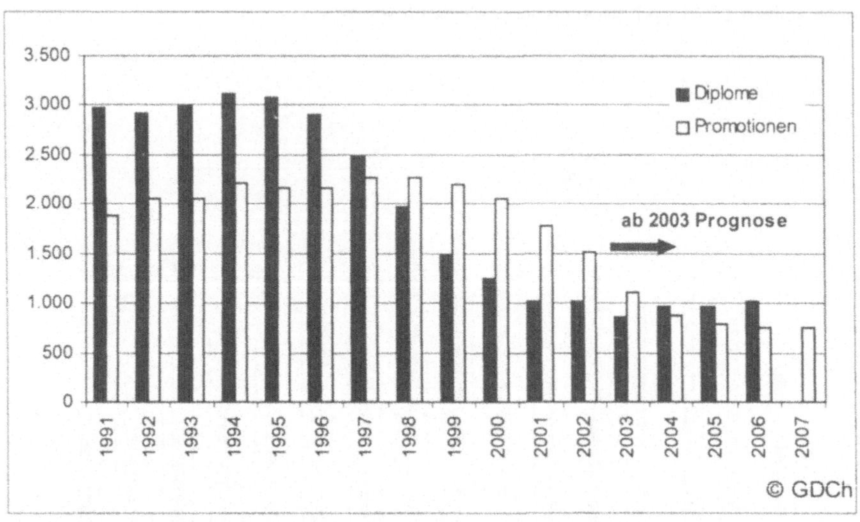

Abbildung 3: Entwicklung der Anzahl der Diplom- und Promotionsprüfungen bis 2002 und Vorausschau bis 2007 im Studiengang Diplom-Chemie

Aufgrund der langjährigen Dokumentation der statistischen Daten lassen sich für die folgenden Jahre Prognosen über die Anzahl zu erwartenden Diplom- und Promotionsabschlüsse stellen. In den kommenden Jahren wird die Anzahl der Promotionen, wie vorher bereits die der Vordiplome und Diplome stark absinken und auf unter 1000 pro Jahr fallen. Die Zahl der Diplome wird sich auf niedrigem Niveau stabilisieren. (Die Daten für 2003 werden ab Juli 2004 vorliegen.)

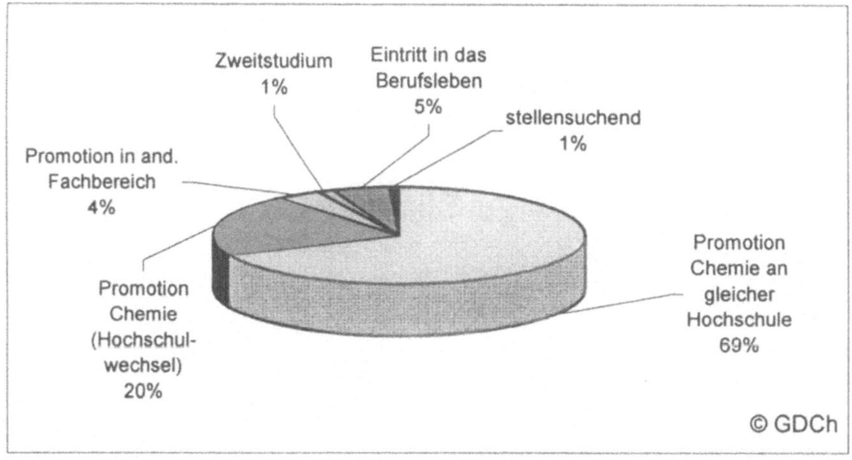

Abbildung 4: Der erste Berufsschritt von Diplomchemikern
Datenbasis: 882 (87% der im Jahr 2002 diplomierten Chemiker)

Wie die Graphik zeigt, beginnen noch immer über 90% aller diplomierten Chemiker im Anschluss an das Studium eine Promotion. 20% wechseln zur Promotion an eine andere Hochschule. Rund 5% treten ohne Promotion in das Berufsleben ein. Mit der Einführung neuer Studiengänge, die Diplom- oder Master-Abschluss als berufsqualifizierenden Abschluss stärken werden, könnte in den nächsten Jahren die Zahl der Absolventen zunehmen, welche die Hochschule ohne Promotion verlassen.

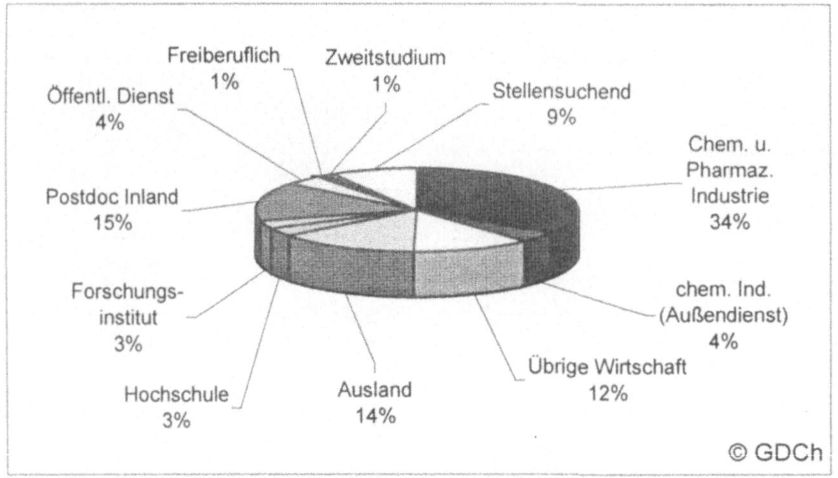

Abbildung 5: Der erste Berufsschritt von promovierten Chemikern
Datenbasis: 1220 (81% der im Jahr 2002 promovierten Chemiker)

Im vergangenen Jahr fanden rund 38% der promovierten Absolventen eine Erst-
anstellung in der Chemischen oder Pharmazeutischen Industrie. 12% begannen
ihre berufliche Laufbahn in anderen Bereichen der Wirtschaft. Ca. 15% haben
eine befristete Postdoc-Stelle im Inland angenommen und 14% gingen nach ihrer
Promotion zunächst ins Ausland. 9% der Befragten waren zum Stichtag noch
ohne Stelle.

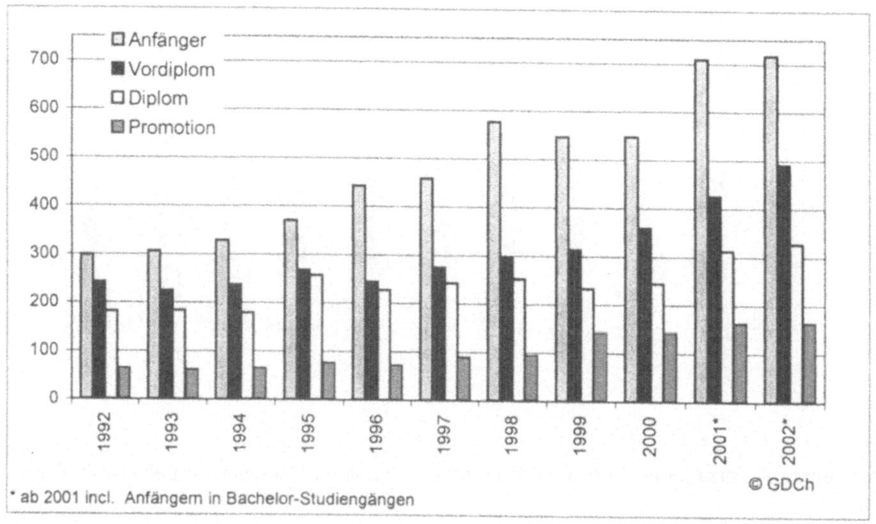

Abbildung 6: Anzahl der Studienanfänger und Absolventen im Studiengang Diplom-Biochemie

Im Gegensatz zum Chemie-Studiengang stiegen die Anfängerzahlen im Biochemie-Studiengang in den vergangenen Jahren kontinuierlich an. Die Gesamtzahl der Biochemiestudenten und -absolventen ist jedoch geringer als bei den Diplom-Chemikern, so dass die Veränderungen keine so großen Auswirkungen auf zukünftige Absolventenzahlen haben, wie im Fall der Diplom-Chemiker.

Entsprechend der gestiegenen Anfängerzahlen nahm auch die Zahl der Examina in Biochemie in den vergangenen Jahren zu. Die Anzahl der abgelegten Vordiplomprüfungen stieg von 225 in 1993 auf 490 im Jahre 2002, die der Diplome im gleichen Zeitraum von 184 auf 328. Die Zahl der Promotionen ist in den letzten Jahren kontinuierlich angestiegen und dürfte insgesamt höher liegen, als hier dargestellt (164 in 2002), da viele Biochemiker nach dem Diplom die Hochschule wechseln. Wird die Promotion dann an einer Hochschule ohne eigenen Studiengang Biochemie angefertigt, so werden diese Promotionen vom Studiengang Diplom-Chemie erfasst.

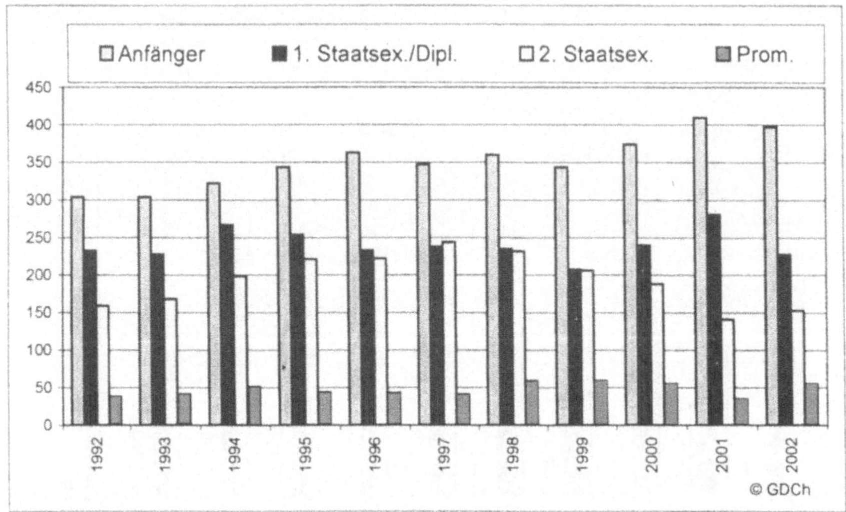

Abbildung 7: Anzahl der Studienanfänger und Examina im Studiengang Lebensmittelchemie

Wie die Abbildung zeigt, sind die Zahlen im Studiengang Lebensmittelchemie keinen großen Schwankungen unterworfen. Die Zahlen der abgelegten Staatsexamina bleiben relativ konstant. Wie beim Studiengang Biochemie steigt die Zahl der Promotionen seit einigen Jahren leicht an. Sie ist aber mit unter 60 Promotionen aufgrund der im Vergleich zu den anderen chemischen Studiengängen kleinen Studentenzahlen gering.

Literaturverzeichnis

[1] Nachr. Chem. 48 (2000) 1174
Unternehmen – Erfinder – Wissenschaftler

[2] Nachr. Chem. 48 (2000) 1176
Firmengründung: starke Nerven und ein gutes Team

[3] Studienführer Chemie
Hrsg.: Gesellschaft Deutscher Chemiker (GDCh)
Wiley-VCH Verlag GmbH, Weinheim, 2000

[4] Handbuch der Großunternehmen 2003
Hoppenstedt Firmeninformationen

[5] Mittelständische Unternehmen 2003
Hoppenstedt Firmeninformationen

[6] Firmenhandbuch Chemische Industrie 1998/99
Bundesrepublik Deutschland
Hrsg: Verband der Chemischen Industrie
Econ-Verlag, München

[7] Nachr. Chem. 49 (2001) 985
Klick und Job - Online bewerben in der Chemischen Industrie

[8] J. Hesse, H.-C. Schrader
Jobsuchstrategien
Eichhorn Verlag AG, Frankfurt a.M. 2001

[9] J. Hesse, H.-C. Schrader
Neue Bewerbungsstrategien für Hochschulabsolventen
Eichborn Verlag AG, Frankfurt a.M. 2001

[10] 0. F. Konstroffer, K. Steiner
Der Weg nach oben. Das große Bewerberhandbuch
Nest-Verlag, Frankfurt a.M. 2000

[11] A. Fuchs, A. Westerwelle
Bewerbung für Hochschulabgänger
Falken Verlag, Niederhausen 2000

[12] Christian Püttjer, Uwe Schnierda
So überzeugen Sie im Bewerbungsgespräch
Campus Sachbuch, 2001

[13] www-Adressen zu Bewerbung und Vorstellungsgesprächen z. B.:
http://www.bewerbungen.de
http://www.jobware.de/ra/rb/index.html
http://www.berufszentrum.de
http://focus.msn.de/D/DB/DBD/dbd.htm

[14] J. Hesse, H.-C. Schrader
Assessment-Center für Hochschulabsolventen
Eichborn Verlag AG, Frankfurt a.M. 1998

[15] Cl. Coelius
Fit fürs Assessment-Center
CC-Verlag, Hamburg 2002

[16] T. Schmidt, M. Faber, T. Middelmann
Angstfrei ins Assessment Center.
Wirtschaftsverlag Ueberreuter 2000

[17] J. Hesse, H.-C. Schrader
Testtraining 2000plus. Einstellungs- und Eignungstests erfolgreich bestehen Eichborn Verlag AG, Frankfurt a.M. 2001

[18] http://www.arbeitsrecht.de

[19] www-Adressen zu Arbeitsverträgen z. B.:
http://www.jobware.de/ra/rf/index.html
http://inhalt.monster.de/jobsuche/recht/

Weitere Literatur:

R. N. Bolls
Durchstarten zum Traumjob
Campus Verlag, Frankfurt a.M. 2002

Jahresbericht 2002 Akademikerarbeitsmarkt
(Jahresbericht der Bundesanstalt für Arbeit)
http://www.arbeitsamt.de/zav/services/ams/service/publikationen/
Jahresbericht02.pdf

Register

Unternehmensprofile

Bayer Business Services GmbH

Human Resources Services
Pre-Recruiting Services
Oliver Berntgen
Hauptstraße 105
51368 Leverkusen
Tel.: 0214 30 6 1255
Fax: 0214 30 50 888
Oliver.berntgen@bayerbbs.com
www.mybayerjob.de

Das Unternehmen

Bayer ist ein weltweit tätiges Unternehmen mit Kernkompetenzen auf den Gebieten Gesundheit, Ernährung und hochwertige Materialien.

Umsatz 2003 weltweit:
28,6 Milliarden

Anzahl Mitarbeiter weltweit:
114.300 Konzern (Stand: 31.03.2004)

Das Angebot

Für Studenten: Praktika, Diplomarbeiten. Ansprechpartnerin: Frau Avanzini, Telefon: 0214 30 23321; für Auslandspraktika: Frau Redmer, Telefon: 0214 30 56440.

Personalplanung: Chemie- und Verfahrens-Ingenieurwesen (TH/TU), Naturwis-senschaftler, Informatiker, Betriebswirte (Controlling/Finanzen)

Startprogramme:
a) Direkteinstieg
b) Trainee-Programme

Weiterbildung: internes Fortbildungsprogramm

Einstiegsgehälter: nach Vereinbarung

Auslandseinsatz: aufgabenabhängig, Bereitschaft für Auslandsaufenthalt wird vorausgesetzt.

Der Einstieg

Bewerbung: Onlinebewerbungen bevorzugst (vollständige Unterlagen)

Auswahl: Strukturierte Interviews, AC

Fachliche Qualifikation: Überdurchschnittliche Leistungen bei zielorientiertem und zügigem Studium, breites Grundlagenwissen, vernetztes Denken, interdisziplinäres Wissen, Promotion bei Naturwissenschaftlern.

Persönliche Qualifikation: Team- und Kooperationsfähigkeit, unternehmerisches Denken und Handeln, Mobilität, Kundenorientierung.

Cognis Deutschland GmbH & Co. KG

> ✉ **Cognis Deutschland
> GmbH & Co. KG
> Henkelstraße 67
> 40599 Düsseldorf**
> ☎ **0211/7940-0**
> ▢ **www.cognis.com**
> ⊠ **Human Resources**
>
> **Für Jobs**
> ☎ **Gabriele Schmuhl
> 7940-1401**
> 🖰 **bewerbungen@cognis.de**
>
> **Für Praktika, Diplomarbeiten etc.**
> ☎ **Melanie Ragot
> 7940-1540**
> 🖰 **myfuture@cognis.com**

Das Unternehmen

Cognis ist ein weltweiter Anbieter von innovativen Produkten der Spezialchemie und von Inhaltsstoffen für Nahrungsmittel mit 8.500 Mitarbeitern und Produktionsstätten und Servicecentern in rund 30 Ländern. Das Unternehmen verfolgt konsequent das Prinzip der Nachhaltigkeit und liefert Rohstoffe und Wirkstoffe auf natürlicher Basis für den Ernährungs- und Gesundheitsmarkt sowie für die Kosmetik-, die Wasch- und Reinigungsmittelindustrie. Darüber hinaus bietet Cognis Lösungen für eine Reihe weiterer industrieller Märkte wie Farben und Lacke, Schmierstoffe, Textil, Kunststoffe, Agrar und Bergbau.

Heute im Besitz internationaler Investoren, ist Cognis ein erfahrenes, eigenständiges Unternehmen mit einem Jahresumsatz von rund 2,95 Mrd. € und Kunden in über 100 Ländern.

Das Angebot

→ **Für Studenten:** Praktika, Diplomarbeiten, Dissertationen, Werkstudenten

→ **Personalplanung:** bedarfsorientiert – daher am besten auf Anzeigen auf unserer Homepage achten

→ **Fachrichtungen:** Chemie, Chemie- und Verfahrensingenieurwesen, andere Naturwissenschaften, Wirtschaftswissenschaften, Wirtschaftsinformatik, Wirtschaftsingenieurwesen

→ **Startprogramm:** Training-on-the-job, d.h. ohne Umwege direkt ins Tagesgeschäft mit eigenen Verantwortungsbereichen

→ **Interne Weiterbildung:** systematische und kontinuierliche Weiterbildung durch individuelle Entwicklungspläne

→ **Auslandseinsatz:** i.d.R. nach erfolgreichem Einstieg im Mutterland

Der Einstieg

Bewerbung	vollständige Bewerbungsunterlagen
Auswahl	Interwiews mit Personalmanagement und Fachabteilung
Pluspunkte	Auslandsaufenthalte, Fremdsprachen
fachliche Qualifikation	guter Hochschulabschluss, Praktika, Auslandserfahrungen, sehr gute Englisch-Kenntnisse
persönliche Qualifikation	leistungsorientiert, teamfähig, mobil, belastbar

Wie senkt ein leckerer Brotaufstrich gleichzeitig den Cholesterinspiegel?

Wie bringt man Sonnencreme auf die Haut, ohne sie anzufassen?

Wie bohrt man mit Palmkernöl nach Erdöl?

We know how. Die intelligente Spezialchemie von Cognis steckt in Markenprodukten für die Trendmärkte Wellness, Ernährung und Gesundheit. Aber auch – in Lacken & Farben, Pflanzenschutzmitteln oder Hightech-Textilien.

Global aufgestellt. Mit ca. 8.700 Mitarbeitern in rund 50 internationalen Produktions- und Service-Standorten sind wir Global Player, die namhafte Hersteller von der Idee bis zum Endprodukt unterstützen.

Erfolgsgeschichte. Heute im Besitz internationaler Investoren, ist Cognis ein erfahrenes, eigenständiges Unternehmen mit einem Jahresumsatz von rund 3,1 Mrd. € und Kunden in über 100 Ländern.

Formel Natur. Als einer der führenden Hersteller von Spezialchemie setzt Cognis auf die Logik der Natur: Aus nachwachsenden Rohstoffen entstehen leistungsstarke Produkte im Einklang mit Mensch und Umwelt.

Wer passt zu Cognis? Alle, die etwas bewegen wollen, die Freude an Leistung und persönlichem Engagement haben, die sich mit ihren Ideen und Visionen einbringen wollen, in ein Unternehmen im Wandel, das sich für die Zukunft viel vorgenommen hat. Think Cognis.

Wie stellen Sie sich Ihre Zukunft vor? Wir stellen uns vor, Sie starten bei uns so richtig durch. Als ein international führender Hersteller von Spezialchemie sind wir Global Player, die Ihnen allerbeste Chancen bieten. Von Anfang an übernehmen Sie als Praktikant, Absolvent oder Young Professional im Team Verantwortung, werden gefordert und gefördert. Spannend?

Wirtschaftswissenschaftler, Naturwissenschaftler und Ingenieure haben bei Cognis beste Chancen. Wir setzen auf Qualifikation, aber noch mehr auf persönliche Stärken wie Engagement, Teamgeist und den Mut zu neuen Wegen und innovativen Lösungen. Denn Cognis ist ein Unternehmen im Wandel, den Sie mitgestalten können. Stimmt die Chemie? Dann sollten wir uns bald einmal kennen lernen.

Welcome on board: Ihre Bewerbungsunterlagen senden Sie bitte an: Personalmanagement, Cognis Deutschland GmbH & Co. KG, Paul-Thomas-Straße 56, 40599 Düsseldorf
E-mail: myfuture@cognis.com
www.cognis.com

Innovex GmbH

> ✉ **Innovex GmbH**
> **Schildkrötstraße 17–19**
> **68199 Mannheim**
> ☎ **01805/677776**
> 🖳 **www.innovexkarriere.de**
> ⊠ **Bewerbungshotline**
> ☎ **01805/677776**
> 📠 **0621/84508-504**
> 🕈 **über unsere Online-**
> **Bewerbung unter**
> **www.innovexkarriere.de**

Das Unternehmen

Die Innovex GmbH ist wie auch die Quintiles GmbH deutsche Tochter des weltweit marktführenden pharmazeutischen Dienstleistungsunternehmen Quintiles Transnational mit insgesamt 16.000 Mitarbeitern in 46 Ländern. Die Dienstleistungspalette für pharmazeutische Hersteller reicht dabei von der frühen klinischen Forschung vor der Zulassung eines Arzneimittels (bei Quintiles) bis hin zur kompletten Vermarktung dieser Substanzen nach Ihrer Zulassung (bei Innovex).

Dabei bringt die Internationalität des Unternehmens eine breite Palette von Kooperationen mit den weltweit führenden Pharmaunternehmen mit sich. Die Tätigkeit bei Innovex gestaltet sich auf der Grundlage eines festen, unbefristeten Anstellungsvertrags im Rahmen zeitlich umrissener Projekte. Dies bedeutet viel Abwechslung und eine solide Grundlage für eine spätere Weiterentwicklung – z.B. in einem Innovex-Spezialistenteam. Erleben Sie pharmazeutischen Vertrieb „live und direkt" – werden Sie mit Innovex zu einem Profi in unterschiedlichen Vertriebsstrategien und Zielgruppen und sammeln Sie einfach mehr Erfahrung in kürzerer Zeit!

Das Angebot

→ **Für Absolventen:** Direkteinstieg als Pharmaberater (m/w)
→ **Personalplanung:** monatlicher Direkteinstieg
→ Fachrichtungen: Biologen, Chemiker (inkl. Lehramt Sek. II), Ökotrophologen und angrenzende Studiengänge
→ **Startprogramm:** Einstiegsschulung und systematisches Training-on-the-job
→ **Interne Weiterbildung:** systematische Weiterbildung im Führungskräfte-Entwicklungsprogramm Curriculum
→ **Auslandseinsatz:** in späteren Projekten über Quintiles Transnational evtl. möglich

Der Einstieg

Bewerbung	Lebenslauf über www.innovexkarriere.de
Auswahl	Telefoninterview, persönliche Gespräche
Pluspunkte	Verkaufserfahrung
fachliche Qualifikation	qualifizierte praktische Erfahrungen, außeruniversitäres Engagement
persönliche Qualifikation	leistungsorientiert, selbstständig, teamfähig, mobil, soziale Kompetenz